"十三五"国家重点图书

Springer 精选翻译图书

U0226873

编码理论中的未解之谜

Selected Unsolved
Problems in Coding Theory

[美] David Joyner
[美] Jon-Lark Kim   主编

张佳岩 译

哈爾濱工業大學出版社
HARBIN INSTITUTE OF TECHNOLOGY PRESS

内 容 简 介

本书表现形式新颖且强调对象的计算性质,探讨了大量仍然存在于编码理论中的未解决问题。数据在噪声信道上的可靠传输涉及历史悠久但与数学高度相关的分支——纠错码理论。尽管纠错码在不同的环境中已经大量使用,比如 NASA 的"水手 9 号"飞船拍摄的第一张火星表面特写镜头是用 Reed-Muller 码传回地球的,但是编码理论仍包含一些有趣的问题。而且迄今为止,问题的解决方案仍被一些当代最著名数学家反对。

本书利用 SAGE(一种开源的免费数学软件系统)解释作者的想法,首先介绍了线性分组码的背景知识及一些后续章节所需的特殊码,例如二进制剩余码和代数几何码。其次概述了自对偶码、格及不变量理论相互作用定理,该理论得到了 Duursma ζ 函数与有限域上代数曲线相关的 ζ 函数间的一种有趣类比。然后剖析了分组设计定理和阿斯莫斯-马特森定理间的联系,仔细分析了"小"维数超椭圆泛函方程在有限域上解数量的非平凡估计的棘手问题,找到了二进制线性分组码的最好渐进界。最后讨论了模形式和代数几何码的一些不可思议的问题。

本书适合从事代数编码理论相关研究的研究生和学者参考,尤其是感兴趣找出目前未解决问题答案的那些人。若读者了解代数、数论和模形式等理论,本书也可作为编码理论相关的研究生课程或自学的补充读物。

黑版贸审字 08-2018-074 号

Translation from the English Language edition:
Selected Unsolved Problems in Coding Theory
by David Joyner and Jon-Lark Kim
Copyright © Springer Science+Business Media, LLC 2011 Birkhäuser is a brand of Springer
Springer is part of Springer Nature
All Rights Reserved

图书在版编目(CIP)数据

编码理论中的未解之谜/(美)乔伊娜・戴维(David Joyner),(美)乔恩拉克・吉姆(Jon-Lark Kim)主编;张佳岩译.—哈尔滨:哈尔滨工业大学出版社,2019.10
ISBN 978-7-5603-7487-1

Ⅰ.①编… Ⅱ.①乔…②乔…③张… Ⅲ.①编码理论 Ⅳ.①O157.4

中国版本图书馆 CIP 数据核字(2018)第 151776 号

电子与通信工程
图书工作室

策划编辑	许雅莹 杨 桦 张秀华
责任编辑	李长波
封面设计	高永利
出版发行	哈尔滨工业大学出版社
社 址	哈尔滨市南岗区复华四道街 10 号 邮编 150006
传 真	0451-86414749
网 址	http://hitpress.hit.edu.cn
印 刷	哈尔滨市石桥印务有限公司
开 本	660mm×980mm 1/16 印张 14.25 字数 252 千字
版 次	2019 年 10 月第 1 版 2019 年 10 月第 1 次印刷
书 号	ISBN 978-7-5603-7487-1
定 价	40.00 元

(如因印装质量问题影响阅读,我社负责调换)

译 者 前 言

编码理论是信息技术领域的基础理论,也是研究信息传输过程中信号编码规律的数学理论。但最近的研究表明几乎能够构造达到香农容量的码字,似乎标志着"编码理论的死期"。译者作为编码理论的研究者,也曾经困惑该领域是否仍有可探究的方向。直到发现本书,觉得有必要推荐给大家。本书尽管内容不多,却给出了编码理论中大量令人感兴趣的未解决问题,因此适用于对编码理论研究感兴趣的研究生和学者。由于本书涉及许多群论、数论和代数几何知识的概念和定理,因此信息技术领域的学生需要补充相关数学专业知识。

本书的出版要感谢哈尔滨工业大学的吴少川老师、白旭老师,他们对翻译工作提出了宝贵意见和建议。本书翻译的顺利完成要感谢哈尔滨工业大学提供的各种设施,保证了全书翻译所需的各种资源。

由于本书有大量数学领域的专业词汇,而译者作为通信专业的研究者,许多专业术语可能译得不够准确;为尊重原书,书中所有矩阵、矢量、向量等变量未用黑体表示,序号编排方式也尊重原著;在本书的最后给出了中英文术语对照表,便于读者进行专业术语查找和比对。

由于译者水平有限,翻译过程中的疏漏和不足之处还请读者不吝指正,以便我们在下一版中修订。

张佳岩

2019 年 6 月于哈尔滨

前　言

　　本书面向对研究未解决问题感兴趣的数学家和对纠错码理论中的数学问题感兴趣的数学系或工程系研究生,也可用于想了解如何用 SAGE 完成纠错码运算的编码理论学家。

　　在课堂教学中,本书可作为纠错码理论中特定主题的基础,但需要学生具有较好的代数尤其是线性代数基础,甚至某些章节需要有深厚的代数几何和数论背景。

　　编码理论是关于噪声信道数据可靠传输的数学分支。在许多情况下,能简单把数据流分成固定长度为 k 的分组,然后增加冗余,使每个分组编码为更大长度为 n 的一个"码字"并发送。期望发送码字存在足够多冗余,能满足接收端准确恢复最初的 k 个数据比特。20 世纪 60 年代末和 70 年代初 NASA 的"水手 9 号"飞船拍摄的火星图片[①],如图 1 所示。图 1 中的黑白图像用 Reed－Muller 码(长度 $n=32$,其中包括 $k=6$ 位数据位和 $n-k=26$ 位冗余位)实现太空传回地球。

　　尽管已有学者对此进行了 60 余年的研究,但纠错码理论中仍存在许多未解决的有趣数学问题。本书的目的是为这些问题中的一部分引起大家关注。

　　我们已经按照读者所需数学知识的大致层次为各章排序,各章内容如下:

　　第 1 章简要论述纠错码的一些基本术语和结论。例如,二进制对称信道、熵和不确定性、香农定理、汉明度量、码的重量分布(或谱)、解码基本原理、码的参数界(例如辛格尔顿界、Manin 定理和乌沙莫夫吉尔伯特渐近界)和一些重要码(如汉明码及二次剩余码)。为了强调计算,各部分都给出 SAGE 的例子。

　　第 2 章主要研究某个完美理论的某些方面导致自对偶码、格和不变式

---

　　① 在 NASA 网站 *http：//marsprogram. jpl. nasa. gov/MPF/martianchronicle/martianchron2/index. html* 能找到火星的奥林巴斯山的图片且它不受版权限制。也可参见 *http：//en. wikipedia. org/wiki/Mariner_9.*

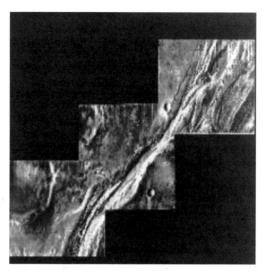

图 1 "水手 9 号"飞船拍摄的火星奥林巴斯山

理论间的相互作用。它是一个广泛的领域,包含几本杰出的著作和已经完成的研究文章。另外引入了重量算子多项式(包括 MacWilliams 等式)、可分组码及它们的分类,这种分类得到不同类型自对偶码所对应的不变式和自对偶码形式出现的格。本章以论述自对偶二进制[72,36,16]码存在性的著名(目前)未解决问题结束,且给出了一些 SAGE 例子,简述了几个证明,但是大多数结论仅通过最初完成证明的参考书来描述。

　　第 3 章论述了编码理论、分组设计、群论、正交阵列、拉丁方和表示数学间相互作用的一些吸引人的结论。在介绍了哈达玛矩阵(包括哈达玛猜想及 SAGE 例子)后,论述了所有编码理论中最著名的结论之一———阿斯莫斯－马特森定理。大致来说,这个定理表明某类码和构造某类分组设计间的关系。然后给出拉丁方和正交阵列间联系。本章中根据格雷码和"小猫"的构造及"迷你猫"的构造,举例说明"隐藏"在某类"设计理论"码中出人意料的组合结构。最后论述了定理的娱乐作用——赢得"数学二十一点"卡片游戏和赌马中的策略。

　　第 4 章研究了 Duursma ζ 函数(刚提出来的线性码对应的"不变式"对象)和有限域上代数曲线相关的 ζ 函数间的有趣类比。关于 Duursma ζ 函数(到目前为止)仍有大量未知的属性,但是本章研究了它的已知属性(大多数给出证明),并给出几个 SAGE 实例;事实上,SAGE 是唯一计算 Duursma ζ 函数命令的数学软件包(到目前为止)。

　　第 5 章论述了两个非常难但未解决的问题。第一个是泛函 $y^2 = f(x)$

解数量(模 p)的非平凡估计,其中 $f(x)$ 是维数与素数 p 相比"较小"的多项式(当 p 比 f 的维数小时,Weil 估计为解数量的好估计)。第二个未解决问题是二进制码的最好渐进界。需要注意的是这两个看起来不相关的问题实际上紧密相关,关于这个关系,详述了一些证明和 SAGE 实例。

第 6 章论述了代数几何码(缩写为 AG 码)的某些方面内容。尽管本章集中在模曲线上,但是它们通常为有限域上代数簇产生的码。本章需要读者对数论、代数几何的模形式及有限群表示理论的模形式有一定了解。本章适合作为本书的总体,主要说明我们了解关于模曲线构造的 AG 码的代数结构是多么少。

目　　录

第1章 信息论及编码理论的基本知识

在假定读者熟悉线性代数及基本概率知识的基础上,本章概述了一些基本知识;并引入了信息理论和纠错分组码的基本模型,详细介绍了编码中最常用的例子——[7,4,3]汉明码。但在编码理论的基本知识中,也有一些令人感兴趣的未解决问题(Open Problem)。例如,当给定长度和维数时,哪一种码是纠正两个错误的最好码? 另一个例子参见 Manin 定理(定理 19),它与猜想 22 紧密相关。

1.1 二进制对称信道

假定信源在有噪信道发送信息。例如,假定一个 CD 播放器从一个有刮痕的音乐 CD 中播放音乐,或者一个无线蜂窝电话捕捉到一个遥远的中继塔发出的微弱信号,必须解决这种情况下带来的通信问题,即如何可靠发送信息。图 1.1 给出了基本通信模型。

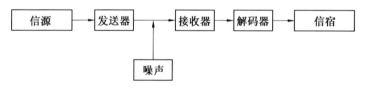

图 1.1 基本通信模型

为了简化,假定信息发送的是 0 和 1 序列。由于存在噪声,因此(正确)接收 0 的概率是 $1-p$,(错误)接收 1 的概率是 p;同时假定信道噪声独立于发送的符号:(正确)接收 1 的概率也是 $1-p$,(错误)接收 0 的概率是 p。这个信道称作二进制对称信道。

图 1.2 的"蝴蝶"框图总结了上述情况。

我们也假定一个比特的错误发送概率独立于已经发送的信息,这种信道称作无记忆的二进制对称信道。

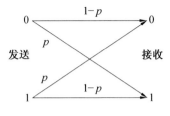

图 1.2 二进制对称信道

1.1.1 不确定性

在给出正式的不确定性（Uncertainty）的概念之前，先介绍两个实验：第一个实验是扔硬币，第二个实验是掷色子。仅仅因为第二个实验存在更多的选择结果，所以可以称第二个实验结果的不确定性比第一个大。

设随机变量 X 取不同值 $x_1,\cdots,x_n$ 且对应的非零概率分别为 $p_1,\cdots,p_n$，其中 $p_1+\cdots+p_n=1$，且 $p_i\in[0,1]$。那么该如何定量地测量 X 的"随机性"或"不确定性"呢？受诺伯特·维纳（Norbert Wiener）[CSi]思想启发，克劳德·香农（Claude Shannon）引入了下面的定义。

定义 1 上述随机变量 X 的不确定性或熵（Entropy）定义为

$$H(X)=H(p_1,\cdots,p_n)=-\sum_{i=1}^{n}p_i\log_2 p_i,$$

其中 $\log_2$ 是基为 2 的对数。基为 q 的熵与上述定义相同，只是对数的基为 q：

$$H_q(X)=H_q(p_1,\cdots,p_n)=-\sum_{i=1}^{n}p_i\log_q p_i。$$

熵总是非负的且只要 p_i 中有一个等于 1，熵就为 0。当所有 p_i 都等于 $1/n$ 时，熵的值最大等于 $\log_2 n$。图 1.3 为基为 2 且 $n=2$ 的情况下熵函数的一个例子。

例 2 设 X 是经过（有噪）二进制对称信道接收的信号，那么

$$H(X)=H(p,1-p)=-p\log_2 p-(1-p)\log_2(1-p)。$$

当 $p=1/2$ 时不确定性最大（例如，抛硬币），这种情况下 $H(X)=1$。假如 $p=0.99$，那么 $H(X)=0.080\,793\cdots$。

定义 3 信道容量（或香农容量）为 $\mathrm{cap}(X)=\mathrm{cap}(p)=1-H(X)$。

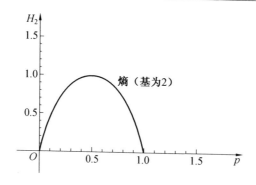

图 1.3 基为 2 的熵函数

对于二进制对称信道,信道容量为 $\mathrm{cap}(X) = 1 + p\log_2 p + (1-p)\log_2(1-p)$。当 $p = 1/2$ 时,信道容量最小。

为了验证定义的信道容量公式,需要信息论中的香农基本定理(也称有噪信道理论,参见 1.1.2 节)。然而,最近的研究证明可以构造几乎达到香农容量的码(Code,[BGT, MN, VVS]),且有些人称这个构造已经标志着"编码理论的死期"(例如,1995 年香农在 D. Forney 公司的演讲;更多的例子可参见[AF])。但关于这个主题的研究并没有减弱,并且本书中的大量猜想表明编码理论中仍留存大量令人感兴趣的未解决问题。

1.1.2 香农定理

香农(Shannon)定理是纠错(Error correcting)码的基本定理。

定理 4 (信息论的基本定理(Fundamental theorem of information theory))给定一个二进制对称信道,其中 $p < 1/2$,令 $\varepsilon > 0$ 且 $\delta > 0$。当 n 足够大时,存在一种编码 $C \subset GF(2)^n$,其信息速率(information rate)R 满足 $\mathrm{cap}(p) - \varepsilon < R < \mathrm{cap}(p)$,且满足最近邻译码算法的不正确译码平均概率小于 δ。

香农定理保证有"好"码存在(某种意义上这种码无限接近最好码),它们可能不是"线性"的,就算是,定理也不保证它们是可实现的(即存在"快速"的编码和译码算法)。因香农定理不容易证明且超出了本书范围,所以对于定理的证明和深入讨论,请参见 Ash[Ash] 的 3.5 部分或 van Lint[vL1] 的第 2 章。

图 1.4 是一个二进制码的容量函数。

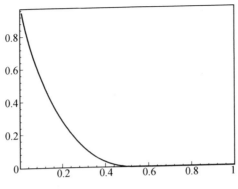

图 1.4　二进制码的容量函数

1.2　简单实例

人类发现的第一个纠错码称作二进制[7,4,3]汉明码,是由理查德·汉明(Richard Hamming)[①]在 20 世纪 40 年代末发现的。作为一个数学家,汉明在电话公司工作了很多年,他认为计算机应该能纠正比特错误。事实证明他是对的,且发现了能纠正一个错误的一类无穷多编码,现在称作"汉明码"。我们将简要地集中在上述一类码中的一个且后面会定义更多常用的码,引入一些诸如分组长度、冗余及纠错等概念。

令 $\mathbf{F}=GF(2)$,$k=4$,$n=7$,且令 C 是下表第三列中所有矢量的集合(例如,为了简化,把 $(0,0,0,0,0,0,0)$ 写成 0000000)[②]。

它是一个长度为 7、维数为 4 且最小距离为 3 的线性码,称为[7,4,3]汉明码(Hamming [7,4,3]$-$code)。事实上,存在一个从 $\mathbf{F}^4$ 到 C 的"编码"映射,通过 $\phi(x)=y$ 给出,其中

---

①　从出版的角度来看,汉明只出版了二进制[7,4,3]码而格雷出版了其他的二进制和非二进制汉明码。然而已知先于 Shannon 出版发行之前,且先于格雷的一篇论文[Tho]提交之前几个月,汉明已经发现了所有的二进制汉明码,并已经把它们在一个跨部门的备忘录中传阅。

②　这里"GF"表示迦罗华(Galois)域,以 20 岁时一次决斗后死亡的法国数学家埃瓦里斯特·迦罗华(Evariste Galois)命名。关于他生平的更多故事见 $http://en.wikipedia.org/wiki/Evariste\ Galois$。

十进制	二进制"数"	码字
0	0000	0000000
1	0001	0001110
2	0010	0010101
3	0011	0011011
4	0100	0100011
5	0101	0101101
6	0110	0110110
7	0111	0111000
8	1000	1000111
9	1001	1001001
10	1010	1010010
11	1011	1011100
12	1100	1100100
13	1101	1101010
14	1110	1110001
15	1111	1111111

$$y = \begin{pmatrix} y_1 \\ y_2 \\ y_3 \\ y_4 \\ y_5 \\ y_6 \\ y_7 \end{pmatrix} = \begin{pmatrix} 1 & 0 & 0 & 0 \\ 0 & 1 & 0 & 0 \\ 0 & 0 & 1 & 0 \\ 0 & 0 & 0 & 1 \\ 1 & 0 & 1 & 1 \\ 1 & 1 & 0 & 1 \\ 1 & 1 & 1 & 0 \end{pmatrix} \begin{pmatrix} x_1 \\ x_2 \\ x_3 \\ x_4 \end{pmatrix} (\mathrm{mod}\ 2) = \phi(x),$$

且 ϕ 为上述的 7×4 矩阵。C 的一个基由矢量给出：

$$\phi(e_1) = (1,0,0,0,1,1,1), \quad \phi(e_2) = (0,1,0,0,0,1,1),$$
$$\phi(e_3) = (0,0,1,0,1,0,1), \quad \phi(e_4) = (0,0,0,1,1,1,0),$$

其中 e_1, e_2, e_3, e_4 是 $GF(2)^4$ 的基(列)矢量。因此,下述 ϕ 的转置矩阵行组成 C 的基:

$$G = \begin{bmatrix} 1 & 0 & 0 & 0 & 1 & 1 & 1 \\ 0 & 1 & 0 & 0 & 0 & 1 & 1 \\ 0 & 0 & 1 & 0 & 1 & 0 & 1 \\ 0 & 0 & 0 & 1 & 1 & 1 & 0 \end{bmatrix},$$

即 G 是生成矩阵。C 定义的另一个方法是只要矢量 $v \in GF(2)^7$ 满足"奇偶校验条件" $H_v = 0$,那么这个矢量属于 C,其中

$$H = \begin{bmatrix} 1 & 0 & 1 & 1 & 1 & 0 & 0 \\ 1 & 1 & 0 & 1 & 0 & 1 & 0 \\ 1 & 1 & 1 & 0 & 0 & 0 & 1 \end{bmatrix}.$$

下面,给出一个简单算法显示如何用 7 比特码字中的 3 个冗余比特译码一个接收码字,该码字经过有噪信道传输,发送的 7 比特中有 1 位发生错误。

[7,4,3]汉明码的一个译码算法　　用 $w = (w_1, w_2, w_3, w_4, w_5, w_6, w_7)$ 表示接收码字。

① 把 w_i 放入图 1.5 维恩(Venn)图的区域 i 中,其中 $i = 1, 2, \cdots, 7$。

② 对每个圈 A, B 和 C 分别进行奇偶校验[①]。

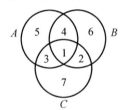

图 1.5　[7,4,3]汉明码译码维恩图

这些规则很巧妙地把代数"奇偶校验条件" $H_v = 0$ 重构为一个更加直观的维恩图。

例 5　给定上述的二进制汉明码 C。设经有噪信道传输后接收到的码字是 $v = (1, 1, 1, 0, 0, 0, 0)$。那么发送的码字更可能是什么呢?

对应的维恩图如图 1.6 所示。

---

① 换句话说,每个圈中放置所有数字模 2 加。假如和 $\equiv 1$ (模 2),那么称圈的奇偶校验失败;否则,成功。见例 5。

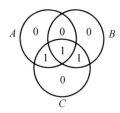

图 1.6 $[7,4,3]$ 汉明码译码的维恩图

错误位置表如下给出：

奇偶校验错误区	错误位置
无	无
A,B 和 C	1
B 和 C	2
A 和 C	3
A 和 B	4
A	5
B	6
C	7

假如每个圈 A,B,C 都进行奇偶校验，我们发现只有 C 不满足。根据上表能判断错误发生在第 7 个比特，因此 $v=(1,1,1,0,0,0,0)$ 译码成 $c=(1,1,1,0,0,0,1)$。

上述的例子产生了以下一些问题：

① 是否存在长度为 7、维数为 4 的能纠正更多错误的码字呢？换句话说，对于这样的 n 和 k，C 是能实现的"最优"码吗？（否和是。）

② 存在其他的译码算法吗？（是的，也许你不喜欢维恩图！）

③ 这个例子能推广吗？（是的，通过几种方式。）

1.3 基本定义

令 $\mathbf{F}=GF(q)$ 为一个有限域①。

定义 6 $V=\mathbf{F}^n$ 的一个子集 C 称作长度 n 的一个码。假如 C 中有 M 个

---

① 更多有关有限域的详细介绍参见第 7 章 7.2 节。

元素,那么通常称它为(n,M)—码。V 的一个子空间称作长度 n 的一个线性码(Linear code)。假如 $\mathbf{F}=GF(2)$,那么 C 称作二进码。假如 $\mathbf{F}=GF(3)$,那么 C 称作三进制码。通常,当 $\mathbf{F}=GF(q)$ 时,C 称作 q 进制码。码 C 中的元素称作码字。对于任何矢量 $v \in V$,令

$$\mathrm{supp}(v) = \{i \mid v_i \neq 0\}$$

表示矢量的支集(Support)。

C 的信息速率为

$$R = \frac{\log_q |C|}{n},$$

其中 $|C|$ 表示 C 中元素的个数。

我们认为 $V=\mathbf{F}^n$ 不仅表示给定基下的矢量空间,而且事实上也可表示成给定基下和给定内积下的矢量空间。除非特殊声明,否则用 V 表示欧几里得(Euclidean)内积。

假如表示通常意义下的(欧几里得)内积:

$$v \cdot w = v_1 w_1 + \cdots + v_n w_n,$$

其中 $v=(v_1,\cdots,v_n) \in V$ 且 $w=(w_1,\cdots,w_n) \in V$,则定义对偶码 $C^\perp$ 为

$$C^\perp = \{v \in V \mid v \cdot c = 0 \ \forall c \in C\}.$$

假如 $C=C^\perp$,则称 C 为自对偶(Self-dual)。

如果 q 为一个平方项,即 $q=p^2$,那么存在一个 $\mathbf{F}=GF(q)$ 域上的共轭(即存在一个给定子域 $GF(p)$ 上的 2 阶自同构域 $\mathbf{F} \rightarrow \mathbf{F}$),用 $x \mapsto \overline{x}$ 表示共轭,其中 $x \in \mathbf{F}$。

假如 $\mathbf{F}$ 的阶是一个平方项且 $\langle v,w \rangle$ 表示一个埃尔米特(Hermitian)内积,即

$$\langle v,w \rangle = \sum_{i=1}^{n} v_i \overline{w_i},$$

那么 C 的埃尔米特对偶码为

$$C^\perp = \{y \in V^n \mid \langle v,c \rangle = 0,对于所有 c \in C\}.$$

假如 C 等于它的埃尔米特对偶码 $C^\perp$,则称 C 为埃尔米特自对偶(Hermitian self dual)。

$GF(p^2)$ 域上的码 C 的共轭码是共轭 $\overline{C}=\{\overline{c} \mid c \in C\}$ 的码。注意埃尔米特对偶码是欧几里得对偶码的共轭码。

1.3.1　汉明度量

下面给出的是一些如何比较码字的概念。从几何学上说,假如两个码

字的坐标"大量"不同,那么它们彼此间相距较"远"。这个想法可由下面的定义更精确地说明。

定义 7 假如 $v = (v_1, \cdots, v_n)$ 和 $w = (w_1, \cdots, w_n)$ 是 $V = \mathbf{F}^n$ 上的矢量,那么定义

$$d(v, w) = \left| \{ i \mid 1 \leqslant i \leqslant n, v_i \neq w_i \} \right|$$

为 v 和 w 间的汉明距离。函数 $d: V \times V \to \mathbf{N}$ 称作汉明度量。假如 $v \in V$ 且 $S \subset V$,那么定义 v 到 S 的距离为

$$d(v, S) = \min_{s \in S} d(v, s) \, .$$

(汉明度量中)矢量重量(weight)为 $d(v, 0)$。码 $C \in \mathbf{F}^n$ 的重量分布矢量或谱(Spectrum)用矢量表示为

$$A(C) = \mathrm{spec}(C) = [A_0, A_1, \cdots, A_n] \, ,$$

其中 $A_i = A_i(C)$ 表示 C 中重量为 i 的码字数量,其中 $0 \leqslant i \leqslant n$。注意由于任何矢量空间都包括 0 矢量,因此线性码 C 满足 $A_0(C) = 1$。

注意任意两个矢量 $v, w \in \mathbf{F}^n$(或者更通常说法,线性码中的任意矢量)满足

$$d(v, w) = \left| \{ i \mid 1 \leqslant i \leqslant n, v_i - w_i \neq 0 \} \right| = d(v - w, 0) \, .$$

$$(1.3.1)$$

根据上式,容易证明 d 满足度量的一些性质:

① 对于所有 $v, w \in \mathbf{F}^n$,$d(v, w) \geqslant 0$ 且只要 $v = w$,那么 $d(v, w) = 0$。

② 对于所有 $v, w \in \mathbf{F}^n$,有 $d(v, w) = d(w, v)$。

③ 对于所有 $u, v, w \in \mathbf{F}^n$,有 $d(u, w) \leqslant d(u, v) + d(u, w)$。

对于 $v \in \mathbf{F}^n$,令 $B(v, r, \mathbf{F}^n) = \{ w \in \mathbf{F}^n \mid d(v, w) \leqslant r \}$ 称作以 v 为中心、r 为半径的球。由于 $\mathbf{F}^n$ 是有限的,因此这个球仅含有限元素。根据一点组合数学的基本知识,不难计算出它们。由于后面会用到这个数,因此下面进行讨论。

引理 8 假如 $0 \leqslant r \leqslant n$ 且 $q = |\mathbf{F}|$,那么

$$\left| B(v, r, \mathbf{F}^n) \right| = \sum_{i=0}^{r} \binom{n}{i} (q - 1)^i \, .$$

证明 令

$$B_i(v, r, \mathbf{F}^n) = \{ w \in \mathbf{F}^n \mid d(v, w) = i \} \, .$$

称作以 v 为中心、i 为半径的球面。球面上的所有矢量恰好有 i 个坐标满足上式。n 个坐标中选择 i 个的方法共有 $\binom{n}{i}$ 种。在 v 中选择 i 个坐标的彼此

不同的方法数量有$(q-1)^i$。因此，

$$|B(v,r,\mathbf{F}^n)| = \sum_{i=0}^{r}|B_i(v,r,\mathbf{F}^n)| = \sum_{i=0}^{r}\binom{n}{i}(q-1)^i。$$

1.4　线性分组码

长度为 n、维数为 k 的线性码（当作 $\mathbf{F}$ 上的矢量空间）称作 $[n,k]$ 码。以抽象方式，$[n,k]$ 码通过一种短正合顺序[①]给出为

$$0 \longrightarrow \mathbf{F}^k \xrightarrow{G} \mathbf{F}^n \xrightarrow{H} \mathbf{F}^{n-k} \longrightarrow 0。 \tag{1.4.1}$$

通常把 C 看作 G 的像且把 C 当成 $\mathbf{F}^n$ 的子空间。函数

$$E:F^k \rightarrow C,$$
$$m \mapsto mG$$

（把 m 当作行矢量）称作编码器（或编码矩阵（Encoding matrix），它是 G 的转置）。由于式（1.4.1）的顺序是正合的，只要 $H(v)=0$，那么矢量 $v \in \mathbf{F}^n$ 就是一个码字。假如给出的 $\mathbf{F}^n$ 是标准向量空间基，那么矩阵 G 是 C 的生成矩阵（Generator matrix），且矩阵 H 是 C 的校验矩阵。换句话说，

$$C = \{c \mid c = mG,\ \text{某个}\ m \in \mathbf{F}^k\} = \{c \in \mathbf{F}^n \mid H \cdot {}^t c = 0\},$$

其中 ${}^t c$ 是列矢量。当 G 的分块矩阵形式为

$$G = (I_k \mid A),$$

其中 I_k 表示 $k \times k$ 单位矩阵，且 A 是 $k \times (n-k)$ 矩阵时，那么称 G 为标准形式，则可以称 C 为标准形（Standard form）。

由于矩阵 G 的秩为 k，因此 G 的行阶梯矩阵的行中没有 0 矢量，称 G 的行阶梯矩阵为 G'。事实上，列空间 $\mathbf{F}^k$ 的标准基矢量 $e_1,\cdots,e_k$ 出现在 G' 的 k 列中。C 的对应坐标称作 C 的信息坐标（Information coordinates）（或者假如 C 是二进制的，那么称作信息比特）。

评论 1　旁白："通常来说"实数项的方阵是不可逆的。对于有限域则情况有所不同。例如，一个 $GF(q)$ 域元素组成的 $k \times k$ "大型随机"矩阵不可逆的概率大约为

$$\lim_{k \to \infty} \frac{(q^k-1)(q^k-q)\cdots(q^k-q^{k-1})}{q^{k^2}} = \prod_{i=1}^{\infty}(1-q^{-i})。$$

---

① "短正合"意味着：(a) 箭头 G 是单射，即 G 是 $k \times n$ 满秩矩阵；(b) 箭头 H 是满射；(c) image(G) = kernel(H)。

假如 $q=2$，那么概率大概为 $0.288\cdots$；如果 $q=3$，概率大概为 0.56；如果 $q=4$，概率大概为 0.688；如果 $q=5$，这个值大概为 0.76。

对于一些像上述更有趣的结论，参见 A. Barg's EENEE 739C 课程讲义 7（在线[Ba]）。

注意 n 阶对称群 S_n 作用于 $\{1,2,\cdots,n\}$，导致通过作用 $\mathbf{F}^n$ 每个元素的坐标实现对 $\mathbf{F}^n$ 的作用。

例 9　假如 $\mathbf{F}=GF(11)$ 且 $V=\mathbf{F}^{10}$，那么
$$C=\{(x_1,x_2,\cdots,x_{10})\mid x_i\in\mathbf{F},$$
$$x_1+2x_2+3x_3+\cdots+9x_9+10x_{10}\equiv 0(\bmod 11)\}$$
称作 ISBN 码。它是一个长度为 10 的 11 进制线性码。除了图书的封面里数字 10 用 X 表示不同外，它与图书编号用的编码相同。

例如，$(1,0,0,0,0,0,0,0,0,1)$ 和 $(1,1,1,1,1,1,1,1,1,1)$ 为其码字，它们之间的汉明距离是 8。

例 10　美国邮局用条形码表示每个字母用于传输。这些有趣符号是什么意思？图 1.7 的表格中给出翻译的数字。

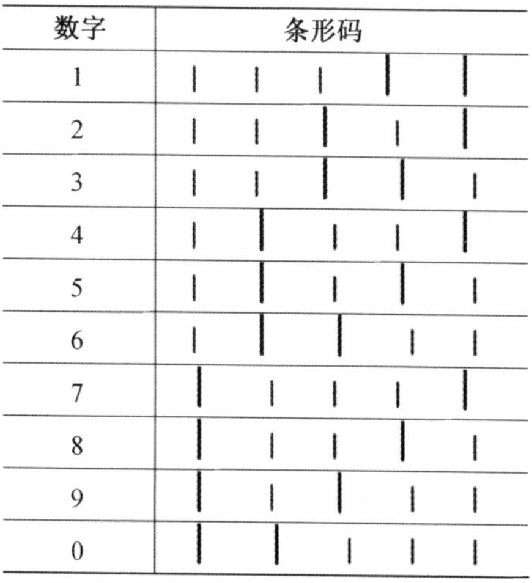

数字	条形码
1	
2	
3	
4	
5	
6	
7	
8	
9	
0	

图 1.7　美国邮局条形码

邮局（Postal）条形码中每个"词"有 12 位，每位用短条（表示为 0）和长条（表示为 1）表示，如图 1.7 所示。下面解释 12 位的含义：最前面 5 位是邮编，接下来 4 位是扩展邮编，再接下来 2 位是交货地点，最后 1 位是校验位（所有的位必须保证相加模 10 是 0）。

例如，设有 5 条不能识别，用????? 表示，其后面紧跟着的条形码为

也就是,当把条码翻译成数字时,封皮上的邮编为

$$? \ 62693155913,$$

其中?表示模糊不能识别的1位。由于和必须为$\equiv 0$(模10),因此必然得到?$=0$。

1.4.1　译码的基本原理

假如发送一个码字$c \in C$,而接收器接收一个矢量$v \in \mathbf{F}^n$且发生某些错误,那么很明显接收器想通过某种方式尽可能地从v中恢复出c,这个过程称作(纠错)译码。

一个简单的方法是搜索离接收矢量最近的码字(某种意义上为汉明距离)。在这种情况下,为了能够完成接收矢量v的译码,接收器不得不做的是必须搜索整个C(它是一个有限集)且发现尽可能接近v的一个码字v'(假如存在几个这样的码字,随便选一个)。在大多数实际应用中,可能$c'=c$(某种意义上讲能准确实现)。这个策略称作最近邻算法(Nearest neighbor algorithm)。按此策略实现的算法步骤如下:

(1)输入:接收矢量$v \in \mathbf{F}^n$。

输出:最接近v的码字$c \in C$。

(2)列举以接收码字为中心的球$B_e(v)$的所有元素。设$c=$"fail"。

(3)对于每个$w \in B_e(v)$,校验是否$w \in C$。假如满足,设$c=w$并跳到下一步;否则丢弃w并转到下一个元素。

(4)返回c。

注意除非$e > \left[\dfrac{d-1}{2}\right]$,否则并不返回"fail",其中$d$表示$C$的最小距离而$[x]$表示实数$x > 0$的取整。

上述算法的最坏情况复杂度以n的指数形式递增。

定义 11　假如任意$w \in \mathbf{F}^n$满足$|B_e(w) \bigcap C| \leqslant 1$,那么称线性码$C$是纠正$e-$错误码。

下面换个角度来给出这个定义。假定$C \subset \mathbf{F}^n$是线性码,最小距离$d \geqslant 3$,并设$e \geqslant 1$且满足每个$w \in \mathbf{F}^n$与C的距离都小于等于e,那么存在唯一的$c=c(w) \in C$实现距离最小:$d(w,c)=d(w,C) \leqslant e$。因此,假如满足性质:给定任意$w \in \mathbf{F}^n$,与$C$的距离$\leqslant e$,都会存在唯一的$c' \in C$满足$d(w,c') \leqslant e$且$c'$是上述码字$c(w)$,那么$C$是纠正$e-$错误码。换句话说,假如

存在一个与 w 距离至多等于 e 的码字,那么它是唯一的。

设 C 是纠正 $e-$ 错误码。假如已经发送一个码字 $c \in C$,已知接收器接收到矢量为 $v \in \mathbf{F}^n$ 且其错误小于或等于 e(即 $d(c,v) \leqslant e$),那么从汉明距离的角度来看最接近 v 的码字是 c。

例 12 给定二进制码 C,其生成矩阵为

$$G = \begin{pmatrix} 1 & 0 & 0 & 0 & 1 & 1 & 1 \\ 0 & 1 & 0 & 0 & 0 & 1 & 1 \\ 0 & 0 & 1 & 0 & 1 & 0 & 1 \\ 0 & 0 & 0 & 1 & 1 & 1 & 0 \end{pmatrix}。$$

设经有噪信道发送后,接收到 $v = (1,1,1,0,0,0,0)$。(最可能)发送的码字是什么呢?

用 SAGE 能很容易实现。

SAGE

```
sage：MS = MatrixSpace(GF(2),4,7)
sage：G = MS([[1,0,0,0,1,1,1],[0,1,0,0,0,1,1],\
      [0,0,1,0,1,0,1],[0,0,0,1,1,1,0]])
sage：C = LinearCode(G)
sage：V = VectorSpace(GF(2),7) ♯ or V = GF(2)^7
sage：v = V([1,1,1,0,0,0,0])
sage：C.decode(v)
(1, 1, 1, 0, 0, 0, 1)
```

因此,$v = (1,1,1,0,0,0,0)$ 译码为 $c = (1,1,1,0,0,0,1)$。

定义 13 令 $\mathbf{F}$ 是有限域。假如(可能非线性)码 $C \subset \mathbf{F}^n$ 的码长为 n,码字数 $|C| = M$,最小距离为 d,那么称为 (n,M,d) 码。线性码 $C \subset \mathbf{F}^n$ 的码长为 n,维数为 k,最小距离为 d,那么称为 $[n,k,d]$ 码。

例如,ISBN 码是 $GF(11)$ 域上的 $[10,9,2]$ 码。

容易证明假如 d 表示 C 的最小距离,那么若 C 是纠正 e 错误码,则 e 最大值为 $\dfrac{d-1}{2}$ 的整数部分。假定 $[n,k,d]$ 码 C 创建一个以每个码字 $c \in C$ 为中心、半径为 $\left[\dfrac{d-1}{2}\right]$ 的球,那么每个矢量 $v \in V = GF(q)^n$ 或者完全在这些球的某一个中,或者完全不在这个球中(换句话说,这些球不相连;可以认为能看到杂货店两堆橘子之间的空隙。)

1.4.2 $GF(q)$ 域上的汉明码

推广一下前言中提到的$[7,4,3]$码的构造。

令 q 是质数幂，$\mathbf{F} = GF(q)$ 且令 $\mathbf{F}^r - \{0\}$ 表示所有非零 r 阶集合，即 $\mathbf{F}$ 域上的 r 阶矢量空间 $\mathbf{F}^r$ 内的非零矢量。给定一个双射集合－理论映射，称为 ψ，$\mathbf{F}^r$ 中每个矢量映射为 r 阶矢量，其元素为 $Z_q = \{0,1,\cdots,q-1\}$ 中的整数。只需 ψ 把零矢量映射为 r 阶零矢量。

假如

$$z \in \mathbf{F}^r - \{0\} \text{ 且 } \psi(z) = (a_1,\cdots,a_r) \in Z_q^r - \{0\}, 0 \leqslant a_i \leqslant q-1,$$

那么定义

$$x(z) = a_1 + a_2 q + \cdots + a_r q^{r-1}.$$

它是映射 $x: \mathbf{F}^r - \{0\} \rightarrow \{0,1,\cdots,q^r-1\}$。

令 $z, z' \in \mathbf{F}^r - \{0\}$ 是满足映射的两个矢量。假如 $x(z) < x(z')$，定义 $z <_x z'$。对于每个矢量 $z \in \mathbf{F}^r - \{0\}$，通过 z 除以它的第一个非零项可得到一个矢量。令 S 为上述的"成比例的"矢量集，S 中共有 $n = (q^r-1)/(q-1)$ 个元素。下面以升序写出集合 S 中的元素，即用上述的顺序 $<_x$，

$$S = \{s_1,\cdots,s_n\}. \tag{1.4.2}$$

令 H 是 $r \times n$ 矩阵，其第 i 列是 S 中第 i 个矢量（写为列矢量）。

例 14 假如 $p = 3$ 且 $r = 2$，那么

$$H = \begin{bmatrix} 1 & 1 & 1 & 0 \\ 0 & 1 & 2 & 1 \end{bmatrix}$$

为奇偶校验矩阵，且

$$G = \begin{bmatrix} 1 & 1 & 1 & 0 \\ 1 & 2 & 0 & 1 \end{bmatrix}$$

是 $GF(3)$ 域上的 $[4,2,3]$ 汉明码生成矩阵。

用 SAGE 能很容易实现。

SAGE

```
sage：MS = MatrixSpace(GF(3),2,4)
sage：H = MS([[1,1,1,0],[0,1,2,1]])
sage：C1 = LinearCodeFromCheckMatrix(H); C1
Linear code of length 4, dimension 2 over Finite Field of size 3
sage：G = MS([[1,1,1,0],[1,2,0, 1]])
sage：C2 = LinearCode(H)
sage：C1 == C2
True
```

正如最后一行所述,事实上 G 是码的生成矩阵,其校验矩阵为 H。

定义 15 令 $r > 1$ 且 q 是质数幂。$\mathbf{F}$ 域上的 $[n, k, 3]$ 汉明码是线性码,其

$$n = (q^r - 1)/(q-1), \quad k = n - r,$$

且奇偶校验矩阵 H 定义为列由 $\mathbf{F}^r$ 域上的所有(不同的)非零矢量组成的矩阵,且标准化使第一个非零坐标等于 1。

评论 2 更准确地说,上述定义依赖 S 选择的排序(1.4.2),该排序用于构造奇偶校验矩阵 H 的行。当然,S 的两个不同排序未必产生同样码。然而,两个对应的码仍都称作汉明码。

令

$$e_1 = (1, 0, \cdots, 0), \quad e_2 = (0, 1, \cdots, 0), \quad \cdots, \quad e_n = (0, 0, \cdots, 1)$$

为 $\mathbf{F}^n$ 上的标准基矢量。

下面是实现译码策略的算法:

(1) 输入:接收矢量 $v \in \mathbf{F}^n$。设 v 有 $\leqslant 1$ 个错误。

输出:最接近 v 的码字 $c \in C$。

(2) 计算 $H \cdot v$(把 v 当作一个列矢量)。它是 r 阶的,所以必定为 $a \cdot s$ 形式,其中 s 在上述的成比例"矢量"集 S 中,且 $a \in F^{\times}$。

(3) 假如 s 是 S 的第 i 个元素(例如,H 的第 i 列),那么集合 $c = v - a \cdot e_i$。

(4) 返回 c。

在某种意义讲,汉明码是纠正 1－错误最好码(参见 Niven[Ni])。尤其是,假如 $n = (q^r - 1)/(q-1)$,那么不会存在比 $k = n - r$ 阶更短的纠正 1－错误的码。然而,对于 $e > 1$ 且设 e 是给定的[①](例如 $e = 2$),对于 n 很大情况,能够纠正 e－错误的长度为 n 的最好码是未知的。

搜索纠正 2－错误最好码导致了 1960 年左右 BCH 码的发现(例如,参见 Hill[Hil])。然而,通常并不知道 BCH 码是发现的纠正 2－错误最好码。

未解决的问题 1 发现能纠正 2－错误的长度为 n 的最好线性码。

这也和"乌兰的游戏"或"搜索与谎言"相关,这个问题有大量的参考文献。例如,参见[JKTu]中"搜索与谎言"的前两部分。

---

① 假如 $e > 1$ 且允许随着 n 变化,那么这种情况更多,但忽略这种情况。

1.5 码的参数界

本节中,将证明辛格尔顿界(Singleton bound)和乌沙莫夫吉尔伯特(Gilbert－Varshamov)界。对于给定长度 n,辛格尔顿界是参数 k,d 的上界(下面的证明也适用于非线性码)。乌沙莫夫吉尔伯特界是下界,告诉我们必定存在"好的参数"码。构造满足这个上界的码比较容易,但满足这个下界的码就难多了。

定理 16 (辛格尔顿界) $\mathbf{F}=GF(q)$ 域上的每个 (n,M,d) 线性码满足

$$M \leqslant q^{n-d+1}。$$

证明 给定 $\mathbf{F}^n$ 的一个基并写出基于这个基的所有码字,删除每个码字最前面的 $d-1$ 位,称为新码 $C' \subset \mathbf{F}^{n-d+1}=V$。由于 C 的最小距离为 d,因此 C' 的这些码字仍不同。因此 C' 共有 M 个码字。但是由于剩余向量空间 V 中共有 $q^{n-(d-1)}=q^{n-d+1}=|\mathbf{F}^{n-d+1}|$ 个矢量,因此 C' 的码字不会比 V 中矢量多。这证明了上述不等式。

满足参数 $k+d=n+1$ 的线性码 C 称作最大距离可分的(Maximum distance separable)或称 MDS。若存在这样的码,那么在某种意义上说可能是最好的。

尽管 MDS 码的分类是不完备的(在写此书时),但已知存在大量的MDS 码,例如,参见 Hirschfeld[Hi]。在写此书时,下面问题仍未解决。一种广义的里德－所罗门(Reed－Solomon)码(这本书后面定义)是 MDS码的一个典型例子。

下面的猜想在一段时间内仍未解决。最近,Simeon Ball 已经宣称对于 q 是质数情况已找到答案[Bal]。

未解决问题 2 (MDS 码最重要猜想)$GF(q)$ 域上的每个 $[n,k,d]$ MDS 码满足下面结论。除非当 q 是偶数且 $k=3$ 或者 $k=q-1$ 时,在这种情况下 $n \leqslant q+2$,否则假如 $1 < k < q$,那么 $n \leqslant q+1$。

在举例之前,先讨论一个简单结论。令 C_i 是参数为 $[n_i,k_i,d_i]$ 的线性码序列,满足随着 i 趋于无穷,$n_i \to \infty$ 且存在两个极限

$$R = \lim_{i \to \infty} \frac{k_i}{n_i}, \quad \delta = \lim_{i \to \infty} \frac{d_i}{n_i}。$$

辛格尔顿界表明

$$\frac{k_i}{n_i} + \frac{d_i}{n_i} \leqslant 1 + \frac{1}{n_i}。$$

令 i 趋向无穷,得到

$$R + \delta \leqslant 1。$$

辛格尔顿界表明码的任何序列的信息速率和相对最小距离都限制在附图 1 所示的三角形内。

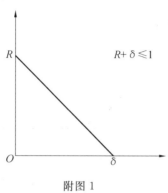

附图 1

定理 17 (乌沙莫夫吉尔伯特界)存在码 $C \subset \mathbf{F}^n$,满足

$$\frac{q^n}{\sum\limits_{i=0}^{d-1} \binom{n}{i}(q-1)^i} \leqslant |C|。$$

证明 假定 C 的最小距离为 d,分组长度为 n,同时假定 C 在满足这些属性情况下尽可能大。换句话说,不能靠增加另一个矢量到 C 中来增大 C 的数量但仍能保持最小距离 d。这表明每个 $v \in \mathbf{F}^n$ 距离 C 中某个码字的距离都满足 $\leqslant d-1$。同时表明 $\mathbf{F}^n = \bigcup_{c \in C} B(c, d-1, \mathbf{F}^n)$,但是由于相反的结论是显而易见的,得到

$$\mathbf{F}^n = \bigcup_{c \in C} B(c, d-1, \mathbf{F}^n)。$$

根据引理 8,所有的这些球 $B(c, d-1, \mathbf{F}^n)$ 有同样的坐标,所以假如给定 $c_0 \in C$,那么对于每个 $c \in C$,满足 $|B(c, d-1, \mathbf{F}^n)| = |B(c_0, d-1, \mathbf{F}^n)|$。因此,

$$q^n = |\mathbf{F}^n| = \left| \bigcup_{c \in C} B(c, d-1, \mathbf{F}^n) \right|$$

$$\leqslant \sum_{c \in C} |B(c, d-1, \mathbf{F}^n)|$$

$$= |C| \cdot |B(c_0, d-1, \mathbf{F}^n)|$$

$$= |C| \sum_{i=0}^{d-1} \binom{n}{i}(q-1)^i。$$

取给定的 δ 且在定理 17 的不等式左边取 $d = [\delta n]$,称它为 $M_{n,\delta}$。在

(δ, R) 平面里,随着 n 趋近于无穷,画出 δ 与 $R = \lim\limits_{n \to \infty} \log_q(M_{n,\delta})/n$ 关系,得到图 1.8。

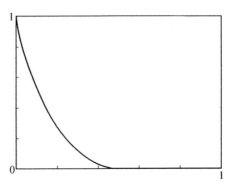

图 1.8　二进制码的乌沙莫夫吉尔伯特界

定理 18　(汉明或球包界(Sphere − packing bound))对于任意(未必是线性)包含 M 个元素的码 $C \subset \mathbf{F}^n$,得到

$$M \sum_{i=0}^{e} \binom{n}{i} (q-1)^i \leqslant q^n,$$

其中 $e = [(d-1)/2]$。

证明　对于每个码字 $c \in C$,构建一个以它为中心、半径为 $e = [(d-1)/2]$ 的球 B_e。根据 d 和汉明度量的定义,它们之间没有交集。根据引理 8,每个这样的球有

$$\sum_{i=0}^{e} \binom{n}{i} (q-1)^i$$

个元素,且存在 M 个这样的球。基于上述事实,结果表明 $\bigcup_{c \in c} B_c \subset \mathbf{F}^n$ 且 $|\mathbf{F}^n| = q^n$。

若码的汉明界满足等号关系,则称其为完备的。例如,$[7,4,3]$ 汉明码就是完备的。

1.5.1　问题:"最好"码什么样?

给定长度的"最好"码什么样?这个问题本身非常难回答,但激起了一些关于渐近界的探索。

渐近界 − Manin 定理

令

$$R = R(C) = \frac{k}{n},$$

用它衡量码的信息速率;而

$$\delta = \delta(C) = \frac{d}{n},$$

用它衡量码的纠错能力。令 $\sum_q$ 表示所有 $(\delta, R) \in [0,1]^2$ 的集合,集合满足 $\lim\limits_{i \to \infty} d_i/n_i = \delta$ 且 $\lim\limits_{i \to \infty} k_i/n_i = R$ 条件下,存在 $[n_i, k_i, d_i]$ 码的一个序列 C_i,$i = 1, 2, \cdots$。

下面定理描述了一个"好"的线性码能达到的信息理论极限。

定理 19 (Manin) 存在一个连续递减函数

$$\alpha_q : [0,1] \to [0,1],$$

满足:

① α_q 在 $[0, \frac{q-1}{q}]$ 区间上严格递减;

② $\alpha_q(0) = 1$;

③ 假如 $\frac{q-1}{q} \leqslant x \leqslant 1$,那么 $\alpha_q(x) = 0$;

④ $\sum_q = \{(\delta, R) \in [0,1]^2 \mid 0 \leqslant R \leqslant \alpha_q(\delta)\}$。

更详细情况参见[SS]中第1章。

未解决问题 3 当 $0 < x < \frac{q-1}{q}$ 时,$\alpha_q(x)$ 的一个值都不知道!你能发现一个吗?

对于 $q = 2$ 的情况,参见下面的猜想 22。

渐近界 — 普洛特金(Plotkin)曲线

正如上面提到的,$\alpha_q(\delta)$ 界的值是一个谜,但得到了下面的著名上界。

定理 20 (普洛特金界)

(a) 设 $q > 2$。假如 C 是一个 $[n, k, d]_q$ 码且 $d > n(1 - 1/q)$,那么

$$|C| \leqslant \frac{qd}{qd - (q-1)n}。$$

(b) 设 $q = 2$。假如 C 是一个 $[n, k, d]_2$ 码,那么

$$|C| \leqslant \begin{cases} 2\left[\dfrac{d}{2d-n}\right], & d \leqslant n \leqslant 2d, \\ 4d, & n = 2d, \end{cases}$$

其中 $[\cdot]$ 表示地板函数。

Levenshtein 证明假如阿达玛(Hadamard)猜想是正确的,那么在满足 C 为非线性的条件下,二进制情况下普洛特金界(Plotkin bound)是突变

的(更多参考和细节参见 Huffman 和 Pless[HP1] p.333,Bierbrauer[Bi]第9章及 de Launey 和 Gordon[dLG])。

取 $R=\delta n$ 且 $d=\delta n$,且令 $n\to\infty$,人们能得到这个界的渐近形式:

$$\alpha_q(\delta)\leqslant 1-\delta/(1-q^{-1})。$$

称线$(\delta,1-\delta/(1-q^{-1})),0<\delta<1-1/q$ 为普洛特金曲线(Plotkin curve)。

渐近界 — 乌沙莫夫吉尔伯特曲线

虽然并不知道在 $0<x<\dfrac{q-1}{q}$ 情况下 $\alpha_q(x)$ 是否可微,也不知道在

$0<x<\dfrac{q-1}{q}$ 情况下 $\alpha_q(x)$ 是否是凸的,但下面的估计也是著名的。

定理 21 (乌沙莫夫吉尔伯特)我们得到

$$\alpha_q(x)\geqslant 1-x\log_q(q-1)+x\log_q(x)+(1-x)\log_q(1-x)。$$

换句话说,对于任意给定的 $\varepsilon>0$,存在一个$[n,k,d]$码C(可能依赖ε)满足

$$R(C)+\delta(C)\geqslant 1-\delta(C)\log_q(\frac{q-1}{q})+\delta(C)\log_q(\delta(C))+$$
$$(1-\delta(C))\log_q(1-\delta(C))-\varepsilon。$$

称曲线$(\delta,1-\delta\log_q(\frac{q-1}{q})+\delta\log_q(\delta)+(1-\delta)\log_q(1-\delta)),0<\delta<$

$1-1/q$ 为乌沙莫夫吉尔伯特曲线(Gilbert — Varshamov curve)。

图 1.9 是乌沙莫夫吉尔伯特曲线和其他几个渐近界的比较图。

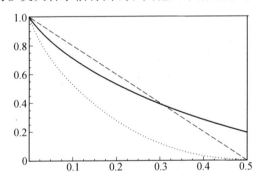

图 1.9 用 SAGE 得到乌沙莫夫吉尔伯特(点)、普洛特金(破折号)和汉明(实线)曲线图

下面是产生图 1.9 的 SAGE 命令。

SAGE

```
sage：P1 = plot(gv_bound_asymp(x, 2), x, 0, 1/2, linestyle = "dotted")
sage：P2 = plot(plotkin_bound_asymp(x, 2), x, 0.0, 0.50, linestyle = "dashed")
sage：P3 = plot(hamming_bound_asymp(x, 2), x, 0.0, 0.50)
sage：show(P1 + P2 + P3,dpi = 300)
```

大多数人"熟知"的是关于二进制情况下最可能下界的猜想,如下所示。

猜想 22 乌沙莫夫吉尔伯特界的二进制情况是渐近准确的。

自从 20 世纪 60 年代,这个民间的猜想就被编码理论界所熟知。Goppa 认为他有了一个关于这个猜想的证明,所以有些人称它为"Goppa 猜想"(Goppa conjecture)。关于这个问题最新的一些讨论参见 Jiang 和 Vardy[JV] 及 Gaborit 和 Zemor[GZ],并且在第 4 章将更详细地讨论这个猜想。

1.5.2 虚假辛格尔顿界

下面是 Amin Shokrollahi[S] 给出的一个有趣例子。

这个例子以一种原始的方式构造 $\mathbf{F}_2^{2m}$ 域上的 2^m 个矢量的一个集合,称作 C。C 的加法 $\&$ 满足在加法运算下 C 是一个二进制矢量空间且 $c \& c'$ 的重量至少是 m(这个构造一直满足"虚假辛格尔顿"界)。详细说明如下：

令 l 表示 m 阶向量且其所有元素都是 1,$C = \{(a, a+l) \mid a \in \mathbf{F}_2^m\}$。对于 $c = (a, a+l)$ 且 $c' = (a', a'+l)$,令 $c \& c' = (a+a', a+a'+l)$。通过"加法"运算,C 变成一个二进制矢量空间。由于 C 中任意元素重量是 m,因此在 C 中任何两个元素 $\&$ 一距离定义为它们 $\&$ 一加法的重量,也是 m。由于它是一个长度 $n = 2m$、维数 $k = m$ 且最小 $\&$ 一距离 $d_\& = m$ 的码,因此大多数情况下满足虚假辛格尔顿界 $k + d_\& \leqslant n+1$,尤其是我们得到渐近速率为 $R = \dfrac{1}{2}$ 且相对最小 $\oplus$ 一距离 $\delta_\& = \dfrac{1}{2}$。

这个故事的含义是:假如改变了码的基,那么由于码需要依赖选择的基,因此并不能用"过去的"汉明度量。

1.6 二次剩余码和其他群码

本节给出几个群理论构造码的例子,且构造的码有大量额外的对称性质。

1.6.1 自同构群

令 $C \in \mathbf{F}^n$ 是一个码。假如 g 作用于 $\mathbf{F}^n$ 限定为作用于 C,即 $gC \subset C$,那么 n 阶对称群元素 $g \in S_n$ 称为 C 的置换。定义 C 的置换自同构群为满足上述所有置换的群。为了简洁,我们称群为 C 的自同构群,表示成 $\mathrm{Aut}(C)$。注意即使 C 是非线性码,这个定义也适用。

1.6.2 循环码

令 G 表示生成多项式 σ 的 n 阶循环群。设通过 $\sigma(i) = i+1$ 模 n 的方式,G 作用于集合 $\{0, 1, \cdots, n-1\}$。给定有限域 F 且令 σ 表示循环移位完成转换 $\sigma: \mathbf{F}^n \to \mathbf{F}^n$ 转换 $(a_0, a_1, \cdots, a_{n-1}) \mapsto (a_{n-1}, a_0, \cdots, a_{n-2})$,且令 $G = \langle \sigma \rangle$。

定义 23 假如无论什么时候 $c = (c_0, \cdots, c_{n-1})$ 都是 C 的码字,那么长度为 n 的线性码 C 是一个循环码,并循环移位为 $c' = (c_{n-1}, c_0, \cdots, c_{n-2})$。

例 24 给定一个二进制码 C,其生成矩阵为

$$G = \begin{pmatrix} 1 & 0 & 1 & 1 & 0 & 0 & 0 \\ 0 & 1 & 0 & 1 & 1 & 0 & 0 \\ 0 & 0 & 1 & 0 & 1 & 1 & 0 \\ 0 & 0 & 0 & 1 & 0 & 1 & 1 \end{pmatrix}。 \qquad (1.6.1)$$

很明显这四行 g_1, g_2, g_3, g_4 都是它的前一行右移得到的。并且注意到 g_4 右移等价于 $g_5 = g_1 + g_3 + g_4$;g_5 右移为 $g_6 = g_1 + g_2 + g_3$;g_6 右移为 $g_7 = g_2 + g_3 + g_4$;g_7 右移为 g_1。因此,由 G 生成的线性码通过右移保持不变,则 C 是循环码。

SAGE

```
sage：MS = MatrixSpace(GF(2), 4, 7)
sage：MS = MatrixSpace(GF(2),4,7)
sage：G = MS([[1,0,1,1,0,0,0],[0,1,0,1,1,0,0],[0,0,1,0,1,1,0],
          [0,0,0,1,0,1,1]])
sage：C = LinearCode(G)
sage：A = C. automorphism_group_binary_code()
sage：C7 = CyclicPermutationGroup(7)
sage：C7. is_subgroup(A)
True
```

最后的命令告诉我们码 C 的自同构群包含 7 阶循环置换群，这等价于称 C 为循环的。

循环码字能方便地用多项式模 $x^n - 1$ 表示。事实上，假如 $c = (c_0, \cdots, c_{n-1})$，那么令

$$c(x) = c_0 + c_1 x + \cdots + c_{n-1} x^{n-1}$$

表示对应的码字多项式。在这个定义中，c 的循环移位 $c' = (c_{n-1}, c_0, \cdots, c_{n-2})$ 对应多项式 $xc(x)$（模 $x^n - 1$）。换句话说，循环移位对应乘 x。由于循环移位产生循环码是不变的，因此乘 x 的任意次幂模 $x^n - 1$ 都对应 C 中的一个码字。由于 C 是线性码，任意两个码字多项式和为另一个码字多项式。因此，任意码字多项式与 x 的任何多项式的乘积模 $x^n - 1$ 为另一个码字多项式。

用 R_n 表示 $\mathbf{F}$ 域上的系数组成多项式模 $x^n - 1$ 的环：

$$R_n = \mathbf{F}[x]/(x^n - 1)。 \tag{1.6.2}$$

定义 R_n 的理想（ideal）I 为 R_n 的任意子集，满足子集中任意两个元素相加封闭且子集中任意元素与 R_n 中任意元素相乘封闭，即：

① 假如 $f, g \in I$，那么 $f + g \in I$；

② 假如 $f \in I$ 并且 $r \in R_n$，那么 $rf \in I$。

换句话说，R_n 的理想简化为一个子集，子集满足与任意多项式相加和相乘模 $x^n - 1$ 都封闭。需要注意的是，循环码对应的码字多项式集为 R_n 的理想。

引理 25 $\mathbf{F}$ 域上的长度为 n 循环码与 R_n 的理想之间存在天生的一对一映射。

可参考任何一本编码理论的书，如 MacWilliams 和 Sloane[MS]。

为了定义循环码生成多项式,需要下面的数学事实。

引理 26 R_n 的每个理想 I 是 $g(x)R_n$ 形的。换句话说,I 的每个元素都是 $g(x)$ 与 R_n 中某个多项式 $g(x)$ 的乘积。

$I=g(x)R_n$ 形的理想称为主理想(Principal)且 $g(x)$ 称为理想 I 的生成式(Generator)。

证明 假定不是上述形。令 $s(x)$ 是 I 中最小阶的非零元素,选 I 中任意一个非零元素 $f(x)$。通过除法算法,能写成 $f(x)=q(x)s(x)+r(x)$,其中 q 和 r 是多项式且 $r(x)$ 的阶数严格小于 $s(x)$ 的阶数。注意根据定义,$r(x)=f(x)-q(x)s(x)$ 属于 I。除非 $r(x)=0$,否则这与 $s(x)$ 最小阶的假设矛盾。因此,I 中每个元素都是 $s(x)$ 的倍数,取 $g(x)=s(x)$。

定义 27 令 C 是长度为 n 的循环码,I 是引理 25 中 C 对应的理想。假如 $g(x)$ 是 I 的生成式,则称它为 C 的生成多项式。

例 28 继续例 24。令 $g(x)=1+x^2+x^3$,它的码字多项式对应式 (1.6.1) 生成矩阵首行。多项式 $g(x)$ 是那个例子中循环码 C 的生成多项式。注意 $x^7-1=(x+1)(x^3+x^2+1)(x^3+x+1)$。

用 SAGE 来解释这些论述。

SAGE

```
sage：P. < x > = PolynomialRing(GF(2),"x")
sage：g = x^3 + x^2 + 1
sage：C = CyclicCodeFromGeneratingPolynomial(7,g)；C
Linear code of length 7, dimension 4 over Finite Field of size 2
sage：C. gen_mat()
[1 0 1 1 0 0 0]
[0 1 0 1 1 0 0]
[0 0 1 0 1 1 0]
[0 0 0 1 0 1 1]
sage：factor(x^7 - 1)
(x + 1) * (x^3 + x + 1) * (x^3 + x^2 + 1)
```

1.6.3 二进制剩余码

通常构造的二进制剩余码为循环码的一种特殊形式,下面用傅立叶 (Fourier) 变换来定义它。(对于更常用的定义参见[MS])

有限域上的傅立叶变换

存在一个有限域类似为

$$f(x) \mapsto \int_{\mathbf{R}} f(x) e^{ixy} \, dx,$$

它类似于常用的实数域 $\mathbf{R}$ 的加法群的傅立叶变换。(令人感到疑惑的是早在 19 世纪早期,当傅立叶用傅立叶级数解热方程时,他在心里就有了有限域) 首先,与 e^{ixy} 的有限域类似,需要知道如何构造 $\mathbf{F}$ 的加法特征。回忆一下,$\mathbf{F}$ 的加法特征是一个函数 $\psi:\mathbf{F} \to \mathbf{C}$,满足

$$\psi(x + y) = \psi(x)\psi(y)。$$

令 $p > 2$ 表示奇质数,且令 $\left(\dfrac{2}{p}\right)$ 表示勒让德符号(Legendre character):

$$\left(\frac{a}{p}\right) = \begin{cases} 1, & a \neq 0, \text{二进制剩余模 } p, \\ -1, & a \neq 0, \text{二进制非剩余模 } p, \\ 0, & a = 0, \end{cases}$$

其中 $a \in GF(p)$。根据二次互反性(Quadratic reciprocity),假如 $p > 2$,得到 $\left(\dfrac{2}{p}\right) = (-1)^{\frac{p^2-1}{8}}$。假如 p, l 都是奇质数,那么得到 $\left(\dfrac{l}{p}\right)\left(\dfrac{p}{l}\right) = (-1)^{\frac{(p-1)(l-1)}{4}}$。尤其是,只要 $p \equiv \pm 1 \pmod 8$,2 是 p 的一个二进制剩余。

令 $\mathbf{F} = GF(p)$ 且令 $F = GF(l)$,其中 l 是一个不同于 p 质数且是 p 的二进制剩余。例如,取 $l = 2$ 且 $p \equiv 1 \pmod 8$。令 ξ 是包含 F 的域中单位元的一个 p 重非平凡根。

定义 $\psi_1:\mathbf{F} \to F(\xi)^{\times}$,其中 $\psi_1(a) = \xi^a, a \in \mathbf{F}$。显然,由于对所有的 a_1, $a_2 \in \mathbf{F}$,满足 $\psi_1(a_1 + a_2) = \xi^{a_1+a_2} = \xi^{a_1}\xi^{a_2} = \psi_1(a_1)\psi_1(a_2)$,所以 ψ_1 是一个加法特征。对于任意 $b \in \mathbf{F}$,定义

$$\psi_b(a) = \psi_1(ab)。$$

尤其是 $\psi_0 = 1$。由于对所有 $a_1, a_2 \in \mathbf{F}$,满足 $\psi_b(a_1 + a_2) = \psi_b(a_1)\psi_b(a_2)$,因此 ψ_b 也是一个加性特征。

定义 29 令 $f:\mathbf{F} \to F(\xi)$ 是任意函数。f 的傅立叶变换(Fourier transform)是函数

$$FT_f(b) = \sum_{a \in \mathbf{F}} f(a)\psi_b(a), \quad b \in \mathbf{F}。$$

为了后面傅立叶变换的需要,下面证明一些加性特征的属性。

引理 30 (a)(正交性) 作为 F 的元素,满足

$$\sum_{c \in F} \psi_a(c)\psi_b(c) = \begin{cases} p, & a+b=0, \\ 0, & a+b \neq 0. \end{cases}$$

（注意：假如 $l=2$，那么 F 中的 $p=1$。）

（b）假如 $\psi: \mathbf{F} \to F(\xi)$ 是 $\mathbf{F}$ 的任意加性特征，那么存在唯一的 $b \in \mathbf{F}$ 满足 $\psi = \psi_b$。

第一部分是"Schur 正交"的特殊情况，第二部分是阿贝尔（Abelian）群和特征对偶群元素间对偶性的特殊情况。这在许多关于群论或有限域的书中能发现证明。

引理 31 （傅立叶逆变换）假如 $f: \mathbf{F} \to F(\xi)$ 是任意函数，那么

$$f(a) = |\mathbf{F}|^{-1} \sum_{b \in \mathbf{F}} FT_f(b)\psi_b(-a), \quad a \in \mathbf{F}.$$

（回顾一下，$|\mathbf{F}|^{-1}$ 被当作 $F(\xi)$ 的一个元素。）

这是正交的结果。

广义二次剩余码

假如二次剩余（QR）码在"有用和实用"与"数学美"方面比拼，那么"数学美"可能会获胜。这些 QR 码看起来有相当快的编码器和译码器，但是缺乏好的参数[1]。然而，这些 QR 码有显著的数学特征，尤其是正如我们将看到[2]，与表示理论相关。

再一次令 l, p 是质数，其中 $p > 2$ 且 $l \geqslant 2$ 是 p 的二次剩余。

令 Q 表示 $\mathbf{F}^{\times}$ 域上的二次剩余集，且 N 表示 $\mathbf{F}^{\times}$ 域上的非二次剩余集。换句话说，只要 $\left(\dfrac{a}{p}\right)=1$，那么 $a \in Q$，且只要 $\left(\dfrac{a}{p}\right)=-1$，那么 $a \in N$。由于 $\left(\dfrac{*}{p}\right)$ 表示 $\mathbf{F}^{\times}$ 域上的非平凡特征，因此正交性表明 $\sum\limits_{a \in \mathbf{F}^{\times}} \left(\dfrac{a}{p}\right)=0$。它表明 $|Q|=|N|$，因此 $|Q|=\dfrac{1}{2}|\mathbf{F}^{\times}|=|N|$。

让我们通过某种方式列举 $\mathbf{F}=GF(p)$ 的元素，即 $\mathbf{F}=\{0,1,\cdots,p-1\}$。现在把 $GF(l)^p$ 看作是函数值的矢量空间

$$\{(f(0),f(1),\cdots,f(p-1)) \mid f: \mathbf{F} \to GF(l)\}.$$

广义的二次剩余（GRS）码是 Q 的傅立叶变换核中的函数子空间：

$$C_Q(\mathbf{F}, F) = \{f(0), f(1), \cdots, f(p-1) \mid FT_f(a)=0, \forall a \in Q\}.$$

---

[1] 请看第 4 章，尽管其中有一些有趣的但是猜想性的结论可用于二次剩余码 —— 可发现类似结构但参数非常好的相关码。

[2] 可参考 [MS] 的 16.4 ~ 16.5 部分。

存在一个非剩余的相似码：

$$C_N(\mathbf{F},F) = \{(f(0),f(1),\cdots,f(p-1)) \mid FT_f(a)=0, \forall\, a \in N\}。$$

这个码不能称作广义二次非剩余码。相反，通常这两个码简称为广义二次剩余码。

令 $Q=\{a_1,\cdots,a_r\}$（因而 $r=\dfrac{p-1}{2}$）。根据这个定义，得到 $C_Q(\mathbf{F},F)$ 的校验矩阵为

$$H = \begin{bmatrix} \psi_{a_1}(0) & \psi_{a_1}(1) & \cdots & \psi_{a_1}(p-1) \\ \psi_{a_2}(0) & \psi_{a_2}(1) & \cdots & \psi_{a_2}(p-1) \\ \vdots & \vdots & & \vdots \\ \psi_{a_r}(0) & \psi_{a_r}(1) & \cdots & \psi_{a_r}(p-1) \end{bmatrix} = \begin{bmatrix} 1 & \xi^{a_1} & \cdots & \xi^{a_1(p-1)} \\ 1 & \xi^{a_2} & \cdots & \xi^{a_2(p-1)} \\ \vdots & \vdots & & \vdots \\ 1 & \xi^{a_r} & \cdots & \xi^{a_r(p-1)} \end{bmatrix}。$$

引理 32 广义二次剩余码的参数 $[n,k,d]$ 满足

$$n=p, \quad k=\frac{p+1}{2}, \quad d \geqslant \sqrt{p}。$$

通常来说，较"大" p 的二进制剩余码 d 的判断是一个未解决问题。例如（在撰写此书时），M. Grassl 已经发表了 $l=2,3$ 且 $p \leqslant 167$ 二进制剩余码的 $[n,k,d]$ 值表格（也可参见 Voloch[V3] 和 [MS] 的第 16 章）。

未解决问题 4 判断信息位位于二次剩余码族的哪个坐标上。

令 $\overline{C}_Q[\mathbf{F},F]$ 表示 $C_Q(\mathbf{F},F)$ 和全 1 矢量产生的码，$\overline{C}_N[\mathbf{F},F]$ 表示 $C_N(\mathbf{F},F)$ 和全 1 矢量产生的码。

引理 33 我们得到

$$C_Q(\mathbf{F},F)^{\perp} = \begin{cases} \overline{C}_Q(\mathbf{F},F), & p \equiv 1 \pmod 4, \\ \overline{C}_N(\mathbf{F},F), & p \equiv -1 \pmod 4, \end{cases}$$

且

$$C_N(\mathbf{F},F)^{\perp} = \begin{cases} \overline{C}_N(\mathbf{F},F), & p \equiv 1 \pmod 4, \\ \overline{C}_Q(\mathbf{F},F), & p \equiv -1 \pmod 4, \end{cases}$$

（它的证明参见 [MS] 的 16.4 部分）换句话说，假如 $p \equiv 1 \pmod 4$，那么码 $C=C_Q(\mathbf{F},F)$ 中的所有码字都彼此正交。（这样的码有时称作自正交（self-orthogonal）。另外，假如和所有码字正交的每个矢量是码字本身，那么称这个码为自对偶（self-dual）的）

扩展二次剩余码

定义扩展二次剩余码为

$$\hat{C}_Q(\mathbf{F},F) = \{(c_1,\cdots,c_p,c_\infty) \,\big|\, (c_1,\cdots,c_p) \in C_Q(\mathbf{F},F), c_\infty = \alpha \sum_{i=1}^{p} c_i\},$$

$$\hat{C}_N(\mathbf{F},F) = \{(c_1,\cdots,c_p,c_\infty) \,\big|\, (c_1,\cdots,c_p) \in C_N(\mathbf{F},F), c_\infty = \alpha \sum_{i=1}^{p} c_i\},$$

其中 $1+\alpha^2 p=0$（符号的任一选择都将起作用）。假如 $p\equiv1(\bmod\,4)$，这些码是自对偶码；而假如 $p\equiv-1(\bmod\,4)$，那么彼此之间对偶。

甚至更有趣的是，这些码存在大量的自同构群。

定理 34　（Gleason−Prange）设 $l=2$ 且 $p\equiv\pm1(\bmod\,8)$，自同构群 $\mathrm{Aut}(\hat{C}_Q(\mathbf{F},F))$ 包含一个同构于 $\mathrm{PSL}(2,p)$ 的子群。

关于这个定理的证明及置换自同构如何作用于这个码的更多细节参见[MS]的 16.5 部分（也可参见[HP1]的 6.6 部分）。这个定理说明 $\hat{C}_Q(\mathbf{F},F)$ 可以当作 $\mathrm{PSL}(2,p)$ 的表示空间。$G=\mathrm{PSL}(2,p)$ 作用于 $\hat{C}_Q(\mathbf{F},F)$ 让人想起了 p 进制域的 $\mathrm{SL}(2)$ 的威尔（Weil）表示，这是在数学领域更出名的表示之一。要想知道更多有趣的实例请参见 Ward[War]。

第2章　自对偶码、格及不变量理论

在所有的数学问题中,最令人感兴趣的领域之一是整数格、模形式、不变量理论和纠错码理论之间的相互作用。关于这方面内容的介绍有几篇极好文献,例如,康威(Conway)和 Sloane[CS1],Ebeling[Eb],Elkies[E3],Sloane[Sl]及 Brualdi,Huffman 和 Pless[BHP]。因此,本章将简要地介绍这方面内容,详细内容可参见上述文献。

本章探讨的内容包括:① 不变量理论和自对偶码间的关系;② 格和二进制码间的联系;③ 最优码、可分组码和极值码。

本章产生了一些未解决问题:线性码的重量算子应该是哪一类多项式 $F(x,y)$ 呢?是否存在二进制自对偶 $[72,36,16]$ 码?下面讨论这些问题及其他相关内容。

2.1　重量算子

(汉明)重量算子多项式 A_C 定义为

$$A_C(x,y) = \sum_{i=0}^{n} A_i x^{n-i} y^i = x^n + A_d x^{n-d} y^d + \cdots + A_n y^n,$$

其中

$$A_i = |\{c \in C \mid wt(c) = i\}|$$

表示重量为 i 的码字数量。C 的支集(Support)为集合 $\mathrm{supp}(C) = \{i \mid A_i \neq 0\}$。假如 $A_C(x,y) = A_{C^\perp}(x,y)$,那么 C 称作形式自对偶码。C 的谱为 A_C 的系数列表:

$$\mathrm{spec}(C) = [A_0, \cdots, A_n]。$$

假如两个码谱相同,那么称这两个码形式上等价。

例35　令

$$G = \begin{pmatrix} 1 & 1 & 1 & 1 & 0 & 0 & 0 & 0 & 0 & 0 \\ 0 & 0 & 0 & 0 & 1 & 1 & 1 & 1 & 1 & 1 \\ 1 & 0 & 0 & 0 & 1 & 1 & 1 & 0 & 0 & 0 \\ 0 & 1 & 0 & 0 & 1 & 1 & 0 & 1 & 0 & 0 \\ 0 & 0 & 1 & 0 & 1 & 0 & 1 & 0 & 1 & 0 \end{pmatrix},$$

且令 C 是 G 产生的二进制码。它的谱为

$$\mathrm{spec}(C) = [1, 0, 0, 0, 15, 0, 15, 0, 0, 0, 1]。$$

并且尽管 $C \neq C^{\perp}$，但其对偶码 $C^{\perp}$ 也有相同谱。所以这个码是形式自偶，而不是真正自偶。

假如两个码间存在双向线性变换 $\phi : C \to C'$ 且对于所有 $c_1, c_2 \in C$，满足汉明距离函数：

$$d(c_1, c_2) = d(\phi(c_1), \phi(c_2))。$$

那么称两个码 C, C' 是等距的。

事实上，众所周知，只要两个码等距，那么两个码是单项式等价（根据 MacWilliams 的结论）。尤其是，只要两个二进制码等距，那么它们就是（置换）等价的。

例 36 事实上，存在许多不等价的二进制码 C, C'，而它们是形式上等价的例子。下面介绍 SAGE 给出的例子。

SAGE

```
sage：G1 = matrix(GF(2),[[1,1,0,0,0,0],[0,0,1,1,0,0],[0,0,0,0,1,1]])
sage：G2 = matrix(GF(2),[[1,1,0,0,0,0],[1,0,1,0,0,0],[1,1,1,1,1,1]])
sage：C1 = LinearCode(G1)
sage：C2 = LinearCode(G2)
sage：C1.is_permutation_equivalent(C2)
False
sage：C1.weight_distribution()
[1, 0, 3, 0, 3, 0, 1]
sage：C2.weight_distribution()
[1, 0, 3, 0, 3, 0, 1]
```

换句话说，二进制码 C_1, C_2 的生成矩阵分别为

$$G_1 = \begin{bmatrix} 1 & 1 & 0 & 0 & 0 & 0 \\ 0 & 0 & 1 & 1 & 0 & 0 \\ 0 & 0 & 0 & 0 & 1 & 1 \end{bmatrix}, \quad G_2 = \begin{bmatrix} 1 & 1 & 0 & 0 & 0 & 0 \\ 1 & 0 & 1 & 0 & 0 & 0 \\ 1 & 1 & 1 & 1 & 1 & 1 \end{bmatrix},$$

它们是形式上等价但不是真等价。

未解决问题 5 给定一个 n 阶齐次多项式

$$F(x,y) = x^n + \sum_{i=1}^{n} f_i x^{n-i} y^i,$$

其中系数 $f_i \in \mathbf{Z}$ 是非负整数,(除了通过列举长度为 n 的线性码的所有重量算子来判断外)找到长度为 n 的某个线性码 C 判断其是否满足等式 $F(x,y) = A_C(x,y)$ 的充要条件。

以某种给定的方式来排列有限域 $GF(q)$ 为:$GF(q) = \{\omega_0, \omega_1, \cdots, \omega_{q-1}\}$,其中 $\omega_0 = 0$。那么,定义 $v = (v_1, \cdots, v_n) \in GF(q)^n$ 的组合方式(Composition)为

$$\mathrm{comp}(v) = (s_0, \cdots, s_{q-1}),$$

其中 $s_j = s_j(v)$ 表示 v 中元素等于 ω_j 的数量。明显地,对于每个 $v \in GF(q)^n$,有 $\sum_{i=0}^{q-1} s_i(v) = n$。对于 $s = (s_0, \cdots, s_{q-1}) \in \mathbf{Z}^q$,令 $T_C(s)$ 表示 $\mathrm{comp}(c) = s$ 条件下码字 $c \in C$ 的数量。定义完备(Complete)重量算子为

$$W_C(z_0, \cdots, z_{q-1}) = \sum_{c \in C} z_0^{s_0(c)} \cdots z_{q-1}^{s_{q-1}(c)} = \sum_{s \in \mathbf{Z}^q} T_C(s) z_0^{s_0} \cdots z_{q-1}^{s_{q-1}}。$$

有时,为了方便,把变量 z_{ω_i} 表示成变量 z_i。这个算子与汉明重量算子相关,如下所示:

$$A_C(x,y) = W_C(x, y, \cdots, y)。$$

2.2 可分组码

假如 $b > 1$ 是个整数且 $\mathrm{supp}(C) \subset b\mathbf{Z}$,那么码 C 称作 b 可分组的。

定义 37 令 C 是 b 可分组码(Divisible code)。假如 C 和 $C^{\perp}$ 都是二进制且包括全 1 码字,那么称 C 为类型 2 可分组的(Type 2 divisible)。假如 C 不是类型 2 可分组的,则称作类型 1 可分组的(Type 1 divisible)。

例如,假如 C 是一个二进制自对偶码,那么它必定是 2 可分组的(由于码字必定与自身正交,因此它为偶重量),它表明 $C^{\perp}$ 包含全 1 矢量,而且 $C = C^{\perp}$,所以 C 必定是类型 2 可分组的。

类型 1 码可以不是二进制的。

引理 38 假如 C 是类型 1 可分组的,那么

$$d + bd^{\perp} \leqslant n + b(b+1)。$$

假如 C 是类型 2 可分组的,那么

$$2d + bd^{\perp} \leqslant n + b(b+2)。$$

证明 参见 Duursma 定理 1[D3]。

作为上述引理的推论,我们看到假如 C 是形式自对偶,那么

$$d \leqslant \begin{cases} \left[\dfrac{n}{b+1}\right] + b & (\text{类型 } 1), \\[3mm] \left[\dfrac{n}{b+2}\right] + b & (\text{类型 } 2)。 \end{cases}$$

Gleason—Pierce 定理[1]本质上称除了一类令人不感兴趣的例子外,形式自对偶可分组码分成下面 4 类。

定义 39 令 C 是形式自对偶 b 可分组 $[n,k,d]_q$ 码。假如 $q=b=2$ 且 n 是偶数,那么 C 称作类型 I 的(单偶数或形式自对偶偶数)。假如 $q=2,b=4$ 并且 $8 \mid n$,那么 C 称作类型 II 的(或双偶数)。假如 $q=b=3$ 并且 $4 \mid n$,那么 C 称作类型 III 的。假如 $q=4,b=2$ 并且 n 是偶数,那么 C 称作类型 IV 的。上述的定义中,除了类型 IV 码与哈密(Hermitian)内积相关,C 的对偶其他定义都与欧几里得内积相关。

引理 40 (上界)设 C 是形式自对偶 b 可分组 $[n,k,d]_q$ 码,其中 $q=2$,3 或 4。那么类型 II(Type II)、类型 III 和类型 IV 码都是自对偶的,并且

$$d \leqslant \begin{cases} 2[n/8] + 2 & C \text{ 是类型 I 自对偶}, \\ 4[n/24] + 4 & C \text{ 是类型 II 自对偶}, \\ 3[n/12] + 3 & C \text{ 是类型 III 自对偶}, \\ 2[n/6] + 2 & C \text{ 是类型 IV 自对偶}。 \end{cases}$$

证明 它是[HP1]中的定理 9.3.1,也可参见[D3]给出的另一种证明方法。

这些上界有时也称作 Mallows — Sloane 界(Mallows — Sloane bounds)。事实上,形式自对偶偶数码甚至满足"类型 I 界"(参见[HP1]中的定理 9.3.1,[NRS]中的第 11.1 部分)。对于更广义的情况,见 7.4.2 节。

假如码的最小距离是在某个长度和维数下所有码中最大的,那么称它为最优的。假如引理 40 的界满足等号成立,那么称这个形式自对偶码 C

---

[1] 参见[NRS]中定理 2.5.1,也是本书的定理 89。

为极值的。例如,参数 $n=72, k=36, d=16$ 满足类型 Ⅱ 极值码的条件。

下面是长度不超过 32 位的类型 Ⅰ 最佳码参数表(例如参见[CS3]表1)。

n	4	6	8	10	12	14	16	18	20	22	24	26	28	30	32
d	2	2	2	2	4	4	4	4	4	6	6	6	6	6	8

评论 3 任意两个极值码(假如存在)有同样的重量算子多项式(事实上,基本上由 Duursma[D3]来确定)。

众所周知,只存在有限多个极值码,Zhang[Z]证明了定理 41(也可参见[D3]的简要证明,[NRS]中的第 11.1 部分,或 Huffman 和 Pless[HP1]第 345 页)。

定理 41 下列情况下,不存在长度为 n 的形式自对偶极值码:

(1)二进制形式自对偶偶数码:$n=8i(i \geqslant 4), 8i+2(i \geqslant 5), 8i+4(i \geqslant 6), 8i+6(i \geqslant 7)$;

(2)类型 Ⅱ 码:$n=24i(i \geqslant 154), 24i+8(i \geqslant 159), 24i+16(i \geqslant 164)$;

(3)类型 Ⅲ 码:$n=12i(i \geqslant 70), 12i+4(i \geqslant 75), 12i+8(i \geqslant 78)$;

(4)类型 Ⅳ 码:$n=6i(i \geqslant 17), 6i+2(i \geqslant 20), 6i+4(i \geqslant 22)$。

上述定理告诉我们实际上只存在有限多个极值码,但仍有一些悬而未决的问题存在。

未解决问题 6 完全分类所有极值码,特别是,判断是否存在二进制自对偶[72,36,16]码。

更进一步地讨论这个问题,参见网址[Do]。在这个网址上,为这个问题的解决方案提供了货币奖励。更深入的探讨见 2.6 节。

在[HK]中,Han 和 Kim 定义了形式自对偶近极值码并证明了类似于定理 41 的一个界。回顾一下,长度为 n 的 $GF(4)$ 域上的加性码是 $GF(4)^n$ 域上的加性子群(更多细节见[GHKP])。

定义 42 下面给出称作近极值的长度为 n、最小距离为 d 的形式自对偶码。

(1)二进制形式自对偶偶数码:$d=2\left[\dfrac{n}{8}\right]$;

(2)类型 Ⅱ 码:$d=4\left[\dfrac{n}{24}\right]$;

(3)类型 Ⅲ 码:$d=3\left[\dfrac{n}{12}\right]$;

(4) 类型 Ⅳ 码：$d = 2\left[\dfrac{n}{6}\right]$；

$(4')GF(4)$ 域上的加性自对偶偶数码：$d = 2\left[\dfrac{n}{6}\right]$；

(5)$GF(4)$ 域上的形式加性自对偶奇数码：$d = \left[\dfrac{n}{2}\right]$。

定理 43　下面情况下，不存在长度为 n 的近极值码：

(1) 二进制形式自对偶偶数码：假如 $n = 8i(i \geqslant 9), 8i + 2(i \geqslant 12),$ $8i + 4(i \geqslant 13), 8i + 6(i \geqslant 14)$；

(2) 类型 Ⅱ 码：假如 $n = 24i(i \geqslant 315), 24i + 8(i \geqslant 320), 24i + 16(i \geqslant 325)$；

(3) 类型 Ⅲ 码：假如 $n = 12i(i \geqslant 147), 12i + 4(i \geqslant 150), 12i + 8(i \geqslant 154)$；

(4) 类型 Ⅳ 码：假如 $n = 6i(i \geqslant 38), 6i + 2(i \geqslant 41), 6i + 4(i \geqslant 43)$；

$(4')GF(4)$ 域上的加性自对偶偶数码：假如 $n = 6i(i \geqslant 38), 6i + 2(i \geqslant 41), 6i + 4(i \geqslant 43)$；

(5)$GF(4)$ 域上的形式加性自对偶奇数码：假如 $n = 2i(i \geqslant 8), 2i + 1$ $(i \geqslant 10)$。

假如 $C^{\perp}$ 表示参数为 $[n, n - k, d^{\perp}]$ 的 C 的对偶码，那么 MacWilliams 等式[①](MacWilliams identity) 把 $C^{\perp}$ 的重量算子与 C 的重量算子关联起来：

$$A_{C^{\perp}}(x, y) = |C|^{-1}A_C(x + (q - 1)y, x - y) \text{。}$$

尤其是，只要 $F = A_C$ 满足下面的不变量条件，那么 C 是形式自对偶的：

$$F(x, y) = F\left(\frac{x + (q - 1)y}{\sqrt{q}}, \frac{x - y}{\sqrt{q}}\right) \text{。}$$

例 44　下面的例子来自 Sloane[Sl]。[Sl] 中定义的符号将用于下面定理 45 的描述。

(1) $W_1(x, y) = x^2 + y^2$ 是类型 Ⅰ 码 $C = \{(0, 0), (1, 1)\}$ 的重量算子。

(2) $W_5(x, y) = x^8 + 14x^4y^4 + y^8$ 是类型 Ⅱ 的 $[8, 4, 4]$ 码 C 的重量算子，它是二进制 $[7, 4, 3]$ 汉明码加一个校验位扩展生成。它是最小的类型 Ⅱ 码。

(3) $W_6(x, y) = x^{24} + 759x^{16}y^8 + 2\,576x^{12}y^{12} + 759x^8y^{16} + y^{24}$ 是参数为 $[24, 12, 8]$ 扩展二进制格雷(Golay) 码的重量算子。

---

① 这在第 7 章 7.4 部分中证明。

(4) $W_8(x,y)=x^{48}+17\ 296(x^{36}y^{12}+x^{12}y^{36})+535\ 095(x^{32}y^{16}+x^{16}y^{32})+3\ 995\ 376(x^{28}y^{20}+x^{20}y^{28})+7\ 681\ 680x^{24}y^{24}$ 是 $p=47$ 的扩展二进制二次剩余码,其参数为 $[48,24,16]$。

(5) $W_9(x,y)=x^4+8xy^3$ 是类型 Ⅲ 的三进制码 C 的重量算子,其生成矩阵为

$$G=\begin{bmatrix}1&1&1&0\\0&1&-1&1\end{bmatrix},$$

且参数为 $[4,2,3]$。

(6) $W_{10}(x,y)=x^{12}+264x^6y^6+440x^3y^9+24y^{12}$ 是类型 Ⅲ 的三进制格雷码的重量算子,且参数为 $[12,6,6]$。

(7) $W_{11}(x,y)=x^2+3y^2$ 是类型 Ⅳ 码 $C=\{(0,0),(1,1),(\alpha,\alpha),(\alpha^2,\alpha^2)\}$ 的重量算子,且参数为 $[2,1,2]$。其中 α 是 $GF(4)$ 域的生成元,满足 $\alpha^2+\alpha+1=0$。

(8) $W_{12}(x,y)=x^6+45x^2y^4+18y^6$ 是类型 Ⅳ 码 C 的重量算子,其生成矩阵为

$$G=\begin{bmatrix}1&0&0&1&\alpha&\alpha\\0&1&0&\alpha&1&\alpha\\0&0&1&\alpha&\alpha&1\end{bmatrix},$$

且参数为 $[6,3,4]$(并且 α 是 $GF(4)$ 域的生成元,满足 $\alpha^2+\alpha+1=0$)。

2.3 某些不变量

根据 Sloane[Sl] 的第 8.1 部分,下面的结论把几个事实结合在一起。

回顾一下,第 2.2 节定义的可分组码,将 Gleason-Pierce 定理(定理 89)中这些可分组码分成几类。假如 $A_C(x,y)=A_C(ax+by,cx+dy)$,那么称 $A_C(x,y)$ 为线性变换 $T=\begin{pmatrix}a&b\\c&d\end{pmatrix}$ 的不变量。

定理 45 假定 C 为类型 Ⅰ,Ⅱ,Ⅲ 或 Ⅳ 的形式自对偶可分组码。

(1)假如 C 是类型 Ⅰ 的,那么 $A_C(x,y)$ 为下述 16 阶群的不变量

$$G_{\mathrm{I}}=\langle\frac{1}{\sqrt{2}}\begin{pmatrix}1&1\\1&-1\end{pmatrix},\begin{pmatrix}1&0\\0&-1\end{pmatrix}\rangle,$$

且 $\mathbf{C}[x,y]^{G_{\mathrm{I}}}=\mathbf{C}[W_1,W_5]$。

(2)假如 C 是类型 Ⅱ 的,那么 $A_C(x,y)$ 为下述 192 阶群的不变量

$$G_{\mathrm{II}} = \langle \frac{1}{\sqrt{2}} \begin{pmatrix} 1 & 1 \\ 1 & -1 \end{pmatrix}, \begin{pmatrix} 1 & 0 \\ 0 & i \end{pmatrix} \rangle,$$

且 $\mathbf{C}[x,y]^{G_{\mathrm{II}}} = \mathbf{C}[W_5, W_6]$。

（3）假如 C 是类型 Ⅲ 的，那么 $A_C(x,y)$ 为下述 48 阶群的不变量

$$G_{\mathrm{III}} = \langle \sigma, \begin{pmatrix} 1 & 0 \\ 0 & \omega \end{pmatrix} \rangle, \quad \sigma = \frac{1}{\sqrt{3}} \begin{pmatrix} 1 & 1 \\ 2 & -1 \end{pmatrix},$$

其中 $\omega \in \mathbf{C} - \{1\}, \omega^3 = 1$；且 $\mathbf{C}[x,y]^{G_{\mathrm{III}}} = \mathbf{C}[W_9, W_{10}]$。

（4）假如 C 是类型 Ⅳ 的，那么 $A_C(x,y)$ 为下述 12 阶群的不变量

$$G_{\mathrm{IV}} = \langle \frac{1}{2} \begin{pmatrix} 1 & 1 \\ 3 & -1 \end{pmatrix}, \begin{pmatrix} 1 & 0 \\ 0 & -1 \end{pmatrix} \rangle,$$

且 $\mathbf{C}[x,y]^{G_{\mathrm{IV}}} = \mathbf{C}[W_{11}, W_{12}]$。

下面通过一些计算解释上述定理。

例 46　下面一些 SAGE 代码用于计算由 $g_1 = \begin{bmatrix} 1/\sqrt{q} & 1/\sqrt{q} \\ (q-1)/\sqrt{q} & -1/\sqrt{q} \end{bmatrix}$ 产生群 G 的不变量，其中 $q = 2, g_2 = \begin{pmatrix} -1 & 0 \\ 0 & 1 \end{pmatrix}$ 和 $g_3 = \begin{pmatrix} 1 & 0 \\ 0 & -1 \end{pmatrix}$。SAGE 方法 invariant_generators 称作 Singular[GPS]，SAGE 用这个方法（来自于 Simon King）计算群的不变量。

SAGE

```
sage: F = CyclotomicField(8)
sage: z = F.gen()
sage: a = z + 1/z
sage: a^2
2
sage: MS = MatrixSpace(F,2,2)
sage: b = -1
sage: g1 = MS([[1/a,1/a],[1/a,-1/a]])
sage: g2 = MS([[b,0],[0,1]])
sage: g3 = MS([[1,0],[0,b]])
sage: G = MatrixGroup([g1,g2,g3])
sage: G.invariant_generators()
[x1^2 + x2^2,
    x1^8 + 28/9 * x1^6 * x2^2 + 70/9 * x1^4 * x2^4 + 28/9 * x1^2 * x2^6 + x2^8]
```

不难验证它是定理 45(1) 中的等式。

例 47 下面一些 SAGE 代码用于计算由 $g_1 = \begin{pmatrix} 1/\sqrt{q} & (q-1)/\sqrt{q} \\ 1/\sqrt{q} & -1/\sqrt{q} \end{pmatrix}$ 产生群 G 的不变量,其中 $q=2$,$g_2 = \begin{pmatrix} i & 0 \\ 0 & 1 \end{pmatrix}$ 和 $g_3 = \begin{pmatrix} 1 & 0 \\ 0 & i \end{pmatrix}$。

SAGE

```
sage: F = CyclotomicField(8)
sage: z = F.gen()
sage: a = z + 1/z
sage: b = z^2
sage: MS = MatrixSpace(F,2,2)
sage: g1 = MS([[1/a,1/a],[1/a,-1/a]])
sage: g2 = MS([[b,0],[0,1]])
sage: g3 = MS([[1,0],[0,b]])
sage: G = MatrixGroup([g1,g2,g3])
sage: G.order()
192
sage: G.invariant_generators()
[x1^8 + 14 * x1^4 * x2^4 + x2^8,
x1^24 + 10626/1025 * x1^20 * x2^4 + 735471/1025 * x1^16 * x2^8\ +
2704156/1025 * x1^12 * x2^12  +  735471/1025 * x1^8 * x2^16\  +
10626/1025 * x1^4 * x2^20 + x2^24]
```

上述的群 G 通过不变量得到任意一个二进制自对偶双偶数码重量算子。结果表明任意一个这样的重量算子必定是 $x^8 + 14x^4 y^4 + y^8$ 和 $1\,025x^{24} + 10\,626x^{20}y^4 + 735\,471x^{16}y^8 + 2\,704\,156x^{12}y^{12} + 735\,471x^8 y^{16} + 10\,626x^4 y^{20} + 1\,025y^{24}$ 中的一个多项式。用 SAGE 的 Gröbner 基本算法,不难验证它是定理 45(2) 的等式。

例 48 下面一些 SAGE 代码用于计算由 $g_1 = \begin{pmatrix} 1/\sqrt{q} & 1/\sqrt{q} \\ (q-1)/\sqrt{q} & -1/\sqrt{q} \end{pmatrix}$ 产生群 G 的不变量,其中 $q=3$,$g_2 = \begin{pmatrix} \omega & 0 \\ 0 & 1 \end{pmatrix}$ 和 $g_3 = \begin{pmatrix} 1 & 0 \\ 0 & \omega \end{pmatrix}$。

SAGE

```
sage: F = CyclotomicField(12)
sage: z = F.gen()
sage: a = z + 1/z
sage: b = z^4
sage: a^2; b^3
3
1
sage: MS = MatrixSpace(F,2,2)
sage: g1 = MS([[1/a,1/a],[2/a,-1/a]])
sage: g2 = MS([[b,0],[0,1]])
sage: g3 = MS([[1,0],[0,b]])
sage: G = MatrixGroup([g1,g2,g3])
sage: G.order()
144
sage: G.invariant_generators()
[x1^12 + (-55/2)*x1^9*x2^3 + 231/16*x1^6*x2^6 +
(-55/128)*x1^3*x2^9 + 61/1024*x2^12,
x1^12 + 4*x1^9*x2^3 + 21/8*x1^6*x2^6 + 67/64*x1^3*x2^9 +
(-1/512)*x2^12]
```

例 49 下 面 一 些 SAGE 代 码 用 于 计 算 由 $g_1 = \begin{bmatrix} 1/\sqrt{q} & 1/\sqrt{q} \\ (q-1)/\sqrt{q} & -1/\sqrt{q} \end{bmatrix}$ 产生群 G 的不变量,其中 $q=4$, $g_2 = \begin{pmatrix} -1 & 0 \\ 0 & 1 \end{pmatrix}$ 和

$g_3 = \begin{pmatrix} 1 & 0 \\ 0 & -1 \end{pmatrix}$。

SAGE

```
sage：q = 4；a = 2
sage：MS = MatrixSpace(QQ，2，2)
sage：g1 = MS([[1/a,1/a],[(q−1)/a，−1/a]])
sage：g2 = MS([[−1,0],[0,1]])
sage：g3 = MS([[1,0],[0，−1]])
sage：G = MatrixGroup([g1,g2,g3])
sage：G. order()
12
sage：G. invariant_generators()
[x1^2 + 1/3 * x2^2，
x1^6 + 5/3 * x1^4 * x2^2 + 5/27 * x1^2 * x2^4 + 11/243 * x2^6]
```

而定理 45 减少了两个变量的多项式类型，变量可当作某个 $A_C(x, y)$。下面结论某种意义上计算它们的"平均值"，即质量公式(Mass formula)。

令 Aut(C) 表示 C 的自同构置换群。

定理 50 ([SI]中的定理 9.1.1)设 C 为类型 Ⅰ，Ⅱ，Ⅲ 或 Ⅳ 形式自对偶可分组码。

（1）假如 ε 表示长度为 n 的类型 Ⅰ 码等价类代表元完备集，那么

$$\sum_{C \in \varepsilon} \frac{A_C(x, y)}{|\text{Aut}(C)|} = \frac{1}{n!} \prod_{j=1}^{\frac{n}{2}-2} (2^j + 1) \left[2^{\frac{n}{2}-1} (x^n + y^n) + \sum_{2 \mid i} \binom{n}{i} x^{n-1} y^i \right]。$$

（2）假如 ε 表示长度为 n 的类型 Ⅱ 码等价类代表元完备集，那么

$$\sum_{C \in \varepsilon} \frac{A_C(x, y)}{|\text{Aut}(C)|} = \frac{1}{n!} \prod_{j=1}^{\frac{n}{2}-3} (2^j + 1) \left[2^{\frac{n}{2}-2} (x^n + y^n) + \sum_{4 \mid i} \binom{n}{i} x^{n-1} y^i \right]。$$

（3）假如 ε 表示长度为 n 的类型 Ⅲ 码等价类代表元完备集，那么

$$\sum_{C \in \varepsilon} \frac{CWE_C(x, y, z)}{|\text{Aut}(C)|} = \frac{1}{2^{n-1} n!} \prod_{j=1}^{\frac{n}{2}-2} (3^j + 1) \left[3^{\frac{n}{2}-1} x^n + \sum_{3 \mid i} 2^i \binom{n}{i} x^{n-1} y^i \right]。$$

（4）假如 ε 表示长度为 n 的类型 Ⅳ 码等价类代表元完备集，那么

$$\sum_{C \in \varepsilon} \frac{A_C(x, y)}{|\text{Aut}(C)|} = \frac{1}{3^n n!} \prod_{j=1}^{\frac{n}{2}-2} (2^{2j+1} + 1) \left[2^{n-1} x^n + \sum_{3 \mid i} 3^i \binom{n}{i} x^{n-1} y^i \right]。$$

2.4　其他有限环上的码

一般地说,令 R 是有单位元的有限交换环。R 环上长度为 n 的线性码 C 是 R^n 的 R 子模(给定基下)。换句话说,可以明确 C 在加法和 R 标量乘法下是封闭的。多个学者积极研究了整数模 m 环下的码及更异乎寻常的环结构(如伽罗华环、链环、主理想环和弗罗贝尼乌斯环)。

要特别注意 $R=\mathbf{F}_q=GF(q)$,$\mathbf{Z}/2k\mathbf{Z}$ 或 $\mathbf{Z}/m\mathbf{Z}$ 的情况。在这些情况中,格之间存在一个有趣联系。令 $|\cdots|$ 表示单射

$$|\cdots|:R \to \mathbf{Z}_{>0}。$$

我们收集了一些来自[BDHO]的事实。

令 C 为 R 环上长度为 n 的线性码,且 $G(C)$ 是生成矩阵,其行生成 C。令 $x=(x_1,\cdots,x_n)\in R^n$。正如前面定义,汉明重量 $\mathrm{wt}_H(x)$ 为 x 中非零元素的数量。假如 $R=\mathbf{Z}/m\mathbf{Z}$,那么欧几里得重量为

$$\mathrm{wt}_E(x) = \sum_{i=1}^n \min\{x_i^2,(m-x_i)^2\},$$

并且李(Lee)重量为

$$\mathrm{wt}_L(x) = \sum_{i=1}^n \min\{|x_i|,|m-x_i|\}。$$

通常,两个矢量 x 和 y 的距离为 $d_H(x,y)=\mathrm{wt}_H(x-y)$,$d_E(x,y)=\mathrm{wt}_E(x-y)$,还是 $d_L(x,y)=\mathrm{wt}_L(x-y)$,这取决于选择的重量函数为汉明重量、欧几里得重量(Euclidean weight)还是李重量(Lee weight)。两个矢量 x 和 y 的内积是 $\langle x,y\rangle=\sum_{i=1}^n x_iy_i$。$C$ 的对偶码 $C^\perp$ 为{对于所有 $\in C$,满足 $y\in \mathbf{R}^n|\langle x,y\rangle=0$}。假如 $C\subset C^\perp$,那么 C 称作自正交的;假如 $C=C^\perp$,那么 C 称作自对偶的。$\mathrm{wt}_E(x)$ 能被 $4k$ 整除,那么 $\mathbf{Z}/2k\mathbf{Z}$ 环上自对偶码 C 称作偶数的(或类型 Ⅱ 的);否则称作奇数的。

命题 51　令 $G(C)$ 为 $\mathbf{Z}/2k\mathbf{Z}$ 环上 C 的生成矩阵。设 $G(C)$ 所有行 $\mathrm{wt}_E(x)$ 都能被 $4k$ 整除且 $G(C)$ 任何两行是正交的。那么 C 为自正交的且其欧几里得重量是 $4k$ 的倍数。

证明　由归纳法,能充分证明对于 $G(C)$ 任意两行 x,y,则 $\mathrm{wt}_E(x+y)$ 能被 $4k$ 整除。容易得到 $\mathrm{wt}_E(x+y)=\mathrm{wt}_E(x)+\mathrm{wt}_E(y)+2(x_1y_1+\cdots+x_ny_n)$。由于 $\langle x,y\rangle=\sum_{i=1}^n x_iy_i(\mathrm{mod}\ 2k)$,那么得到 $4k\,|\,\mathrm{wt}_E(x+y)$。

2.5 码生成的格

码能够生成有趣的格（Lattice）。本节描述如何通过环上的线性码获得格。

一个实数格是 $\mathbf{R}^n$ 环上的一个满秩自由 $\mathbf{Z}$ 模 Λ。例如，$\Lambda = Z^n \subset \mathbf{R}^n$，令

$$\vec{g_1} = (g_{11}, \cdots, g_{1n}), \quad \cdots, \quad \vec{g_n} = (g_{n1}, \cdots, g_{nn}),$$

表示 Λ 的 $\mathbf{Z}$ 基。行 $\vec{g_1}, \cdots, \vec{g_n}$ 组成的 $n \times n$ 矩阵称为 Λ 的生成矩阵（Generator matrix）M。

基本（Fundamental）体积 $V(\Lambda)$ 是基本域 $\mathbf{R}^n / \Lambda$ 的体积。众所周知，生成矩阵行列式（Determinant）的绝对值和基本体积是相等的。

Λ 的最小平方距离为

$$d(\Lambda) = \min_{x \in \Lambda, x \neq 0} x \cdot x = \min_{x \in \Lambda, x \neq 0} [x, x],$$

其中

$$[x, y] = x \cdot y = \sum_{i=1}^{n} x_i y_i$$

为 $\mathbf{R}^n$ 环上常用的点积。（在容易引起歧义的地方用括弧表示）对于格来说，在某些情况下，用"距离平方度量"比常用的欧几里得度量更方便。令 $A = MM^{\mathrm{T}}$，称作 Λ 的格拉姆矩阵（Gram matrix）。

定义 $\det \Lambda := \det A = (\det M)^2$。

令 $O(n)$ 表示 $n \times n$ 矩阵的实数正交群。假如存在 $A \in O(n)$ 满足 $\Lambda' = A\Lambda$，那么格 Λ' 等价于（Equivalent）Λ。假如 $\Lambda = A\Lambda$，那么 A 称作 Λ 的自同构（Automorphism）。自同构子群表示为 $\mathrm{Aut}(\Lambda) \subset O(n)$。

对偶格定义为

$$\Lambda^* = \{y \in \mathbf{R}^n \,|\, x \cdot y \in \mathbf{Z}, \text{对所有 } x \in \Lambda\},$$

其中·表示常用的欧几里得内积。（在文献中，也把 Λ^* 表示成 $\Lambda^{\perp}$）已知

$$\det \Lambda^{\perp} = (\det \Lambda)^{-1}。$$

满足 $\Lambda = \Lambda^*$ 的格称作幺模的（Unimodular）。它类似于自对偶码的格。$x \in \Lambda$ 的范数定义为

$$N(x) = x \cdot x。$$

Λ 的范数（Norm）是子群

$$\mathbf{N}(\Lambda) = \langle N(x) \,|\, x \in \Lambda \rangle \subset \mathbf{R}。$$

假如 Λ 为幺模的，那么或者 $\mathbf{N}(\Lambda) = \mathbf{Z}$，或者 $\mathbf{N}(\Lambda) = 2\mathbf{Z}$。

假如 $\Lambda \subset \Lambda^*$，那么称格 Λ 为整数的（Integral）。换句话说，假如格中任何两个矢量的内积是整数，那么 Λ 为整数的。假如对于所有 $x \in \Lambda$，$N(x)$ 是偶数，那么 Λ 是偶数的（或者类型 II）。不是偶数的幺模格 Λ 称作类型 I 或奇数的。

命题 52 一个整数格（Intergral lattice）Λ 满足 $\Lambda \subset \Lambda^* \subset \dfrac{1}{\det \Lambda} \Lambda$。

证明 由于 Λ 是整数，因此它足以证明 $\Lambda^* \subset \dfrac{1}{\det \Lambda} \Lambda$。令 $x \in \Lambda^*$，那么 $xM^{\mathrm{T}} = \xi \in \mathbf{Z}^n$。因此，$x = \xi(M^{\mathrm{T}})^{-1} = \xi(M^{\mathrm{T}})^{-1}M^{-1}M = \xi A^{-1}M$。根据格拉姆法则，$A^{-1} = \dfrac{1}{\det A} \mathrm{adj}\, A$。因此，由于 $\mathrm{adj} \in \mathbf{Z}$ 有整数项，所以对于某个 $\xi' \in \mathbf{Z}$，满足

$$\xi A^{-1} M = \xi \left(\frac{1}{\det A} \mathrm{adj}\, A\right) M = \frac{1}{\det A}(\xi \cdot \mathrm{adj}\, A)M = \frac{1}{\det A}\xi' M。$$

因此，$x \subset \dfrac{1}{\det \Lambda} \Lambda$。

命题 53 一个整数格 Λ 为幺模的充要条件是 $\det \Lambda = 1$。

证明 假如 $\det \Lambda = 1$，那么由命题 52 得到 Λ 是幺模的。反之，设 $\Lambda = \Lambda^*$。由于 $\det \Lambda^* = \dfrac{1}{\det \Lambda}$ 或等价地 $V(\Lambda^*) = \dfrac{1}{V(\Lambda)}$，那么 $\det \Lambda = 1$。

共存在多少个非等价的类型 I 的格呢？下面著名的"格的质量公式"给出了答案。

定理 54 令 Ω 是秩为 n 的非等价幺模格集合，它为类型 I 但不是类型 II（即为"奇的"）。假如 $n \equiv 0 (\mathrm{mod}\, 8)$，那么

$$\sum_{L \in \Omega} |\mathrm{Aut}(L)|^{-1}$$

等于

$$\frac{1}{2 \cdot (n/2)!} B_{n/2} B_2 B_4 \cdots B_{n-2} (1 - 2^{-n/2})(1 + 2^{(n-2)/2})。$$

其中 B_k 是第 k 个伯努利数的绝对值。

对于其他 n 值及类型 II 格存在相似公式。更详细的内容参见 Sloane 文章的第 9 部分[Sl]。

能如何"延伸"类型 I 或类型 II 格呢？下面的结论类似于二进制自对偶码的 Mallows − Sloane 界。

定理 55 假如 L 为类型 I 的，那么

$$d(\Lambda) \leqslant \left[\frac{n}{8}\right] + 1 。$$

假如 Λ 为类型 II 的,那么

$$d(\Lambda) \leqslant 2\left[\frac{n}{24}\right] + 2 。$$

假如等号满足,那么 Λ 称作那个类型的极值(Extremal)格。

2.5.1 由码得到的构造

在数论中,构造幺模格是最令人感兴趣的问题之一。编码理论在构造幺模格中发挥重要作用。正如下面描述的构造 A(Construction A)。Conway 和 Sloane([CS1]) 提出 $\mathbf{Z}/2\mathbf{Z}$ 上的构造, Bonnecaze,Solé 和 Calderbank([BSC]) 提出 $\mathbf{Z}/4\mathbf{Z}$ 上的构造, Bannai,Dougherty 和 Oura([BDHO]) 提出 $\mathbf{Z}/2k\mathbf{Z}$ 上的构造。

定理 56 (构造 A)假如 C 是 $\mathbf{Z}/2k\mathbf{Z}$ 环上长度为 n 的自对偶码,那么格

$$\Lambda(C) = \frac{1}{\sqrt{2k}}\{x = (x_1, \cdots, x_n) \in \mathbf{Z}^n \mid (x_1(\bmod 2k), \cdots, x_n(\bmod 2k)) \in C\}$$

是一个 n 阶幺模格,其最小范数为 $\min\left\{\dfrac{d_E(C)}{2k}, 2k\right\}$。且假如 C 为类型 II 的,那么 $\Lambda(C)$ 为类型 II 的。

证明 显然 $\Lambda(C)$ 是 n 维格。令 $a_1, a_2 \in \Lambda(C)$,那么 $a_i = \dfrac{1}{\sqrt{2k}}(c_i + 2kz_i)$,其中 $c_i \in C$ 且 $z_i \in \mathbf{Z}^n (i = 1, 2)$。由于 $[c_1, c_2]$ 是 $2k$ 的倍数,因此 $[a_1, a_2] = \dfrac{1}{2k}([c_1, c_2] + 2k[c_1, z_2] + 2k[c_2, z_1] + 4k^2[z_1, z_2]) \in \mathbf{Z}^n$,则 $\Lambda(C)$ 是整数的。

下面证明 $\Lambda(C)$ 是幺模的。注意 $zk\mathbf{Z}^n \subset \sqrt{2k}\Lambda(C) \subset \mathbf{Z}^n$,容易看出 $V(2k\mathbf{Z}^n) = (2k)^n$ 且 $[\sqrt{2k}\Lambda(C):2k\mathbf{Z}^n] = (2k)^{n/2}$。因此,$V(\sqrt{2k}\Lambda(C)) = (2k)^{n/2}$。那么 $V(\Lambda(C)) = 1 = \det\Lambda$,即 $\Lambda(C)$ 是幺模的。且对于任意 $a_1 = (c_1 + 2kz_1)/\sqrt{2k}$,$[a_1, a_1] \geqslant [c_1/\sqrt{2k}, c_1/\sqrt{2k}]$。因此,假如 $c_1 \neq 0$,那么 $[a_1, a_1] \geqslant d_E/2k$,且假如 $c_1 = 0$,那么 $[a_1, a_1] \geqslant 2k$。因此 $\Lambda(C)$ 的最小范数为 $\min\{2k, d_E/2k\}$。

设 C 为类型 II 的。那么由于 $[c_1, c_1]$ 是 $4k$ 的倍数,则 $[a_1, a_1] = \dfrac{1}{2k}([c_1, c_1] + 4k[c_1, z_1] + 4k^2[z_1, z_1]) \in 2\mathbf{Z}$,因此,$\Lambda(C)$ 为类型 II 的。

推理 57 设 C 为 $\mathbf{Z}/2k\mathbf{Z}$ 环上自对偶码且满足每个欧几里得重量为正整数 c 的倍数,那么正整数 c 的最大值为 $2k$ 或 $4k$。

证明 根据构造 A,$\Lambda(C)$ 是幺模的。利用下述事实:假如一个幺模格的范数是某个正整数 d 的倍数,那么 $d=1$ 或 2(参见 O'Meara[OM]),因此,$c=2k$ 或 $4k$。

对推论 57 进行推广,产生下述问题。

未解决问题 7 设 C 是 $\mathbf{Z}/m\mathbf{Z}$ 环上自对偶码且满足每个欧几里得重量为正整数 $b \geqslant 2$ 的倍数,那么下面的条件之一成立:

(1)m 是偶数,且 b 或者等于 m 或者等于 $2m$;

(2)m 是奇数,且 b 等于 m。

推论 58 $\mathbf{Z}/2k\mathbf{Z}$ 环上长度为 n 的类型 Ⅱ 码 C 存在的充要条件是 n 能被 8 整除。

证明 假定存在一个类型 Ⅱ 码 C,那么得到一个类型 Ⅱ 格 $\Lambda(C)$。那么用下述事实:只要 n 能被 8 整除,就存在 n 阶幺模格。

反之,令 I_4 是 4×4 的单位阵,且令 M_4 包含 4 行 (a,b,c,d),$(b,-a,-d,c)$,$(c,d,-a,-b)$ 和 $(d,-c,b,-a)$,其中 $a^2+b^2+c^2+d^2+1=4k$,根据 4 个平方项的拉格朗日和保证上述关系成立,那么 (I_4,M_4) 产生一个 $\mathbf{Z}/2k\mathbf{Z}$ 环上长度为 8 的类型 Ⅱ 码。通过构造 (I_4,M_4) 直和,能看出存在长度为 8 的倍数的类型 Ⅱ 码。

2.5.2 格的 θ 函数

一个整数格 Λ 的 θ 函数(Theta function)为

$$\theta_\Lambda(z) = \sum_{v \in \Lambda} q^{v \cdot v} = \sum_{r=0}^{\infty} a_r q^r,$$

其中 $q = \mathrm{e}^{\pi i z}$($z \in \mathbf{C}$ 且 $\mathrm{Im}(z) > 0$),且

$$a_r = |\{v \in \Lambda \mid v \cdot v = r\}|.$$

下面结论是类似于 MacWilliams 等式的格:

$$\theta_{\Lambda^*}(z) = \sqrt{\det \Lambda} \cdot (i/z)^{n/2} \cdot \theta_\Lambda(-1/z). \qquad (2.5.1)$$

通过沿着虚轴 $\theta_\Lambda(z)-1$ 的梅林变换,获得了格的 ζ(Zeta)函数:

$$\pi^{-s}\Gamma(s)(v \cdot v)^{-s} = \int_0^\infty x^{s-1}\mathrm{e}^{-\pi(v \cdot v)x}\,\mathrm{d}x,$$

所以

$$\pi^{-s}\Gamma(s)\zeta_\Lambda(s) = \int_0^\infty x^{s-1}(\theta_\Lambda(\mathrm{i}x)-1)\,\mathrm{d}x, \qquad (2.5.2)$$

其中 $\zeta_\Lambda(s) = \sum\limits_{v \in \Lambda, v \neq 0} (v \cdot v)^{-s}$。注意假如 $\Lambda = \mathbf{Z}$,那么 $\zeta_\Lambda(s)$ 是黎曼 ζ 函数的两倍,即 $2\zeta(s)$。

评论 4　格的 ζ 函数梅林变换计算类似于码的 ζ 函数定义。

为什么?回顾一下梅林变换是幂级数的连续模拟:

$$\int_0^\infty x^{s-1} a(x) \mathrm{d}x \leftrightarrow \sum_{n=0}^\infty a(n) x^n \,.$$

反之,梅林变换的反变换类似于提取幂级数的系数。

在本章中定义多项式 $P(T)$ 满足

$$\frac{(xT + (1-T)y)^n}{(1-T)(1-qT)} P(T) = \cdots + \frac{A_C(x,y) - x^n}{q-1} T^{n-d} + \cdots$$

$$= \cdots + x^n \frac{A_C(1, y/x) - 1}{q-1} T^{n-d} + \cdots$$

$$= \cdots + x^n \frac{W(z) - 1}{q-1} T^{n-d} + \cdots,$$

其中 $z = y/x$ 且 $W(z) = A_C(1,z)$。正如后面将看到的,这个多项式 $P(T)$ 是 C 的"Duursma ζ 多项式","Duursma ζ 函数"的分子。格的 θ 函数类似于码的重量算子。由于梅林变换类似于一个幂级数,而其逆变换类似于提取幂级数系数,因此可以看出码对应的 ζ 函数类似于格对应的 ζ 函数。事实上,每种情况下,ζ 函数或者是 $\theta - 1$ "变换"或者是 $W - 1$ "变换"的倍数因子。

对照表

二进制码	格
C	$\Lambda = \Lambda(C)$
$A_C(x, y)$	$\theta_\Lambda(z)$
最小距离 d	最小平方距离 $d(\Lambda)$
$\mathrm{Aut}(C) \subset S_n$	$\mathrm{Aut}(\Lambda) \subset O(n)$
$W_C(z)$	$\theta_\Lambda(z)$
$\zeta_C(T)$	$\zeta_\Lambda(s)$

两个 ζ 函数都有"黎曼假设",更多详细介绍见第 4 章。

2.6　有奖金的更多问题

本小节更进一步描述代数编码理论中长期未解决的问题之一,它是关

于二进制自对偶 $[72,36,16]$ 码的存在问题,参见$[Kil]$。

令 C 是二进制类型 I 码,且 C_0 是 C 的双偶子码(即 C 的子码包含重量 $\equiv 0(\bmod 4)$ 的所有码字)。Conway 和 Sloane 定义 C 的影子 (Shadow)S 为 $S:=C_0^{\perp}\backslash C([CS3])$。由 C 的重量算子 $A_C(x,y)$ 决定 C 的影子的重量算子 $A_S(x,y)$,$A_S(x,y)=\dfrac{1}{|C|}A_C(x+y,\mathrm{i}(x-y))$,其中 $\mathrm{i}=\sqrt{-1}$。它限定了二进制自对偶码的一个可能的 $W_C(x,y)$ 值。在$[CS3]$ 中,Conway 和 Sloane 给出了长度小于 72 的二进制自对偶码的可能重量算子,并且他们的成果激发了大量令人感兴趣的研究问题。

霍夫曼(Huffman)($[Hu]$) 给出了 $GF(2),GF(3),GF(4),\mathbf{Z}_4,GF(2)+uGF(2)$ 及 $GF(2)+vGF(2)$ 上的自对偶码分类和算子的最新进展。用影子码,Rains($[Ra]$) 得到二进制类型 I 自对偶码最小距离的严格上限。除了 $n\equiv 22(\bmod 24),d\leqslant 4\lfloor n/24\rfloor+6$ 外,任意一个长度为 n 的二进制自对偶码最小距离 d 满足 $d\leqslant 4\lfloor n/24\rfloor+4$(见(Ra))。更进一步,假如 C 是长度为 $n\equiv 0(\bmod 24)$ 的类型 I 码,那么 $d\leqslant 4\lfloor n/24\rfloor+2$。霍夫曼称长度 $n\equiv 0(\bmod 24)$ 的类型 I 自对偶码最小距离达到了界的"极值"。它是对引理 40 给出的类型 I 极值码定义的修订。然而,为了以"最简单的方式"表述第 4 章中的一些结论,本书中保留了"没有修订"的极值定义。换句话说,假如自对偶码 C 满足"最初的"Mallows-Sloane 界的等号关系,那么称它是极值的。

未解决问题 8　证明或发现存在 $k\geqslant 3$ 的类型 II $[24k,12k,4k+4]$ 码 $C(k)$。

注意 $C(1)$ 是二进制扩展格雷码,任意参数为 $[24,12,8]$ 的二进制线性码等价于 $C(1)([P1])$。更进一步,$C(2)$ 是长度为 48 的扩展二次剩余码 XQ_{47}。已证明参数为 $[48,24,12]$ 的自对偶码中它是唯一满足等号的($[HLTP]$),它引出了下面的问题。

未解决问题 9　证明或发现存在不是 XQ_{47} 的另外一个二进制线性 $[48,24,12]$ 码。

$C(3)$ 的存在性是 $C(k)$ 类中第一个未知的情况。正如未解决问题 6 给出的那样,它是 Sloane 在 1973 年首先提出的($[S73]$)。$C(3)$ 的存在性意味着一个 $5-(72,16,78)$ 的设计,它的存在性仍是未知的。根据定理 41,由于 A_{4k+8} 是负的,因此并不存在 $k\geqslant 154$ 的 $C(k)([Z])$。

假定存在类型 II $[72,36,16]$ 码 $C(3)$,那么它的重量算子为

$$W_{C(3)}(1,y)=1+249\,849y^{16}+18\,106\,704y^{20}+462\,962\,955y^{24}+$$

$$4\ 397\ 342\ 400y^{28} + 16\ 602\ 715\ 899y^{32} +$$
$$25\ 756\ 721\ 120y^{36} + \cdots。$$

已知 $C(3)$ 自同构的质数阶仅可能是 $2,3,5$ 和 7。Yorgov([Hu])证明自同构群的阶或者为 72 的除数阶或者为 $504,252,56,14,7,360,180,60,30,10$ 或者 5。

$C(3)$ 的存在性等价于类型 $Ⅰ[70,35,14]$ 码的存在性([Ra])。在([Hu])中纠正了类型 $Ⅰ$ 的 $[70,35,14]$ 码的重量算子为

$$W = 1 + 11\ 730y^{14} + 150\ 535y^{16} + 1\ 345\ 960y^{18} + \cdots。$$

已证明[GHKJ]中,对于 $k \geqslant 1$ 的情况,$C(k)$ 的存在性表明类型 $Ⅰ[24k,12k,4k+2]$ 码的存在性。因此 $C(3)$ 的存在性表明类型 $Ⅰ[72,36,14]$ 码的存在性。等价地说,类型 $Ⅰ[72,36,14]$ 码的不存在性表明 $C(3)$ 的不存在性。实际上,存在一个参数为 $[72,36,14]$ 的未知自对偶码。恰好存在类型 $Ⅰ[72,36,14]$ 码的 3 个可能重量算子:

$$W_1 = 1 + 7\ 616y^{14} + 134\ 521y^{16} + 1\ 151\ 040y^{18} + \cdots,$$
$$W_2 = 1 + 8\ 576y^{14} + 124\ 665y^{16} + 1\ 206\ 912y^{18} + \cdots,$$
$$W_3 = 1 + 8\ 640y^{14} + 124\ 281y^{16} + 1\ 207\ 360y^{18} + \cdots。$$

未解决问题 10 证明或发现存在一个二进制线性 $[72,36,16]$ 码。

注意通过删余 $[73,36,16]$ 循环码得到 $[72,36,15]$ 码且根据 Brouwer 表,任意 $[72,36,d]$ 码满足 $d \leqslant 17$。

正如人们所知道的,$C(3)$ 的存在性是唯一有奖金的编码问题。

①N. J. A. Sloane 提供 10 美元(1973)—— 仍有效。

②F. J. MacWilliams 提供 10 美元(1977)—— 现在无效。

③S. T. Dougherty 提供 100 美元证明 $C(3)$ 存在性。

④M. Harada 提供 200 美元证明 $C(3)$ 不存在性。

更多关于 $C(3)$ 的信息见 Dougherty 的网站:

http://academic. scranton. edu/faculty/doughertys1/。

第3章　小猫、数学二十一点和组合码

编码理论能助你成为更好的牌手吗？在编码中不可思议的组合形式（称作 Steiner 系统）是自然产生的吗？本章打算解决这类问题[①]。

本章首先详述了 Hadamard 和 Mathieu 的一些想法，也是 Conway、柯蒂斯（Curtis）和 Ryba 的想法，即 Steiner 系统 $S(5,6,12)$ 和一个称作数学二十一点的卡片游戏结合起来，同时也描述了 SAGE 的实现。接着我们回到编码理论中最优美的结论之一：阿斯莫斯 — 马特森（Assmus — Mattson）定理，它把某种线性码和被称作设计组合结构关联起来。最后，描述了用格雷码实现打赌获胜的一种古老方法（事实上，在发现纠错码很多年前，这个方法已经在芬兰足球杂志上刊登（[HH]））。

本章给出的未解决问题包括关于哈达玛（Hadamard）矩阵及纠错码产生区组设计的猜想。

3.1　哈达玛矩阵和码

令 $A=(a_{ij})_{1\leqslant i,j\leqslant n}$ 为一个 $n\times n$ 实数矩阵，总体来说下面问题没有解决，并称哈达玛行列式最大值问题[②]。

未解决问题 11 $|\det(A)|$ 的最大值是多少？其中 A 中单元项在 $|a_{ij}|\leqslant 1$ 所有实数范围内取值。

根据矢量微积分，我们知道一个实数平方矩阵的行列式绝对值等于矩阵行（或列）矢量张成的平行六面体体积。边长给定的平行六面体体积依赖于行矢量彼此之间的角度。当行矢量相互之间正交时体积最大，即当平行六面体是 $\mathbf{R}^n$ 域上的立方体时体积最大。现在假定 A 的行矢量都正交，对于 $|a_{ij}|\leqslant 1$，当每个 $a_{ij}=\pm 1$ 时，A 的行矢量最长，它表明每行矢量长度

---

①　关于这个问题，Assmus、Key（[AK]）、Conway 和 Sloane（[CS1]）的书中讲述更详细，强烈推荐。

②　Hadamard 断言 $|\det(A)|$ 的最大值为 $n^{n/2}$ 且通过范德蒙矩阵的 n 重单位根获得，其中 A 中单元项在 $|a_{ij}|\leqslant 1$ 所有实数范围内取值。

为 $\sqrt{n}$；另外，假定 A 的行矢量长度都是 $\sqrt{n}$。这样的矩阵称作 n 阶哈达玛矩阵（Hadamard matrix）。由于立方体存在长度为 $\sqrt{n}$ 的 n 个边，因此 $|\det(A)|=(\sqrt{n})^n=n^{n/2}$。假如 A 是上述问题中的任意一个矩阵，那么必定有 $|\det(A)| \leqslant n^{n/2}$。这个不等式称作哈达玛行列式（determinant）不等式。

雅克·哈达玛（Jacques Hadamard）(1865—1963) 是一个多产的数学家，他的研究方向涉及多个领域，但其中最著名的是第一个给出质数定理[①]证明（在 1896 年）。

对任意 n 的情况，某种意义上来说，上述问题仍没有解决。本书出版时，仍不知道 n 行哈达玛矩阵是否存在。且假如 $n \equiv 3 \pmod 4$（对于这样的 n 值，哈达玛矩阵确定不存在），那么由于 A 取值范围包含所有 $n \times n(-1,1)$ — 矩阵，$|\det(A)|$ 的最可能上限仍未知。

未解决问题 12 （哈达玛猜想）对于每个 4 的倍数的 n 值，存在哈达玛矩阵。

（事实上，这个猜想应归功于 Raymond Paley，一个才华横溢的数学家，他对数学的几个领域都做出贡献，包括用有限域理论构造两个哈达玛矩阵。不幸的是，在 1933 年他死于一场滑雪事故，年仅 26 岁。）

在本书出版时，目前未知的哈达玛矩阵的最小阶为 668。

乍一看，令人吃惊的可能是并不总存在哈达玛矩阵 —— 对某个 n 值可能存在，对其他 n 值可能就不存在。例如，存在 2×2 的哈达玛矩阵，但是不存在 3×3 的哈达玛矩阵。事实上，甚至可能更让人吃惊的是，尽管通过分析方式引出了上述问题，但是哈达玛矩阵与编码理论、数论和组合数学更加紧密相关（[vLW] 和 [Ho]）。事实上，由哈达玛矩阵构造的线性码已经用于 1971 年探索火星的水手 9 号任务。

例 59 令

---

① 质数定理由高斯"发现"，尽管没有证明，大致的论述为随着 N 趋于无穷，小于 N 的质数的数量大约等于 $N/\log(N)$。

$$A = \begin{pmatrix} 1 & 1 & 1 & 1 & 1 & 1 & 1 & 1 & 1 & 1 & 1 & 1 \\ -1 & 1 & 1 & 1 & 1 & 1 & 1 & -1 & -1 & -1 & 1 & -1 \\ -1 & -1 & 1 & 1 & -1 & 1 & 1 & 1 & -1 & -1 & -1 & 1 \\ -1 & 1 & -1 & 1 & 1 & -1 & 1 & 1 & 1 & -1 & -1 & 1 \\ -1 & -1 & 1 & -1 & 1 & 1 & -1 & 1 & 1 & 1 & -1 & 1 \\ -1 & -1 & -1 & 1 & -1 & 1 & 1 & -1 & 1 & 1 & 1 & -1 \\ -1 & -1 & -1 & -1 & 1 & -1 & 1 & 1 & -1 & 1 & 1 & 1 \\ -1 & 1 & -1 & -1 & -1 & 1 & -1 & 1 & 1 & -1 & 1 & 1 \\ -1 & 1 & 1 & -1 & -1 & -1 & 1 & -1 & 1 & 1 & -1 & 1 \\ -1 & -1 & 1 & 1 & -1 & -1 & -1 & 1 & -1 & 1 & 1 & 1 \\ -1 & 1 & -1 & 1 & 1 & -1 & -1 & -1 & 1 & -1 & 1 & 1 \end{pmatrix}$$

它是一个 12 阶哈达玛矩阵。用 SAGE 计算得到另一个不同的 12 阶哈达玛矩阵。

SAGE

```
sage：hadamard_matrix(12)
[1   1   1   1   1   1   1   1   1   1   1   1]
[1  -1   1  -1   1   1   1  -1  -1  -1   1  -1]
[1  -1  -1   1  -1   1   1   1  -1  -1  -1   1]
[1   1  -1   1  -1   1   1   1  -1  -1  -1  -1]
[1  -1   1  -1  -1   1  -1   1   1   1  -1  -1]
[1  -1  -1   1  -1   1  -1   1   1  -1  -1   1]
[1  -1  -1  -1   1  -1  -1   1  -1   1   1   1]
[1   1   1  -1  -1   1   1  -1   1   1  -1   1]
[1   1   1  -1  -1   1  -1  -1   1  -1   1   1]
[1  -1   1   1   1  -1  -1  -1   1  -1  -1   1]
[1   1  -1   1   1   1  -1  -1  -1   1  -1  -1]
```

这里 SAGE 调用本地的一个 Python 程序,实现了构造哈达玛矩阵的一些方法。用 SAGE 获得哈达玛矩阵的另一种方式是通过 http://www. research. att. com/ ∼ njas/hadamard/ 网站上的 sloanp 数据库查找文件

名,例如 had. 16. 2. txt 文件名。下面为 SAGE 命令:

SAGE

```
sage:hadamard_matrix_www('had.16.2.txt')
[ 1  1  1  1  1  1  1  1  1  1  1  1  1  1  1  1]
[ 1 -1  1 -1  1 -1  1 -1  1 -1  1 -1  1 -1  1 -1]
[ 1  1 -1 -1  1  1 -1 -1  1  1 -1 -1  1  1 -1 -1]
[ 1 -1 -1  1  1 -1 -1  1  1 -1 -1  1  1 -1 -1  1]
[ 1  1  1  1 -1 -1 -1 -1  1  1  1  1 -1 -1 -1 -1]
[ 1 -1  1 -1 -1  1 -1  1  1 -1  1 -1 -1  1 -1  1]
[ 1  1 -1 -1 -1 -1  1  1  1  1 -1 -1 -1 -1  1  1]
[ 1 -1 -1  1 -1  1  1 -1  1 -1 -1  1 -1  1  1 -1]
[ 1  1  1  1 -1 -1 -1 -1 -1 -1 -1 -1  1  1  1  1]
[ 1 -1  1 -1 -1  1 -1  1 -1  1 -1  1  1 -1  1 -1]
[ 1  1 -1 -1 -1 -1  1  1 -1 -1  1  1 -1 -1  1  1]
[ 1 -1 -1  1 -1  1  1 -1 -1  1  1 -1 -1  1  1 -1]
[ 1  1  1  1  1  1  1  1 -1 -1 -1 -1 -1 -1 -1 -1]
[ 1 -1  1 -1  1 -1  1 -1 -1  1 -1  1 -1  1 -1  1]
[ 1  1 -1 -1  1  1 -1 -1 -1 -1  1  1 -1 -1  1  1]
[ 1 -1 -1  1 -1  1 -1 -1  1 -1  1  1 -1 -1  1 -1 -1]
```

由于该命令从 http://www. research. att. com/ ~ njas/hadamard/ 网站查找文件 had16. 2. txt,并解析文件返回上述给出的矩阵,因此这个命令假定是链接 Internet 网络的计算机运行 SAGE。

以下是容易证明的一些事实:

(a) 假如哈达玛矩阵交换两行或两列,将得到另一个哈达玛矩阵;

(b) 假如将哈达玛矩阵的任何行或列乘 −1,将得到另一个哈达玛矩阵;

(c) 假如由符号组成的一个置换矩阵(即每行和列全部由 ±1 组成的矩阵)左乘任意一个哈达玛矩阵,将得到另一个哈达玛矩阵。

定义 60 令 A,B 为两个 n 阶哈达玛矩阵。假如存在一个由符号组成的 $n \times n$ 置换矩阵 P 满足 $A=PB$,那么称 A 和 B 左等价(Left equivalent)。令 A 是 n 阶哈达玛矩阵,Aut(A) 表示所有由符号组成的 $n \times n$ 置换矩阵 P 生成的群且满足 A 左等价于 AQ。对象 Aut(A) 称作 A 的自同构群。

19 世纪发现的马蒂厄(Mathieu)群广泛出现在许多数学领域中(参见

Conway－Sloane([CS1])给出很好的论述),下面的结论只是马蒂厄群在数学领域中非凡作用的标志之一。

定理 61　已知任意两个 12×12 哈达玛矩阵是等价的,即从等价角度来看,仅存在一个 12 阶哈达玛矩阵。令 A 是一个 12×12 哈达玛矩阵,那么 $\mathrm{Aut}(A) \cong M_{12}$。

证明可参见 Assmus 和 Mattson[AM1] 或 Assmus 和 Key[AK] 中的第 7.4 部分(尤其参见书中定理 7.4.3,同时也讨论了与哈达玛矩阵相关的更广义码)。Kantor[Kan] 也是一篇关于这个主题的优秀论文。

3.2　设计正交阵列、拉丁方和码

一个 $m-$(子)集为一个包含 m 个元素的(子)集。对于整数 $k < m < n$,Steiner 系统 $S(k, m, n)$ 是一个 $n-$ 集 X 和一个为 $m-$ 子集的集合 S。该系统有下面的性质:X 的任意 $k-$ 子集完全包含在 S 的一个 $m-$ 集中,X 中任意 5 个元素集合完全包含在一个六元组中("能完整包含")。例如,假如 $X = \{1, 2, \cdots, 12\}$,那么 Steiner 系统 $S(5, 6, 12)$ 为一个 $6-$ 集的集合,称作六元组(hexad)。

一个 $t-(v, k, \lambda)$ 设计 $D = (P, B)$ 为一对组合,包括一个点集 P 和一个称作区组的集合 B,集合 B 为集合 P 的 $k-$ 元素子集组成,满足包含任何点 $p \in P$ 的区组数量 r 独立于 p,且满足包含 P 的任意给定 $t-$ 元素子集 T 的区组数量 λ 独立于 T 的选择。数量 $v(P$ 中元素数量$)$,b(区组数量),k,r,λ 和 t 是设计参数。参数必须满足几个组合恒等式,例如

$$\lambda_i = \lambda \frac{\binom{v-i}{t-i}}{\binom{k-i}{t-i}},$$

其中 λ_i 是包含任意 $i-$ 元素点集的区组数量$(1 \leqslant i \leqslant t)$。区组没有重复的设计称作简单(Simple)设计。$t = 2$ 的设计称作(平衡不完全)区组设计(或 BIBD)。

可以把 $GF(q)^n$ 域中元素当作如下定义的点和区组:令 $b = (b_1, \cdots, b_n) \in GF(q)^n$ 当作一个区组,且令 $p = (p_1, \cdots, p_n) \in GF(q)^n$ 当作一个点。假如 (a)$\mathrm{supp}(p) \subset \mathrm{supp}(b)$;(b) 对所有 $i \in \mathrm{supp}(b)$,(至少)满足下面条件之一:(i)$p_i = b_i$,(ii)$p_i = 0$,那么就称 b 覆盖 p,或 p 在 b 中。

更广义地说,一个 q 进制$(q-\mathrm{ary})t-(v, k, \lambda)$ 设计,$D = (P, B)$ 是一对

组合包含一个重量为 t 的元素(称作点)集 $P \subset GF(q)^n$ 和 $GF(q)^n$ 域上重量为 k 的元素(称作区组)集 B,满足每个 $p \in P$ 点完全由 λ 个区组覆盖。

例 62　设三进制汉明码的生成矩阵为

$$G = \begin{pmatrix} 1 & 0 & 2 & 2 \\ 0 & 1 & 2 & 1 \end{pmatrix}。$$

非零码字为
$$B = \{(1,0,2,2),(2,0,1,1),(0,1,2,1),(1,1,1,0),(2,1,0,2),$$
$$(0,2,1,2),(1,2,0,1),(2,2,2,0)\}。$$

令 P 表示 $GF(3)^4$ 域上重量为 2 的元素,在 P 中存在 24 个元素,这些矢量中的每一个都完全被 B 中的一个元素覆盖。因此,B, P 产生一个三进制的 $2-(4,3,1)$ 设计。

一个 Steiner 系统 $S(t,k,v)$ 为一个 $\lambda=1$ 的 $t-(v,k,\lambda)$ 设计。一个三进制 Steiner 系统(Steiner triple system)为一个 $S(2,3,v)$ 类型的 Steiner 系统。

例 63　下面是 SAGE 例子。

SAGE

```
sage: from sage.combinat.designs.block_design import steiner_
      triple_system
sage: sts = steiner_triple_system(9)
sage: sts
Incidence structure with 9 points and 12 blocks
sage: sts.incidence_matrix()
[1 1 1 1 0 0 0 0 0 0 0 0]
[1 0 0 0 1 1 1 0 0 0 0 0]
[0 1 0 0 1 0 0 1 1 0 0 0]
[0 0 1 0 1 0 0 0 0 1 1 0]
[0 1 0 0 0 1 0 0 0 1 0 1]
[1 0 0 0 0 0 0 1 0 0 1 1]
[0 0 1 0 0 0 1 0 1 0 0 1]
[0 0 0 1 0 1 0 0 1 0 1 0]
[0 0 0 1 0 0 1 1 0 1 0 0]
sage: sts.points()[0, 1, 2, 3, 4, 5, 6, 7, 8]
```

未解决问题 13　(阿斯莫斯－马特森[AM2])什么样的能纠正单个错

误的线性码如下属性:重量为 3 的码字支集形成一个三进制 Steiner 系统?

评论 5　例 62 给出了一个例子,关于这个未解决问题的更多细节,参见阿斯莫斯－马特森[AM2]和参见 van Lint[vL2]。

并不知道是否存在 $t > 5$ 的 Steiner 系统 $S(t,k,v)$。(本书出版时)唯一知道 $t=5$ 的 Steiner 系统为:$S(5,6,12)$,$S(5,6,24)$,$S(5,8,24)$,$S(5,7,28)$,$S(5,6,48)$,$S(5,6,72)$,$S(5,6,84)$,$S(5,6,108)$,$S(5,6,132)$,$S(5,6,168)$,$S(5,6,244)$。

未解决问题 14　是否还存在 $t=5$ 的 Steiner 系统呢? 是否存在 $t > 5$ 的 Steiner 系统呢?

在阿斯莫斯－马特森[AM2]文献中,提到了一个关于 $t=9$ 的 Steiner 系统存在性的 Peyton Young 猜想;但是据我们所知,它仍是未解决的。

3.2.1　由格雷码得到的例子

本节集中于产生格雷码的 Steiner 系统,例如 $S(5,6,12)$ 和 $S(5,8,24)$。

假如 S 是 12－集 X 中的 $(5,6,12)$ 类型的 Steiner 系统,那么 X 的对称群 S_X 把 S 转换为 X 的另一个 Steiner 系统 $\sigma(S)$。已知假如 S 和 S' 是 X 中的任意两个 $(5,6,12)$ 类型的 Steiner 系统,那么存在一个 $\sigma \in S_X$ 满足 $S' = \sigma(S)$。换句话说,从再标识的角度来看,这种类型的 Steiner 系统是唯一的。(这也暗示假如定义 M_{12} 为 $X = \{1,2,\cdots,12\}$ 的给定 $(5,6,12)$ 类型的 Steiner 系统稳定集,那么 X 中来自不同 Steiner 系统的任意两个上述群必定是 S_X 中共轭的。尤其是从同构的角度,也能很好定义。)

通过编码轻而易举地产生设计的一个例子,我们来回顾一些结论(参见 Conway 和 Sloane[CS] 和 Huffman 及 Pless[HP1]的第 8.4 部分 303 页)。

回顾一下,二进制扩展格雷码为 $GF(2)$ 域上线性码,其长度为 24,维数为 12 且最小距离为 8。令 C 是 $[n,k,d]$ 码,且令

$$C_i = \{c \in C \mid wt(c) = i\}$$

表示重量为 i 码字的重量 i－子集。

引理 64　(Conway,Assmus 和 Mattson)令 C 表示二进制扩展格雷码。给定一个基,支撑重量为 8 的码字的坐标形成 Steiner 系统 $S(5,8,24)$ 的 759 个八元组。更广义地说,集合 $X_8 = \{\text{supp}(c) \mid c \in C_8\}$ 为一个 5－$(24,8,1)$ 设计(它是一个 Steiner 系统);集合 $X_{12} = \{\text{supp}(c) \mid c \in C_{12}\}$ 为一个 5－$(24,12,48)$ 设计;集合 $X_{16} = \{\text{supp}(c) \mid c \in C_{16}\}$ 为一个 5－$(24,16,78)$ 设计。

回顾一下三进制扩展格雷码是 $GF(3)$ 域上线性码,它的长度为 12,维数为 6 且最小距离为 6。

引理 65 (Conway)令 C 表示三进制扩展格雷码。给定一个基,支撑重量为 6 的码字的坐标形成 Steiner 系统 $S(5,8,24)$ 的 132 个六元组。反之,对于 Steiner 系统中每个六元组,那个六元组支撑的 C_{12} 中恰好有两个码字。

3.2.2 阿斯莫斯－马特森定理

前一节着眼于由给定重量码字支集产生的格雷码形成的。更广义情况,我们能得到下述的阿斯莫斯－马特森定理。该定理给出了简单条件下更常用码产生类似的设计。下面的定理不仅是编码理论中最引人注目的结论之一,而且有助于计算码的自同构群,因此能用于置换译码程序中。

定理 66 (阿斯莫斯－马特森定理)[1] 令 $A_0, A_1, \cdots, A_n$ 为二进制 $[n, k, d]$ 线性码 C 的重量分布,且令 $A_0^\perp, A_1^\perp, \cdots, A_n^\perp$ 是其 $[n, n-k, d^\perp]$ 对偶码 $C^\perp$ 的重量分布。 给定 $t, 0 < t < d$, 且令 $s = |\{i \,|\, A_i^\perp \neq 0, 0 < i \leqslant n-t\}|$,设 $s \leqslant d-i$。

① 假如 $A_i \neq 0$ 且 $d \leqslant i \leqslant n$,那么 $C_i = \{c \in C \,|\, \mathrm{wt}(c) = i\}$ 形成一个简单 t － 设计。

② 假如 $A_i^\perp \neq 0$ 且 $d^\perp \leqslant i \leqslant n$,那么 $C_i^\perp = \{c \in C^\perp \,|\, \mathrm{wt}(c) = i\}$ 形成一个简单 t － 设计。

评论 6

① 在 Calderbank,Delsarte 和 Sloane([CDS])的论文中,有一个上述结论的有趣加强。

② 在 Koch([Koch])的论文(阐述了 Venkov 定理)中,提供了在特殊情况下上述结论的极好补充,其特殊情况为:码 C 是一个二进制自对偶极值码。

在 Assmus 和 Mattson 定理中,X 是坐标位置集 $\{1, 2, \cdots, n\}$,而 $B = \{\mathrm{supp}(c) \,|\, c \in C_i\}$ 是 C 的重量为 i 的码字支集,因此由 C_i 形成的 t － 设计参数为

① t(给定);

② $v = n$;

---

① 参见 van Lint([vL2])杰出的研究论文或[HP1]的第 8.4 部分,303 页。

③$k=i$(k 当然不能与 dim(C) 混淆)；

④$b=A_i$；

⑤$\lambda=b\cdot\dfrac{\dbinom{k}{t}}{\dbinom{v}{t}}$。

（根据［HP1］中的定理 8.1.6,第 294 页）

例 67　给定一个二进制扩展汉明码且其参数为[8,4,4],它是一个二进制自对偶码。取 $k=4,q=2$ 且 $v=4$,存在 14 个重量为 4 的码字。这 14 个码字形成一个简单 3－(8,4,1) 设计区组。

例 68　给定一个二进制扩展二次剩余码且其参数为[48,24,12],它是一个二进制自对偶码。重量为 12 的码字形成一个 5－(48,12,8) 的设计。

下面是支撑这个例子的 SAGE 计算。

SAGE

```
sage：C = ExtendedQuadraticResidueCode(47,GF(2))
sage：C
Linear code of length 48, dimension 24 over Finite Field of size 2
sage：C.is_self_dual()
True
sage：C.minimum_distance()
12
sage：C.assmus_mattson_designs(5)
['weights from C：', [12, 16, 20, 24, 28, 32, 36, 48],
    'designs from C：',
    [[5, (48, 12, 8)], [5, (48, 16, 1365)], [5, (48, 20, 36176)],
    [5, (48, 24, 190680)], [5, (48, 28, 229320)], [5, (48, 32, 62930)],
    [5, (48, 36, 3808)], [5, (48, 48, 1)]],
'weights from C∗：', [12, 16, 20, 24, 28, 32, 36],
'designs from C∗：',
    [[5, (48, 12, 8)], [5, (48, 16, 1365)], [5, (48, 20, 36176)],
    [5, (48, 24, 190680)], [5, (48, 28, 229320)], [5, (48, 32,
    62930)],[5, (48, 36, 3808)]]]]
```

上述例子在阿斯莫斯－马特森[AM2]的第 Ⅲ 部分中也有讨论。

例 69　下面是另一个 SAGE 的例子。

SAGE

```
sage：C = ExtendedBinaryGolayCode()
sage：C.assmus_mattson_designs(5)
['weights from C：',
[8, 12, 16, 24],
'designs from C：',
[[5, (24, 8, 1)], [5, (24, 12, 48)], [5, (24, 16, 78)], [5, (24, 24, 1)]],
'weights from C∗：',
[8, 12, 16],
'designs from C∗：',
[[5, (24, 8, 1)], [5, (24, 12, 48)], [5, (24, 16, 78)]]]
sage：C.assmus_mattson_designs(6)
0
sage：blocks = [c.support() for c in C if hamming_weight(c)==8];
len(blocks)
759
```

二进制扩展格雷码的自同构群是 Mathieu 群 M_{24},且编码是由重量为 8 的码字张成。

正如下面[Ja2]所示,Janusz 已经改进了二进制类型 Ⅱ 极值码的阿斯莫斯－马特森定理。

定理 70　([Ja2])令 C 是一个 $\mu = 0,1$ 或 2 的类型Ⅱ$[24m+8\mu,12m+4\mu,4m+4]$ 极值码,其中假如 $\mu=0$,那么 $m \geq 1$;否则 $\mu \geq 0$。则下面条件仅有一个满足:

(a) 对于 $t=7-2\mu$ 情况,任意给定重量 $i \neq 0$ 的码字形成一个 $t-$设计,或者

(b) 对于 $t=5-2\mu$ 情况,任意给定重量 $i \neq 0$ 的码字形成一个 $t-$设计,并且对于 $0 < i < 24m+8\mu$ 情况,不存在这样条件的 i 值,满足重量为 i 的码字形成一个 $(6-2\mu)$ 设计。

正如[HP1]中提到的,不存在已知的类型 Ⅱ 极值码,码不满足 Janusz 定理(Janusz' theorem)的第二部分。尤其是,假如 $n=24m$,那么该定理表

明假如任意给定重量 i 且 $0 < i < n$ 的码字形成一个 $6-$ 设计,那么任意给定重量 $i \neq 0$ 的码字应形成 $7-$ 设计。它表明对于 $t > 5$,很难获得满足 $t-$ 设计的码字。事实上,假如 $t > 5$,那么不存在已知的满足 $t-$ 设计的码字的例子。然而,对于任意 $t > 5$,确实存在 $t-$ 设计(Tierlinck[Tei])。

下面问题比未解决问题 14 更特殊。

未解决问题 15　一个码中,给定重量的码字是否存在一个非平凡的 $6-$ 设计呢?

3.2.3　正交阵列、拉丁方及编码

假如 $M \times n$ 矩阵 A 的任意 k 列构成的集合恰好包括 q^k 个所有可能行向量 λ 次,那么元素取自 q 元集的矩阵 A 称作大小为 M 的正交阵列(Orthogonal array),其约束数为 n、水平数为 q、强度为 k 及指数为 λ。上述阵列用 $OA(M, n, q, k)$ 表示。详细介绍可参见[HSS]。

n 阶拉丁方(Latin squares)是一个 $n \times n$ 的阵列,在阵列中排列 n 个不同符号,满足每个符号恰好在每行及每列出现一次。

例 71　拉丁方的一个例子如下

$$\begin{pmatrix} 0 & 1 & 2 & 3 & 4 \\ 1 & 2 & 3 & 4 & 0 \\ 2 & 3 & 4 & 0 & 1 \\ 3 & 4 & 0 & 1 & 2 \\ 4 & 0 & 1 & 2 & 3 \end{pmatrix}。$$

通常,能用群的乘法表来构造拉丁方。例如

二面体群通过一个 D_4 给出的拉丁方为

$$\begin{pmatrix} 0 & 1 & 2 & 3 \\ 1 & 0 & 3 & 2 \\ 2 & 3 & 0 & 1 \\ 3 & 2 & 1 & 0 \end{pmatrix},$$

和对称群 S_3 给出的拉丁方为

$$\begin{pmatrix} 0 & 1 & 2 & 3 & 4 & 5 \\ 1 & 0 & 3 & 2 & 4 & 5 \\ 2 & 4 & 0 & 5 & 1 & 3 \\ 3 & 5 & 1 & 4 & 0 & 2 \\ 4 & 2 & 5 & 0 & 3 & 1 \\ 5 & 3 & 4 & 1 & 2 & 0 \end{pmatrix}。$$

下面是 SAGE 的一些例子。

SAGE

```
sage：from sage.combinat.matrices.latin import *
sage：B = back_circulant(5)；B
[0 1 2 3 4]
[1 2 3 4 0]
[2 3 4 0 1]
[3 4 0 1 2]
[4 0 1 2 3]
sage：B.is_latin_square()
True
sage：L = group_to_LatinSquare(DihedralGroup(2))；L
[0 1 2 3]
[1 0 3 2]
[2 3 0 1]
[3 2 1 0]
sage：L = group_to_LatinSquare(SymmetricGroup(3))；L
[0 1 2 3 4 5]
[1 0 3 2 5 4]
[2 4 0 5 1 3]
[3 5 1 4 0 2]
[4 2 5 0 3 1]
[5 3 4 1 2 0]
```

令 $L_1 = (a_{ij})$ 和 $L_2 = (b_{ij})$ 是 $n \geqslant 2$ 阶拉丁方。假如当 n^2 个排序对 $((a_{ij}, b_{ij}))$ 附加到 $n \times n$ 阵列中时，n^2 个可能排序对中每个恰好出现一次，那么称阵列 L_1 和 L_2 相互正交（mutually orthogonal）。假如任意两个不同的拉丁方正交，那么称 r 个 $n \geqslant 2$ 阶拉丁方集合 $\{L_1, \cdots, L_r\}$ 正交，并称它为相互正交拉丁方集合（MOLS）。

例 72 MOLS 例子为

$$\begin{pmatrix} 0 & 1 & 2 & 3 \\ 1 & 0 & 3 & 2 \\ 2 & 3 & 0 & 1 \\ 3 & 2 & 1 & 0 \end{pmatrix}, \quad \begin{pmatrix} 0 & 2 & 3 & 1 \\ 1 & 3 & 2 & 0 \\ 2 & 0 & 1 & 3 \\ 3 & 1 & 0 & 2 \end{pmatrix}。$$

令 $N(n)$ 表示 n 阶 MOLS 的可能最大数量，众所周知，任意 $n \geqslant 2$，$N(n) \leqslant n-1$ 且除了 n 为 2 和 6 的情况外，$N(n) \geqslant 2$。拉丁方的详细论述参见[LM]。

定理 73　([MS]) 一个 $OA(q^k, n, q, k)$ 线性正交阵列 A(指数为 1，符号取自 $GF(q)$) 域的行是 $GF(q)$ 域上 $[n, k]$ MDS 码的码字，且反之亦然。

Mac Williams 和 Sloane([MS]) 提出了下面的问题。

未解决问题 16　发现指数为 1 的一个 $OA(q^k, n, q, k)$ 中可能最大的 n 值。

下面给出正交阵列和拉丁方的关系。

定理 74　$k=2$ 的 MDS 码等价于相互正交的 $n-k$ 个 q 阶拉丁方集合。

Golomb，Posner 和 Singleton(参见[Sin] 中的证明) 给出了定理证明。

对于 $1 < n \leqslant 99$，n 阶 MOLS 的数量由下表给出

$$\begin{array}{c|c} 2 & 3\ 4\ 5\ 6\ 7\ 8\ 9 \\ \hline 1 & 2\ 3\ 4\ 1\ 6\ 7\ 8 \end{array}$$

猜测 $N(10)=2$，已知 $N(11)=10$ 且 $N(12) \geqslant 5$。参见 OEIS [OEIS] 中的序列 A001438。通常来说，$N(n)$ 的确切值未知。

未解决问题 17　判断 $N(n)$ 为 $n \geqslant 10$ 情况下 MOLS 的数量。

3.3　柯蒂斯的小猫、康威的迷你猫

康威和柯蒂斯([Cu1]) 发现了构建特定 Steiner 系统 $S(5, 6, 12)$ 的六元组的一种相对简单和简洁的方法：用 11 阶有限域上投影线的算数几何。

令 $\mathbf{P}^1(GF(11)) = \{\infty, 0, 1, 2, \cdots, 9, 10\}$ 表示 11 阶有限域 $GF(11)$ 上投影线和

$$Q = \{0,1,3,4,5,9\}$$

表示二次剩余和 0，且令

$$L = \langle \alpha, \beta \rangle \cong PSL(2, GF(11)),$$

其中 $\alpha(y) = y + 1$ 且 $\beta(y) = -1/y$，令

$$S = \{\lambda(Q) \,|\, \lambda \in L\}.$$

引理 75 S 是一个 $(5,6,12)$ 类型的 Steiner 系统。

S 的元素被称为六元组（用"模 11 标记"）。

下表中给出了 3 个"无穷远点"（$\{0,1,\infty\}$ 是"模 11 标记"的"无穷远点"）。根据所有的 3 个点，可以得到柯蒂斯小猫的"示意图"（图 3.1）。

6	10	3
2	7	4
5	9	8
picture at ∞		

5	7	3
6	9	4
2	10	8
picture at 0		

5	7	3
9	4	6
8	2	10
picture at 1		

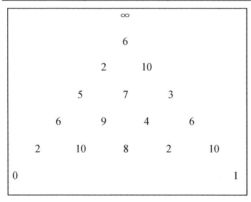

图 3.1 柯蒂斯的小猫

这些 3×3 的阵列中每一个都可以当成平面 $GF(3)^2$，此平面的线可用下面形式之一来描述。

● ● ●	● × ○	● × ○	× ○ ●
× × ×	● × ○	○ ● ×	○ ● ×
○ ○ ○	● × ○	× ○ ●	● × ○
slope 0	slope infinity	slope -1	slope 1

SAGE

```
sage：from sage.games.hexad import view_list
sage：M = Minimog(type ="modulo11")
sage：view_list(M.line[0])
[1 1 1]
[0 0 0]
[0 0 0]
sage：view_list(M.line[3])
[0 0 1]
[0 0 1]
[0 0 1]
sage：view_list(M.line[6])
[1 0 0]
[0 1 0]
[0 0 1]
sage：view_list(M.line[9])
[0 0 1]
[0 1 0]
[1 0 0]
```

任何两个垂直线的相连称作一个十字交叉(cross)，一共有 18 个十字交叉，平面的十字交叉用下面的实心圆之一描述。

$GF(3)^2$ 域上十字交叉补集称作一个方格(square)。当然,也有 18 个方格,并且这个平面的方格用上述的空心圆之一描述。

六元组为:

① 3 个"无穷远点"相连于任意线;

② 相同图中任意两个(不同的)并行线的相连;

③ 一个"无穷远点"与图中一个十字交叉相连;

④ 两个"无穷远点"与无穷远删除点的图中一个方格相连。

SAGE

```
sage：from sage.games.hexad import view_list
sage：M = Minimog(type="modulo11")
sage：view_list(M.cross[0])
[1 1 1]
[1 0 0]
[1 0 0]
sage：view_list(M.cross[10])
[0 0 1]
[1 1 0]
[1 1 0]
```

引理 76 (柯蒂斯[Cu1])存在 132 个这样的六元组(1 型有 12 个、2 型有 12 个、3 型有 54 个、4 型有 54 个),它们组成一个 $(5,6,12)$ 类型的 Steiner 系统。

3.3.1 迷你猫描述

按照柯蒂斯关于用 4×6 阵列生成 Steiner 系统 $S(5,8,24)$ 的描述([Cu2])(称作 MOG),Conway([Co1])发现了相似的用 3×4 阵列生成 $S(5,6,12)$ 的描述(称作迷你猫)。

四元码(Tetracode)码字为

0	0	0	0	0	+	+	+	0	−	−	−
+	0	+	−	+	+	−	0	+	−	0	+
−	0	−	+	−	+	0	−	−	−	+	0

其中"0"=0,"+"=1,"−"=2,这些矢量生成 $GF(3)$ 域上线性码(这个符号是 Conway 给的。人们必须记住"+"+"+"="−"且"−"+"−"="+"),它

们也可以描述为 $GF(3)$ 域上所有 4 维元素集：

$$(0,a,a,a), \quad (1,a,b,c), \quad (2,c,b,a),$$

其中 abc 是 012 的任意一种循环置换。

洗牌标记法(shuffe labeling) 中的迷你猫为 3×4 阵列

$$\begin{array}{cccc} 6 & 3 & 0 & 9 \\ 5 & 2 & 7 & 10 \\ 4 & 1 & 8 & 11 \end{array}$$

(注：为了比较，用模 11 标记的迷你猫(MINIMOG) 在 3.3.4 节给出。除非声明，下面将用洗牌标记法。)

标记行为：

① 第一行用 1 标记，

② 第二行用 + 标记，

③ 第三行用 − 标记。

0	6	3	0	9
+	5	2	7	10
−	4	1	8	11

一个 col(或列)是阵列的某一列放置 3 个 + 号。

一个 tet(或四元组)是 3×4 阵列某一列放置 4 个"+"号,对应的四元码为：

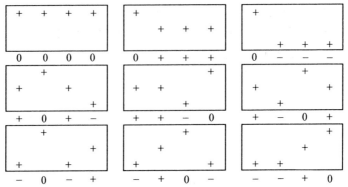

$GF(3)^2$ 域上每条有限斜率直线出现在某个 tet 的 3×3 部分一次。一

列的出局者是列中非零位对应的行标记；假如列无非零位，那么出局者为"？"。因此，通过这种方式，这些方式对应的四元码码字为 tets 的出局者。

有符号（signed）的六元组是通过迷你猫获得的 6－集组合，它的形式表示为

$$col-col, \quad col+tet, \quad tet-tet, \quad col+col-tet.$$

引理 77 （Conway，[CS1]，第 11 章，第 321 页）假如忽略符号，我们能从这些有符号的六元组得到一个 Steiner 系统 $S(5,6,12)$ 的 132 种六元组。因为出局者形成四元码码字的一部分（某种意义来看，忽略出局者"？"或当作是"万能牌"）且列分布项不包含任意方式排列的 $0,1,2,3$[①]，所以它们是洗牌标记法中所有可能的 6－集。

例 78 对应的 col－col 形为

是四元码 00？？和有符号的六元组 $\{-1,-2,-3,4,5,6\}$、六元组 $\{1,2,3,4,5,6\}$。事实上，假如用 $(0,1,2)$ 表示 $(,+,-)$，那么能用下面 SAGE 方式得到：

SAGE

```
sage：M = Minimog(type ="shuffle")
sage：M. minimog

[6 3 0 9]
[5 2 7 10]
[4 1 8 11]
sage：M. col[0] − M. col[1]

[1 2 0 0]
[1 2 0 0]
[1 2 0 0]
```

---

① 就是说，下面的情况不会发生：某列有 0 项，某列恰好就有 1 项，某列恰好有 2 项及某列恰好就有 3 项。

为了检验它是洗牌标记法里的一个六元组,用命令:

SAGE

sage：M. find_hexad([1,2,3,4,5])

　　([1, 2, 3, 4, 5, 6], ['square 8','picture 0'])

对应的 col + tet 形为

是四元码 0 + + + 和有符号的六元组 $\{1,-2,3,6,7,10\}$、六元组 $\{1,2,3,6,7,10\}$。同样,能用下面 SAGE 命令核对:

SAGE

sage：M. col[1] − M. tet[1]

[1 1 0 0]

[0 2 1 1]

[0 1 0 0]

sage：M. find_hexad([1,2,3,6,7])

　　([1, 2, 3, 6, 7, 10], ['square 5','picture 0'])

并且,已知[Co1]洗牌标记法表示的 Steiner 系统 $S(5,6,12)$ 有性质为:

① 存在总和为 21 的 11 个六元组但不存在总和更低情况的六元组;

② 在 $\{0,1,\cdots,11\}$ 范围的这 11 个六元组中任意一个的补集是另一个六元组;

③ 存在总和为 45 的 11 个六元组但不存在总和更高情况的六元组。

上述性质将有助于讨论第 3.3.2 节的数学二十一点游戏。

3.3.2　三进制扩展格雷码的构造

定义 79　四元码为 $GF(3)$ 域上码 T,其元素为

$(0,0,0,0),(1,0,1,2),(1,2,0,1),(1,1,2,0),(0,1,1,1),$

$(2,0,2,1),(2,1,0,2),(2,2,1,0),(0,2,2,2)$。

它是自对偶 $(4,2,3)$ 码。

下面是 Conway 的 C_{12} 的四元码构造。　把每个 12 维的 $c=$

$(c_1,\cdots,c_{12})\in C_{12}$ 表示为一个 3×4 阵列：

$$c=\begin{bmatrix} c_1 & c_2 & c_3 & c_4 \\ c_5 & c_6 & c_7 & c_8 \\ c_9 & c_{10} & c_{11} & c_{12} \end{bmatrix}。$$

c 的投射（Projection）为

$$pr(c)=(c_5-c_9,c_6-c_{10},c_7-c_{11},c_8-c_{12})。$$

行得分（row score）为那一行元素总和，列得分（column slore）是那一列元素总和。当然，所有计算都是 $GF(3)$ 域上的。

引理 80　（Conway）阵列 c 是 C_{12} 上的当且仅当

① 所有 4 列的（共同）得分等于首行得分的负数；

② $pr(c)\in T$。

存在几个能得出上述结构的论据。

存在 264 个重量为 6 的码字，440 个重量为 9 的码字，24 个重量为 12 的码字，共有 729 个码字。

从 $\{1,2,3,\cdots,12\}$ 中任意选出 9 个元素组成一个子集，它恰好是 C_{12} 上的重量为 9 的两个码字的支集。从 $\{1,2,3,\cdots,12\}$ 中随机选出 6 个元素组成一个子集 S，S 是 C_{12} 上的重量为 6 的某个码字支集的概率为 $1/7$。

引理 81　对于 C_{12} 上的每个重量为 6 的码字 c，存在一个重量为 12 的码字 c'，满足 $c+c'$ 的重量为 6。

假如称 $c+c'$ 为 c 的"补集"，那么从符号的角度来看，"补集"是唯一的。

证明　重量为 6 的码字支集生成一个 Steiner 系统 $S(5,6,12)$。因此，对于任意重量为 6 的码字 c，都存在一个码字 c''，其支集在 c 的支集的补集中，令 $c'=c''-c$。

评论 7　尽管我们将来不需要它，但是明显对于 C_{12} 上的每个重量为 9 的码字 c，存在一个重量为 12 的码字，满足 $c+c'$ 的重量为 6。

3.3.3　"col/tet" 的构造

事实上，它仅构造重量为 6 的码字，但是由于它们能够产生编码，因此能用它们计算 C_{12} 的一个生成矩阵。

用稍微不同的概念来翻译上述的 col 和 tet 定义（用 0 代替每个空格，用 1 代替＋，并用 2 代替－），一个 col（或列）为阵列的某一列放置 3 个 1（每个空格表示 0）：

1		1		1		1
1		1		1		1
1		1		1		1

SAGE

```
sage：M = Minimog(type ="shuffle")
sage：M.col[0]

[1 0 0 0]
[1 0 0 0]
[1 0 0 0]
sage：M.col[3]

[0 0 0 1]
[0 0 0 1]
[0 0 0 1]
```

一个 tet(或四元组)为放置 4 个 1,每项对应一个四元码(正如下面解释的那样)。

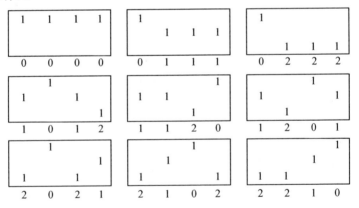

SAGE

sage：M = Minimog(type ="shuffle")

sage：M. tet[0]

[1 1 1 1]

[0 0 0 0]

[0 0 0 0]

sage：M. tet[3]

[0 1 0 0]

[1 0 1 0]

[0 0 0 1]

sage：M. tet[8]

[0 0 0 1]

[0 0 1 0]

[1 1 0 0]

$\mathbf{F}_3^2$ 域上每条有限斜率直线出现在某个 tet 的 3×3 部分一次。定义第一（首）行的标记（label）为 0，第二行的标记为 -1，而最后一行的标记为 1。一列中出局者是列中非零位对应的行标记，假如列无非零位，那么出局者为"？"。因此，通过这种方式，这些形式对应的四元码码字为 tets 的出局者。

例 82　对应的 col － col 形为

是四元码 $(0,0,?,?)$。

对应的 col ＋ tet 形为

是四元码 $(0,1,1,1)$。

3.3.4 小猫标记

回顾一下洗牌(shuffle)标记法中迷你猫(MINIMOG)是 3×4 阵列

$$
\begin{array}{cccc}
6 & 3 & 0 & 9 \\
5 & 2 & 7 & 10 \\
4 & 1 & 8 & 11
\end{array}
$$

在 Conway[Co1] 文献中,用"模 11 标记"的迷你猫给出为

$$
\begin{array}{cccc}
0 & 3 & \infty & 2 \\
5 & 9 & 8 & 10 \\
4 & 1 & 6 & 7
\end{array}
$$

由于从重新标记的角度来看,Steiner 系统 $S(5,6,12)$ 是唯一的,因此我们期望用洗牌标记法标记"小猫"(kitten)。比较迷你猫和洗牌标记法中小猫的不同,则得到图 3.2 中的小猫。

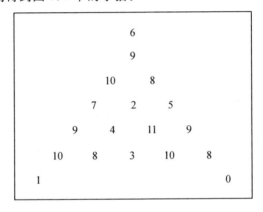

图 3.2 洗牌标记法的小猫

下表中给出了洗牌标记法中的 3 个"无穷远点"的"示意图"。

5	11	3		5	11	3		8	10	3
8	2	4		2	4	8		9	11	4
9	10	7		7	9	10		5	2	7
picture at 6				picture at 1				picture at 0		

例 83

①$0,2,4,5,6,11$ 是 picture at 1 中的一个方格。

②$0,2,3,4,5,7$ 是 picture at 0 中的一个十字交叉。

3.4 "数学二十一点"

数学二十一点(Mathematical blackjack)是两个人的组合游戏。这个游戏值得注意的是赢的策略,由 Conway 和 Ryba([CS2] 和 [KR])发现,它取决于如何用洗牌标记法确定 Steiner 系统 $S(5,6,12)$ 的六元组。

数学二十一点赢的方法

数学二十一点一共有 12 个卡片,用 $0,\cdots,11$ 标记(例如国王,幺点,2,3,$\cdots$,10,纸牌中的 J,其中国王是 0,而纸牌中的 J 是 11)。12 张卡片分成两堆,每堆 6 张(为公平起见而随机分配)。取两堆中一堆的 6 张卡片的每张面朝上放在桌子上,余下的卡片放在一堆中两个人共有且都能看到。假如在桌上面朝上卡片和小于等于 21,那么不可能有合法的出牌,所以必须洗牌并重新开始。(Conway([Co2]) 称这样的一次游戏为 $0 = \{|\}$)

① 玩牌者交替出牌;

② 出牌包括桌上一个卡片与另一堆中最小卡片交换;

③ 出牌那个人使桌上的卡片的和小于 21 点为输。

这个游戏的获胜策略(下面给出)是由 Conway 和 Ryba([CS2],[KR])发现的。存在一个 Steiner 系统 $S(5,6,12)$,其六元组在集合 $\{0,1,\cdots,11\}$ 中。这个 Steiner 系统对应的是"洗牌标记法"中的迷你猫而不是"模 11 标记"中的迷你猫。

命题 84 (Ryba)对于这个人在 iner 系统,获胜策略是选择一个出牌为上述系统的一个六元组。

这个结论在 [KR] 中证明。

假如你是第一个出牌者,而且是以 $S(5,6,12)$ 的一个六元组开始,那么按照上述策略和 Steiner 系统性质,不存在获胜的出牌方式。在一个随机的游戏中,存在概率为

$$\frac{132}{\binom{12}{6}} = 1/7,$$

第一个出牌者抽到这样的六元组,因此它是一种输的情况。换句话说,我们有下面的结论。

引理 85 数学二十一点游戏中,第一个出牌者获胜概率为 6/7(随机的初始洗牌)。

例 86

① 初始洗牌：0,2,4,6,7,11,总和是 30,洗牌形式为

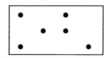

其中 · 表示 ±。由于 ± 的选择组合不能产生一个四元码出局者,因此这次洗牌不是一个六元组。

② 第一个出牌者用 5 代替 7:0,2,4,5,6,11。现在总和为 28(注意它是 picture at 1 中的一个方格),对应的 col + tet 为

```
+       +
+   +
−           +
```

其中四元码出局者为 − + 0 −。

③ 第二个出牌者用 7 代替 11:0,2,4,5,6,7。现在总和为 24,令人感兴趣的是,这个 6 − 集对应形为

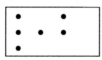

(例如,因此四元码出局者可能为 0 + + ?)。然而,由于它的列分布为 3,1,2,0,因此不可能是一个六元组。

④ 第一个出牌者用 3 代替 6:0,2,3,4,5,7。(注意它是 picture at 0 中的一个十字交叉)它对应的 tet − tet 形为

```
    +   −
+   −   +
```

其中四元码出局者为 − − + 0。卡片的总和为 21。第一个出牌者获胜。

例 87　事实上,SAGE 能够以另一种方式来玩这个游戏(也会获胜)。

SAGE

```
sage：M = Minimog(type ="shuffle")
sage：M. blackjack_move([0,2,4,6,7,11])
'4 − −> 3. The total went from 30 to 29.'
```

它真是一个六元组吗?

SAGE

```
sage：M. find_hexad([11,2,3,6,7])
    ([0, 2, 3, 6, 7, 11], ['square 9', 'picture 1'])
```

因此它是一个六元组。下面是更进一步的确认证明：

SAGE

```
sage：M. blackjack_move([0,2,3,6,7,11])
This is a hexad.
There is no winning move, so make a random legal move.
[0, 2, 3, 6, 7, 11]
```

是的,SAGE 说明它确实是一个六元组。

假定出牌者 2 用 9 代替 11,你可以进行另一种出牌的方式：

SAGE

```
sage：M. blackjack_move([0,2,3,6,7,9])
'7 --> 1. The total went from 27 to 21.'
```

现在你获胜了。SAGE 甚至告诉你：

SAGE

```
sage：M. blackjack_move([0,2,3,6,1,9])
    'No move possible. Shuffle the deck and redeal.'
```

3.5　赛　马

三进制完备码是如何提供了一种赢得赛马的好办法呢？假定 11 匹马赛跑,你必须为所有 11 匹马排列下注(每次下注能赢,第二种排列能赢或第三种排列能赢)。你希望下注最小排列数量,满足无论比赛结果如何,你的每次下注都能收获正确结果,满足这些要求至少要选择 9 匹马。由于三进制[11,6,5]格雷码能纠正 2 个错误且是完备的,因此每个矢量(这里可以把它看作是 11 匹马的一种可能下注方式)与某个码字的汉明距离不会大于 2。因此,假如你下注输、赢、和的各种组合,其可由 $3^6 = 729$ 个码字表示,那么下注方式中任意一个只有 2 匹(或者更少)马的排列预测是错误的。

那么如何构建一个[11,6,5]三进制格雷码呢？取三进制扩展[12,6,6]格雷码并删除最后一项,通过 SAGE 方式,很容易实现:

SAGE

```
sage:C = TernaryGolayCode()
sage:C
Linear code of length 11, dimension 6 over Finite Field of size 3
sage:C.random_element()
(1, 2, 1, 1, 2, 1, 1, 1, 2, 2, 2)
```

键入 C.list() 将打印出所有码字,因此将列出你需要的所有下注方式。

第 4 章　　黎曼假设和编码理论

假如整数环 $\mathbf{Z}$ 与多项式环 $GF(p)[x]$ 有类比关系,那么会是面类比关系:

$$\mathbf{Z} \leftrightarrow GF(p)[x],$$

质数 $\leftrightarrow GF(p)[x]$ 域上不可约多项式,

其中 p 是质数,

$$\zeta(s) \leftrightarrow Z_{\mathbf{P}^1}(s),$$

(黎曼 ζ 函数) $\leftrightarrow (\mathbf{P}^1/GF(p))$ 中的哈斯一威尔(Hasse-Weil) ζ 函数),

这种类比关系扩展(绝无双关之意)到有限代数扩张,产生数域 K 的 Dedekind ζ 函数 $\zeta_K(s)$ 和有限域上一个平滑投影曲线的 Hasse一Weil ζ 函数间的类比关系。假如数域 K 的一个整数环 O 与一个平滑投影曲线 $X/GF(q)$ 的坐标环 $GF(q)(X)$ 有类比关系,那么会是下面类比关系:

$$O \leftrightarrow GF(q)(X),$$

O 中的主理想 $\leftrightarrow GF(q)(X)$ 中的主理想,

其中 q 是质数幂(下面的第 4.4.4 部分用 SAGE 简要地讨论),

$$\zeta_K(s) \leftrightarrow Z_{X^1}(s),$$

(Dedekind ζ 函数) $\leftrightarrow (X/GF(q)$ 中的 Hasse-Weil ζ 函数),

下面的基本思路是假如我们认为黎曼假设适用于黎曼 ζ 函数及 Dedekind ζ 函数的类比关系,那么应该相信它也适用于曲线 Hasse一Weil ζ 函数(在 20 世纪 40 年代 A. Weil 证明了适用于曲线的黎曼假设)。

I. Duursma [D1,D2,D3,D4,D5,D6] 已经定义了线性码的 ζ 函数且将这种类比关系扩展到了线性码[1],因此从某种模糊的程度上说:

一个曲线的 Hasse一Weil ζ 函数 $\leftrightarrow$ 一个编码的 Duursma ζ 函数。

尤其是在编码理论中存在著名黎曼假设的一个类比关系。本章将致力于解释这个未解决问题的吸引人的细节。

---

① 能扩展这个类比关系为曲线和拟阵间的类比关系。曲线和码类比关系更多细节在下面的第 4.4.4 部分讨论。

4.1 黎曼 ζ 函数简介

黎曼假设由伯恩哈德·黎曼在 1859 年首次提出,它是数学领域中最著名和最重要的未解决问题之一。黎曼假设是关于黎曼(Riemann)ζ 函数 $\zeta(s)$ 零点分布的猜想。黎曼 ζ 函数 $\zeta(s)$ 是一个复变量 s 的函数,最初定义为下述无穷级数:

$$\zeta(s) = \sum_{n=1}^{\infty} \frac{1}{n^s}.$$

s 值的实数部分大于 1。除了 $s=1$ 外的所有复数 s 都有效,ζ 函数都满足全局收敛级数。它是由 Konrad Knopp 给出的猜想,并在 1930 年由 Helmut Hasse 证明

$$\zeta(s) = \frac{1}{1 - 2^{l-s}} \sum_{n=0}^{\infty} \frac{1}{2^{n+1}} \sum_{k=0}^{n} (-1)^k \binom{n}{k} (k+1)^{-s}。 \tag{4.1.1}$$

黎曼 ζ 函数另一个有趣的性质是所谓的泛函方程:

$$\zeta(s) = 2^s \pi^{s-1} \sin\left(\frac{\pi s}{2}\right) \Gamma(1-s) \zeta(1-s)。$$

假如令

$$\xi(s) = \pi^{-s/2} \Gamma\left(\frac{s}{2}\right) \zeta(s),$$

那么上式可以重新写成

$$\xi(1-s) = \xi(s)。$$

根据式(4.1.1),定义了所有 $s \neq 1$ 复数的黎曼 ζ 函数。对于负的偶整数情况(即 $s = -2, -4, -6, \cdots$),它有零点。它们称作平凡(trivial)零点。黎曼假设(Riemann hypothesis)涉及非平凡(non-trivial)零点且其表述为:

黎曼 ζ 函数的任意非平凡零点的实数部分是 $\frac{1}{2}$。

尽管它吸引了许多杰出科学家付出大量努力,但 150 年来它仍然是一个未解之谜。

4.2 Duursma ζ 函数简介

令 C 是一个 $[n, k, d]_q$ 码,即 $GF(q)$ 域上长度为 n、维数为 k 且最小距离

为 d 的线性码。回顾一下辛格顿界，它表明 $d+k \leqslant n+1$ 且满足等号关系的码称作 MDS(最大距离可分) 码。

通过类推，受局部类域论的方式，Iwan Duursma([D1]) 引入了一个有限域上线性码 C 的对应 ζ 函数(Zeta function) $Z=Z_C$，

$$Z(T) = \frac{P(T)}{(1-T)(1-qT)}, \tag{4.2.1}$$

其中 $P(T)=P_C(T)$ 是一个 $n+2-d-d^\perp$ 阶多项式，称作 ζ 多项式[①]。假如 C 是对偶的(即 $C=C^\perp$)，那么满足下面的泛函方程：

$$P(t) = q^g t^{2g} P\left(\frac{1}{qt}\right).$$

然而它看起来并不太像黎曼 ζ 函数的泛函方程。

假如 $\gamma = \gamma(C) = n+1-k-d$($C$ 的亏格) 且

$$z_C(T) = Z_C(T) T^{1-\gamma},$$

那么泛函可以写成

$$z_{C^\perp}(T) = z_C(1/qT).$$

假如令

$$\zeta_C(s) = Z_C(q^{-s}),$$

并且

$$\xi_C(s) = z_C(q^{-s}),$$

那么 ζ_C 和 ξ_C 有相同零点，基于此泛函方程变成[②]

$$\xi_{C^\perp}(s) = \xi_C(1-s).$$

因此 ξ_C"更对称"。妄用一下术语，我们称 Z_C 和 ζ_C 为 C 的 Duursma ζ 函数。

4.3 引　言

回顾一下，假如最小距离为 d 的线性码 C 是一个 $GF(q)^n$ 域上 k 维子空间，那么称它为 $[n,k,d]_q$ 码，其中

$$d = \min_{c \in C, c \neq 0} \mathrm{wt}(c),$$

---

① 通常，假如 C 是一个 $[n,k,d]$-码，我们用 $[n,k^\perp,d^\perp]$ 表示对偶码 $C^\perp$ 的参数. 它是辛格尔顿界 $n+2-d-d^\perp \geqslant 0$ 的结果，当 C 为 MDS 码时，满足等式。

② 该符号源于用于经典黎曼 ζ 函数对应函数的类似符号。参见任意黎曼 ζ 函数的书或 *http://en.wikipedia.org/wiki/Riemann_zeta_function*.

且 wt 是码字汉明重量。对于某个 $d^\perp \geqslant 1$，C 的对偶码（用 $C^\perp$ 表示）的参数为 $[n, n-k, d^\perp]$。一个 $[n, k, d]_q$ — 码 C 的亏格定义为

$$\gamma(C) = n + 1 - k - d。$$

这个等式表明"码距离 MDS 多远"。假如 C 是由 $GF(q)$ 域上代数曲线的黎曼 — 罗赫空间构造的代数 — 几何码，那么通常它与曲线的亏格相同（细节参见 [TV]）。

注意假如 C 是自对偶码，那么它的亏格满足 $\gamma = n/2 + 1 - d$。

4.3.1　虚拟重量算子

下面的定义推广了上述第 2.1 部分引入的符号。

定义 88　系数为复数的 n 阶齐次多项式 $F(x, y) = x^n + \sum_{i=1}^{n} f_i x^{n-i} y^i$ 称作支集为 $\mathrm{supp}(F) = \{0\} \bigcup \{i \mid f_i \neq 0\}$ 的一个虚拟重量算子。假如 $A_d \neq 0$ 情况下

$$F(x, y) = x^n + \sum_{i=d}^{n} A_i x^{n-i} y^i,$$

那么称 n 为 F 的长度且 d 为 F 的最小距离。满足式（2.2.1）的偶数阶 F 称作 $GF(q)$ 上的虚拟自对偶重量算子，其亏格为

$$\gamma(F) = n/2 + 1 - d。$$

假如 $b > 1$ 是一个整数且 $\mathrm{supp}(F) \subset b\mathbf{Z}$，那么虚拟重量算子 F 称作 b 可分组的。

分成 4 类的非平凡形式自对偶可分组码（正如第 2 章定义的）有一个虚拟自对偶重量算子类似物。换句话说，Gleason — Pierce 定理有一个增强版，即不需要码存在的条件，只需要满足一种确定不变性的形式。

定理 89　（Gleason — Pierce — Assmus — Mattson）令 F 是 $GF(q)$ 域上的 b 可分且虚拟自对偶重量算子

那么或者

I. $q = b = 2$，

II. $q = 2, b = 4$，

III. $q = b = 3$，

IV. $q = 4, b = 2$，

V. q 任意，$b = 2$ 且 $F(x, y) = (x^2 + (q-1) y^2)^{n/2}$。

证明　证明（或证明 —— 现在是它们中的两个）要归功于 Assmus 和 Mattson。参数最早出现在 Sloane 卓越的研究论文中（[Sl]）。大概想法如

下(细节参见 Sloane 论文第 6.1 部分)。

令 G 为 $GL(2,C)$ 的子群，$GL(2,C)$ 由"Mac Williams 转换"

$$F(x,y) \mapsto F\left(\frac{x+(q-1)y}{\sqrt{q}}, \frac{x-y}{\sqrt{q}}\right)$$

矩阵和对角线上为 b 重单位根的对角矩阵产生(由于假如 $\zeta \in F$ 为任意一个 b 重单位根，那么 $F(x,y) \mapsto F(\zeta x, y)$ 和 $F(x,y) \mapsto F(x, \zeta y)$ 都能确定 F)。令 G' 表示 $PGL(2,C)$ 中子群的像。把 $F(x,y)$ 当作 $\mathbf{P}^1$ 上的 $z = x/y$ 的函数 $f(z)$。令 m 表示 f 的零点数量(不算重零点)。根据不变性原理，$m=1$ 是不可能的。假如 $m=2$，那么不变性(Ⅴ)。假如 $m \geqslant 3$，那么 G' 必定是有限的。$PGL(2,\mathbf{C})$ 的有限子群分类得到余下可能(Ⅰ)，$\cdots$，(Ⅳ)。

接着给出类似于上述定义 39 的虚拟重量算子。

定义 90

① 令 $F(x,y)$ 是一个虚拟自对偶重量算子。假如 $b>1$ 是一个整数且 $\text{supp}(F) \subset b\mathbf{Z}$，那么称 F 是 b 可分割的。

② 假如 F 是 $GF(q)$ 域上 b 可分割的虚拟自对偶重量算子，那么 F 称作

$$\begin{cases} \text{类型 Ⅰ} & \text{假如 } q=b=2, 2 \mid n, \\ \text{类型 Ⅱ} & \text{假如 } q=2, b=4, 8 \mid n, \\ \text{类型 Ⅲ} & \text{假如 } q=3, b=4 \mid n, \\ \text{类型 Ⅳ} & \text{假如 } q=4, b=2, 2 \mid n. \end{cases}$$

定理 91 (Sloane$-$Mallows$-$Duursma)假如 F 是一个 b 可分割的虚拟自对偶重量算子且其长度为 n、最小距离为 d，那么

$$d \leqslant \begin{cases} b\left[\dfrac{n}{b(b+1)}\right] + b & \text{假如 } F \text{ 是类型 1,} \\ b\left[\dfrac{n}{b(b+2)}\right] + b & \text{假如 } F \text{ 是类型 2.} \end{cases} \tag{4.3.1}$$

尤其是，

$$d \leqslant \begin{cases} 2[n/8] + 2 & \text{假如 } F \text{ 是类型 Ⅰ,} \\ 4[n/24] + 4 & \text{假如 } F \text{ 是类型 Ⅱ,} \\ 3[n/12] + 3 & \text{假如 } F \text{ 是类型 Ⅲ,} \\ 2[n/6] + 2 & \text{假如 } F \text{ 是类型 Ⅳ.} \end{cases}$$

证明 这里只提到用于自对偶码,但是定理 1 证明和 Duursma[D3] 第 1.1 部分推论更广泛地用于虚拟自对偶重量算子。后面索引 7.4 给出完整证明。

定义 92 假如定理 91 中界满足等号,那么称虚拟自对偶重量算子 F

为极值的。

评论 8

① 下面是一个更广义定义。令 G 为 $GL(2,\mathbf{C})$ 的子群且 $GL(2,\mathbf{C})$ 包含 $\sigma = \dfrac{1}{\sqrt{q}}\begin{pmatrix} 1 & q-1 \\ 1 & -1 \end{pmatrix}$，其通过 $\sigma: F(x,y) \mapsto F(\sigma(x,y)')$ 作用于 $\mathbf{C}[x,y]$ 且令 $\chi: G \to \mathbf{C}^{\times}$ 为一个特征。假如

$$F(x,y) = \chi(\sigma) F\left(\frac{x+(q-1)y}{\sqrt{q}}, \frac{x-y}{\sqrt{q}}\right),$$

那么称长度为 n 的虚拟重量算子 F 为形式上 $\chi-$自对偶重量算子或由 χ 变形的①虚拟自对偶重量算子。上述虚拟自对偶重量算子的定义是 χ 为平凡情况的特例。例如，这个"变形"定义也包括 [O] 中 Ozeki"形式重量算子"的情况。为了简洁，假如 F 满足

$$F(x,y) = F\left(\frac{x+(q-1)y}{\sqrt{q}}, \frac{x-y}{\sqrt{q}}\right), \tag{4.3.2}$$

称 F 为变形的虚拟自对偶重量算子。虚拟自对偶重量算子 ζ 函数的许多定理也用于变形的虚拟自对偶重量算子。参见 Chinen [Ch1,Ch2] 和下面的 4.8 部分。

② 注意虚拟重量算子不依赖于质数幂 q，但虚拟自对偶重量算子却通过 (2.2.1) 依赖于 q。

定义 93　虚拟重量算子 F 形式上等同为虚拟码 C。这个虚拟码仅仅限定为下面条件：根据 $A_C = F$，形式上把 $C \mapsto A_C$ 的定义扩展到所有虚拟码。当然，假如 F 是一个表示成 C' 的实际码的重量算子，那么可以得到 $A_C = F = A_{C'}$。换句话说，从形式上等价的角度看，仅很好定义 3 虚拟 (virtual) 码。假如 C_1 和 C_2 是虚拟码，那么定义 $C_1 + C_2$ 为对应虚拟重量算子 $A_{C_1}(x,y) + A_{C_2}(x,y)$ 的虚拟码。

事实上，下面是比虚拟自对偶重量算子更重要的自对偶码分类问题。一个优秀的参考文献为 [NRS]。

未解决问题 18　给定一个虚拟自对偶重量算子 F，判断 F 是否为某个自对偶码 C 的重量算子的充要条件（缩写为算子条件）。

---

① 术语"变形的"源于相似对象的自守形式和算术代数几何中的术语。

4.4 ζ 多项式

下面将给出 3 种 Duursma 定义的 ζ 多项式。

4.4.1 第一种定义

定义 94 满足等式

$$\frac{(xT + (1-T)y)^n}{(1-T)(1-qT)}p(T) = \cdots + \frac{A_C(x,y) - x^n}{q-1}T^{n-d} + \cdots$$

的多项式 $P(T)$ 称作 C 的一个 Duursma ζ 多项式。

按照上述式(4.2.1)ζ 多项式定义 Duursma ζ 函数。

引理 95 假如用 T 次幂拆括号 $\dfrac{(xT + y(1-T))^n}{(1-T)(1-qT)}$,那么发现它等于

$b_{0,0}y^nT^0 + (b_{1,1}xy^{n-1} + b_{1,0}y^n)T^1 + (b_{2,2}x^2y^{n-2} + b_{2,1}xy^{n-1} + b_{2,0}y^n)T^2 + \cdots +$
$(b_{n-d,n-d}x^{n-d}y^d + b_{n-d,n-d-1}x^{n-d-1}y^{d+1} + \cdots + b_{n-d,0}y^n)T^{n-d} + \cdots$,

其中对于 $0 \leqslant l \leqslant k \leqslant n-d$,系数 $b_{k,l}$ 为

$$b_{k,l} = \sum_{i=l}^{k} \frac{q^{k-i+1} - 1}{q-1}\binom{n}{i}\binom{i}{l},$$

否则,$b_{k,l} = 0$。

证明 用下述式(4.4.2)并比较系数。

命题 96 如果 $d^{\perp} \geqslant 2$,那么 Duursma ζ 多项式 $P = P_C$ 存在且唯一。

证明 这个命题在 Chinen[Ch2] 附录中证明。下面只是大概思路。

正如上述引理 95 给出的,以 T 次幂拆括号 $\dfrac{(xT + y(1-T))^n}{(1-T)(1-qT)}$。Duursma

多项式是 $n+2-d-d^{\perp}$ 阶多项式。如果 $d^{\perp} \geqslant 2$,那么 Duursma 多项式能写成 $P(T) = a_0 + a_1 T + \cdots + a_{n-d}T^{n-d}$。现在用

$$\frac{(xT + y(1-T))^n}{(1-T)(1-qT)}p(T) = \cdots + \frac{F(x,y) - x^n}{q-1}T^{n-d} + \cdots$$

表示通过矩阵等式 $B \cdot a = A$ 得到的系数,且矩阵等式为

$$\begin{pmatrix} b_{0,0} & b_{1,0} & \cdots & b_{n-d,0} \\ 0 & b_{1,1} & \cdots & b_{n-d,1} \\ \vdots & \vdots & & \vdots \\ 0 & 0 & \cdots & b_{n-d,n-d} \end{pmatrix} \begin{pmatrix} a_{n-d} \\ a_{n-d-1} \\ \vdots \\ a_0 \end{pmatrix} = \begin{pmatrix} A_n/(q-1) \\ A_{n-1}/(q-1) \\ \vdots \\ A_d/(q-1) \end{pmatrix}。 \quad (4.4.1)$$

根据上述引理 95,我们知道这个矩阵对角项为二项式系数 $b_{i,i} = \binom{n}{i}$,因此

非零。因此矩阵可逆且存在这样的多项式。

下面是证明的推论。([D5] 的(5)和(6)中给出了这些恒等式;也可参见[D4] 的(4.1)。)

推论 97　(Duursma)假如 $d^\perp \geqslant 2$,那么 $P(0) = (q-1)^{-1} \dbinom{n}{d}^{-1} A_d$ 且

$$\frac{A_{d+1}}{q-1} = \binom{n}{d+1} (P(0)(q-d) + P'(0))。$$

尤其是 P 总有一个非零的正常数系数。

证明　根据上述证明,$b_{n-i,n-i}$ 为第 i 个二项式系数,所以根据式(4.4.1)中等式体系,证明了第一个等式。

第二个等式证明类似,所以略去证明。

例 98　给定一个长度 $n=6$,维数 $k=3$ 且最小距离 $d=2$ 的自对偶码 C。从等价角度看,它是唯一的且重量算子 $W(x,y) = x^6 + 3x^4 y^2 + 3x^2 y^4 + y^6$。SAGE 命令为

SAGE

```
sage: q,T,x,y = var("q,T,x,y")
sage: f1 = lambda q,T,N:
sum([sum([q^i for i in range(k+1)]) * T^k for k in range(N)])
sage: f2 = lambda x,y,T,n:
sum([binomial(n,j) * (x-y)^j * y^(n-j) * T^j for j in range(n+1)])
sage: a0,a1,a2,a3,a4 = var("a0,a1,a2,a3,a4")
sage: F=expand(f1(2,T,6) * f2(x,y,T,6) * (a0+a1 * T+a2 * T^2 +
    a3 * T^3 + a4 * T^4))
```

当 $q=2,n=6,k=3$ 且 $d=2$ 时,计算级数 $\dfrac{(xT+y(1-T))^n}{(1-T)(1-qT)} P(T)$ 的前 6 项(为 T 中的一个幂级数)。下面计算系数并读出矩阵 B:

SAGE

```
sage：aa = (F. coeff("T^4")). coeffs("x")
sage：v = [expand(aa[i][0]/y^(6 - i)) for i in range(5)]
sage：B0 = [v[0]. coeff("a%s"%str(i)) for i in range(5)]
sage：B1 = [v[1]. coeff("a%s"%str(i)) for i in range(5)]
sage：B2 = [v[2]. coeff("a%s"%str(i)) for i in range(5)]
sage：B3 = [v[3]. coeff("a%s"%str(i)) for i in range(5)]
sage：B4 = [v[4]. coeff("a%s"%str(i)) for i in range(5)]
sage：B0. reverse(); B1. reverse(); B2. reverse(); B3. reverse();
    B4. reverse()sage：B = matrix([B0,B1,B2,B3,B4])
sage：B
```

$$
\begin{bmatrix}
1 & -3 & 4 & -2 & 1 \\
0 & 6 & -12 & 12 & 0 \\
0 & 0 & 15 & -15 & 15 \\
0 & 0 & 0 & 20 & 0 \\
0 & 0 & 0 & 0 & 15
\end{bmatrix}
$$

注意：对角项是二项式系数。

最后，计算矢量 A 并解等式 $B \cdot a = A$：

SAGE

```
sage：Wmx6 = 3 * x^4 * y^2 + 3 * x^2 * y^4 + y^6
sage：c = [Wmx6(1,y). coeff("y^%s"%str(i)) for i in range(2,7)]
sage：c. reverse()
sage：A = vector(c)
sage：(B^(-1) * A). list()
[4/5, 0, 0, 0, 1/5]
```

上述结论表明 C 的 ζ 函数为 $P(T) = \dfrac{1}{5} + \dfrac{4}{5} T^4$。

Duursma 给出了 $P(T)$ 的几个定义（当然所有等价）。在开始另一个定义之前，需要以下定义和引理。

定义 99 定义 c_j 为

$$
\frac{(xT + (1 - T) y)^n}{(1 - T) (1 - qT)} = \sum_{k=0}^{\infty} c_k (x, y) T^k。
$$

定义 $M_{n,\delta}$ 为

$$M_{n,\delta}(x,y) = x^n + (q-1)c_{n-\delta}(x,y),$$

它称作长度为 n 且距离为 δ 的 MDS 虚拟重量算子。

不难看出

$$\frac{1}{(1-T)(1-qT)} = \sum_{j=0}^{\infty} \frac{q^{j+1}-1}{q-1} T^j,$$

当然有

$$(xT+(1-T)y)^n = \sum_{i=0}^{n} \binom{n}{i} y^{n-i}(x-y)^i T^i,$$

因此

$$c_k(x,y) = \sum_{i+j=k} \frac{q^{j+1}-1}{q-1} \binom{n}{i} y^{n-i}(x-y)^i。 \tag{4.4.2}$$

下面结论的一种形式在 Duursma[D5] 中给出（参见其中式(9)）。

引理 100　假如 F 是一个长度为 n 且最小距离为 d 的虚拟重量算子，那么存在系数 $c \in \mathbf{Q}$ 且 $a_i = a_j(F) \in \mathbf{Q}$ 满足

$$F(x,y) = cx^n + a_0 M_{n,d}(x,y) + a_1 M_{n,d+1}(x,y) + \cdots + a_r M_{n,d+r}(x,y), \tag{4.4.3}$$

其中对于某个 $r, 0 \leqslant r \leqslant n-d$。事实上，$c = 1 - a_0 - \cdots - a_r$。

证明　函数 $M_{n,d+i}(x,y) - x^n$ 生成矢量空间 $V = \{\sum_{i=d}^{n} b_i x^{n-i} y^i \mid b_i \in \mathbf{Q}\}$ 的一个基。

给定等式

$$F(x,y) - x^n = a_0(M_{n,d}(x,y) - x^n) + a_1(M_{n,d+1}(x,y) - x^n) + \cdots + a_r(M_{n,d+r}(x,y) - x^n)。$$

假如 $r = \dim(V) - 1$，那么能得到 $a_0, \cdots, a_r$ 的值。不失一般性，取 $r \geqslant 0$，且尽可能小。那么能得到

$$F(x,y) = (1 - a_0 - \cdots - a_r)x^n + a_0 M_{n,d}(x,y) + a_1 M_{n,d+1}(x,y) + \cdots + a_r M_{n,d+r}(x,y)。$$

例 101　我们用 SAGE[S] 计算的一些例子。

当 $q=2$ 时，

$$M_{10,5}(x,y) = -34y^{10} + 220xy^9 - 585x^2y^8 + 840x^3y^7 - 630x^4y^6 + 252x^5y^5 + x,$$

且当 $q=3$ 时，

$$M_{12,5}(x,y) = -48y^{12} + 1\ 152xy^{11} - 2\ 376x^2y^{10} + 8\ 360x^3y^9 -$$
$$7\ 920x^4y^8 + 9\ 504x^5y^7 - 3\ 696x^6y^6 + 1\ 584x^7y^5 + x^{12}.$$

这些多项式中负系数适用于维数大于 1 的码和长度满足 $n \leqslant q+k-1$ 界的 MDS 码（例如参见［TV］中的 12～13 页）。在第一个例子中，$[10,6,5]_2$ 码必须满足 $10 \leqslant 2+6-1$（所以实际是不存在的），且在第二个例子中，$[12,8,5]_3$ 码必须满足 $12 \leqslant 3+8-1$（所以实际也是不存在的）。

另一方面，当 $q=13$ 时，

$$M_{12,5}(x,y) = 312\ 177\ 312y^{12} + 312\ 178\ 752xy^{11} + 143\ 076\ 384x^2y^{10} +$$
$$39\ 755\ 760x^3y^9 + 7\ 436\ 880x^4y^8 + 1\ 007\ 424x^5y^7 +$$
$$88\ 704x^6y^6 + 9\ 504x^7y^5 + x^{12}.$$

事实上，根据 SAGE 的 ReedSolomonCode 命令，存在一个参数为 $[12,8,5]_{13}$ 的 MDS 码 C：

SAGE

```
sage：C = ReedSolomonCode(12,8,GF(13))
sage：C.spectrum()

[1,
0,
0,
0,
0,
9504,
88704,
1007424,
7436880,
39755760,
143076384,
312178752,
312177312]
```

正如上述计算表明（独立获得），这个 SAGE 过程说明

$$\text{spec}(C) = [1,0,0,0,0,9\ 504,88\ 704,1\ 007\ 424,7\ 436\ 880,39\ 755\ 760,$$
$$143\ 076\ 384,312\ 178\ 752,312\ 177\ 312]$$

用下面 SAGE 代码可计算这些虚拟重量算子：

SAGE

```
sage：R = PolynomialRing(QQ,2,"xy")
sage：x,y = R.gens()
sage：f = lambda q,n,m :\
    (x * T + y * (1 − T))^(n) * sum([T^i for i in range(m)])\
    * sum([(q * T)^i for i in range(m)])
sage：M = lambda q,n,d,m : (f(q,n,m).list())[d] * (q − 1) + x^n
```

只要 m 取值足够大，这个代码将返回 $M_{n,d}$ 的正确值。

例 102　用下面 SAGE 命令能获得 $[2^r − 1, 2^r − r − 1, 3]$－汉明码，$\mathrm{Ham}(r, GF(2))$ 的 Duursma ζ 函数：

SAGE

```
sage：C = HammingCode(3,GF(2))
sage：C.zeta_function()
    (2/5 * T^2 + 2/5 * T + 1/5)/(2 * T^2 − 3 * T + 1)
sage：C = HammingCode(4,GF(2))
sage：C.zeta_function()
    (16/429 * T^6 + 16/143 * T^5 + 80/429 * T^4 + 32/143 * T^3\ +
    30/143 * T^2 + 2/13 * T + 1/13)/(2 * T^2 − 3 * T + 1)
```

换句话说，

$$Z_{\mathrm{Ham}(3, GF(2))}(T) = \frac{\frac{1}{5}(2T^2 + 2T + 1)}{2T^2 − 3T + 1},$$

且

$$Z_{\mathrm{Ham}(4, GF(2))}(T) = \frac{\frac{1}{429}(16T^6 + 48T^5 + 80T^4 + 96T^3 + 90T^2 + 66T + 33)}{2T^2 − 3T + 1}。$$

例 103　用下面不同的 SAGE 命令能计算长度为 8 的二进制双偶线性自对偶最大码的 Duursma ζ 函数：

SAGE

```
sage：MS = MatrixSpace(GF(2),4,8)
sage：G =
    MS([[1,1,1,1,0,0,0,0], [0,0,1,1,1,1,0,0], [0,0,0,0,1,1,1,
1],[1,0,1,0,1,0,1,0]])
sage：C = LinearCode(G)
sage：C
Linear code of length 8, dimension 4 over Finite Field of size 2
sage：C. zeta_function()
    (2/5 * T^2 + 2/5 * T + 1/5)/(2 * T^2 − 3 * T + 1)
sage：C. sd_zeta_polynomial()
    2/5 * T^2 + 2/5 * T + 1/5
sage：C == C. dual_code()
True
```

换句话说，

$$P_C(T) = (2T^2 + 2T + 1)/5。$$

4.4.2 第二种定义

下面是 Duursma ζ 多项式的第二种定义。

定义 104 令 $F = A_C$ 表示 $[n,k,d]_q$ 码 C 的重量算子。用式(4.4.3)系数 $a_j = a_j(F)$ 定义

$$P(T) = P_C(T) = a_0 + a_1 T + \cdots + a_r T^r，$$

此 $P(T)$ 为 C 的 Duursma ζ 多项式。

一般来说，假如 F 为虚拟重量算子且系数如式(4.4.3)中的 $a_j = a_j(F)$，则可定义 $P(T) = P_F(T) = a_0 + a_1 T + \cdots + a_r T^r$。

注意通过比较式(4.4.3)两边的 x^n 系数，看到 $a_0 + \cdots + a_r = 1$ 等价为 $P(1) = 1$。

例 105 假如 C 为 $GF(q)$ 域上一个长度为 n 且最小距离为 d 的 MDS 码，那么 $A_C = M_{n,d}$（它的证明为 Duursma[D2] 第 2 部分中讨论的一部分），能推出式(4.4.3)中 $c = 0, a_0 = 1$，所以[1] $P(t) = 1$。

---

[1] 也可参见[D5]中的 Duursma 命题 1 和[Ch3]中的 Chinen 定理。

评论 9　注意当 F 是实际码 C 的重量算子(所以 $F=A_C$)或当 F 是虚拟自对偶重量算子(所以 $\gamma=n/2-d+1$,其中 n 和 d 正如定义 88 所述)或当 F 是虚拟 MDS 码(所以 $k=n+1-d$)时,$[n,k,d]$ 作为虚拟重量算子参数是有意义的。

引理 106　定义 94 的 Duursma ζ 函数与定义 104 的 Duursma ζ 函数是一样的。

证明　根据定义 99,假如用 $F=M_{n,d+j}$ 代替 $F=A_C$,那么 $F=A_C$ 对应的定义 94 的 ζ 多项式 T^r 满足

$$\frac{(xT+(1-T)y)^n}{(1-T)(1-qT)}T^j=\cdots+\frac{M_{n,d+j}(x,y)-x^n}{q-1}T^{n-d}+\cdots$$

对于 $j\in\{0,\cdots,r\}$ 情况,等式两边乘以 a_j 且求和能获得定义 104。因此,$P(T)$ 满足定义 94,也满足定义 104。

4.4.3　第三种定义

开始给出 Duursma[D1] 第 7 部分中的第三种定义之前,先引入一些符号。

令 C 为 $[n,k,d]_q$ 码,令 $S\subset\{1,2,\cdots,n\}$ 是一个子集,令 C_S 表示 C 的子码,且其码字为包含在 S 中的支集,令 $k_S=k_S(C)$ 表示 C_S 的维数。

引理 107　维数 k_S 满足

$$k_S=\begin{cases}0, & 0\leqslant|S|<d\\k-(n-|S|), & n-d^\perp<|S|\leqslant n\end{cases}$$

当 $d\leqslant|S|\leqslant n-d^\perp$ 时,k_S 以较为隐蔽的方式依赖 S 和 C。

证明　根据最小距离 d 定义,假如 $0\leqslant|S|<d$,那么 $k_S=0$。假如 C 为 $[n,k,d]$,那么对偶码 $C^\perp$ 为 $[n,n-k,d^\perp]$,所以 $n-k+d^\perp\leqslant n+1$ 或者 $d^\perp\leqslant k+1$。假如 $S^c=\{j\,|\,1\leqslant j\leqslant n,j\notin S\}$,那么 C_S 同构于 S^c 上的缩短码。[HP1] 中定理 1.5.7 给出缩短码维数。尤其假如 $|S^c|<d^\perp$,那么正如期望的,得到 $k_S=n-|S^c|-(n-k)=k-|S^c|$。

C 的二项矩是整数 $B_0^1,B_1^1,B_2^1,\cdots$,定义为

$$B_i^1=B_i^1(C)=\sum_{\substack{S\\|S|=i}}\frac{q^{k_S}-1}{q-1}\circ$$

引理 108　二项矩满足

$$B_i^1=\begin{cases}0, & 0\leqslant i<d\\\dbinom{n}{i}\dfrac{q^{i+k-n}-1}{q-1}, & n-d^\perp<i\leqslant n\end{cases}$$

证明 它是上述引理的简单推论。

数

$$b_i = b_i(C) = B^1_{d+i} / \binom{n}{d+i} \qquad (4.4.4)$$

称作 C 的归一化二项矩($0 \leqslant i \leqslant n-d$)。把这个定义扩展到所有的 $i \in \mathbf{Z}$ 的情况,有

$$b_i = b_i(C) = \begin{cases} 0, & i < 0 \\ \dfrac{q^{i+d+k-n}-1}{q-1}, & n-d^\perp - d < i \,{}^\circ \end{cases}$$

最后,能给出 Duursma 的第三种定义。

定义 109 定义 C 的 ζ 函数为码的归一化二项矩的生成函数:

$$Z(T) = \sum_{i=0}^{\infty} b_i T^i \,{}^\circ$$

它是一个有理函数(参见 Duursma[D1],第 7 部分),

$$Z(T) = \frac{P(T)}{(1-T)(1-qT)},$$

其中

$$P(T) = a_0 + a_1 T + \cdots + a_{n+2-d-d^\perp} T^{n+2-d-d^\perp}$$

是 ζ 函数,且

$$a_i = b_i - (q+1)b_{i-1} + qb_{i-2} \,{}^\circ \qquad (4.4.5)$$

引理 110 定义 109 的 Duursma ζ 函数与定义 94 的 Duursma ζ 函数是一样的。

证明 假如

$$B^1(x,y) = \sum_{j=0}^{n} B^1_j x^{n-j} y^j,$$

且 $A_c(x,y) = x^n + (q-1)A'(x,y)$,那么已知[1] $B^1(x,y) = A^1(x+y,y)$。因此 $\dfrac{A_C(x,y)-x^n}{q-1} = B^1(x-y,y)$ 且

$$(zT+y)^n Z(T) = \cdots + B^1(z,y) T^{n-d} + \cdots$$

(其中 $z = x-y$)是定义 94 得到 C 的 Duursma ζ 多项式。比较两边 $z^l T^{n-d}$ 的系数。右边是 B^1_{n-l},而在另一边是 $\binom{n}{l} b_{n-d-l}$。必须检验一下它们是否相

---

① 第 9 部分中证明。更紧密相关的结论参见[TV] 中定理 1.1.26 和练习 1.1.27。

等。然而,它是归一化二项矩公式,所以根据定义相等。

作为一个推论,发现假如重量算子 A_C 已知,那么

$$B^1(x,y) = \frac{A_C(x+y,y) - (x+y)^n}{q-1} = \sum_{j=0}^{n} B_j^1 x^{n-j} y^j$$

是容易计算的,且由式(4.4.4)和式(4.4.5)给出 ζ 多项式系数也是容易计算的。(事实上,它可以通过 SAGE 命令 zeta_polynomial 来计算得到。)

SAGE

```
sage：C = HammingCode(3,GF(2))
sage：C. zeta_polynomial()
    2/5 * T^2 + 2/5 * T + 1/5
sage：C = best_known_linear_code(6,3,GF(2))
sage：C. minimum_distance()
    3
sage：C. zeta_polynomial()
    2/5 * T^2 + 2/5 * T + 1/5
```

4.4.4　曲线间类比

令 X 是有限域 $GF(q)$ 上的亏格[①] g 的平滑投影曲线。设 X 由泛函方程 $F(x,y)=0$ 定义,其中 F 为 $GF(q)$ 域上系数的多项式。令 N_k 表示 $GF(q^k)$ 域解数量且产生的生成函数为

$$G(t) = N_1 t + N_2 t^2/2 + N_3 t^3/3 + \cdots 。$$

定义幂级数形式 X 的 ζ 函数为

$$\zeta(t) = \zeta_X(t) = \exp(G(t)), \tag{4.4.6}$$

所以 $Z(0)=1$。尤其是 $\zeta(t)$ 的对数导数系数为整数。已知[②]

$$\zeta_X(t) = \frac{p(t)}{(1-t)(1-qt)},$$

其中 $p = p_X$ 是维数为 $2g$ 的多项式,g 是 X 的亏格。它的"泛函方程"形式为

---

① 这些术语这里没有准确定义。更严格定义请参见 Tsafsman 和 Vladut[TV]第 2.3.2 部分或 Schmidt[Sc]。

② 它首先由 Dwork 用 $p-$adic 方法证明([Dw])。

$$p(t) = q^g t^{2g} p\left(\frac{1}{qt}\right),$$

ζ_X 的对数导数是自然数序列 $\{N_1, N_2, \cdots\}$ 的生成函数。有限域上曲线 (curve) 的黎曼假设表明 P 根的绝对值为 $q^{-1/2}$。众所周知，黎曼假设适用于 ζ_X。（所以曲线 ζ 函数根的绝对值都为 $1/\sqrt{q}$；它是 20 世纪 40 年代 André Weil 的一个定理。）因此，通过合适的变量替换（用 $t/\sqrt{q}$ 替换 t），看到有限域上曲线产生一大类根在单位圆上的多项式。Kedlaya 的文章讨论了发现这样多项式的方法且多项式系数满足某些算数条件。

这些根能当作矢量空间线性变换[1]的特征值。事实上，存在一个酉辛 $2g \times 2g$ 的矩阵 $\Theta = \Theta_X$ 满足[2]

$$p(t) = \det(I - tq^{1/2}\Theta)。$$

当 C 是亏格 g 的自对偶 AG 码（为一个码）时（对应于有限域上的亏格 g 的平滑投影曲线 X，X 的因子 D 和 X 中除了 D 外组成了点集 $\{P_i\}$ 不相交；例如，可参见[TV，TVN]），Duursma 多项式 $P = P_C$ 正如 $p = p_X$ 一样"经常"有同样维数且满足同样泛函方程。人们能看到根据[TVN]中定理 4.1.28，上述码很容易构造，所以这样的情况太常见。因而，产生了下面的问题。

未解决问题 19 令 C 为 $GF(q)$ 域上形式自对偶码。存在一个曲线 $X/GF(q)$ 满足曲线 ζ_X 的 ζ 函数等于（如果需要，有一个常数因子）码字的 ζ 函数 Z_C 吗？

由于黎曼假设适用于 ζ_X，未解决问题 19 的必要条件是码 Duursma ζ 函数必须满足黎曼假设。通常，自对偶码 Duursma ζ 函数不满足黎曼假设，但是参见[D6]中的例 9.7 中有满足这个条件的两个码（自对偶码）。下面是通过 SAGE 计算验证这个过程[3]：

---

① 事实上，尽管这里忽略细节，但是可根据"Frobenius 算子"作用于上同调空间的特征函数来解释 $p(t)$。

② 关于 Θ 特征值"统计"的有趣分析参见 Failfman 和 Rundick[FR]，其中 χ 是"超椭圆的"。

③ 曲线 ζ 函数分子的倒数是雅可比的 Frobenius 自同构的特征多项式，即 Frobenius 多项式。

SAGE

```
sage：K = GF(2)
sage：E = EllipticCurve(K,[0,1,1,-2,0]); E
Elliptic Curve defined by y^2 + y = x^3 + x^2 over Finite Field
    of size 2
sage：E. trace_of_frobenius()
    -2
sage：E. frobenius_polynomial()
    x^2 + 2 * x + 2
```

评论 10 然而,除了特殊情况,存在对这些 ζ 函数满足条件产生疑问的其他原因。例如,在[TVN] 第 3.1.1 部分中(尤其是推论 3.1.13),人们看到 $p(1)/p(0) = q/h$,其中 h 是 X 的所谓分类数(它是关于 X 的雅可比 $GF(q)$ - 有理数点的数量,[TVN] 中第 135 页)。另一方面,上述推论 97 给出 $P(0)/P(1)$。$q/h = (q-1)^{-1} \binom{n}{d}^{-1} A_d$ 是可能的。但是假如是真的,那么它是极不直观的。

Alain Coners 和其他一些学者已经开始研究黎曼 ζ 函数零点自然的谱解释。换句话说,人们想要构造希尔伯特空间的自伴算子,算子谱是黎曼 ζ 函数的非平凡零点集。基于曲线 X 的黎曼 ζ 函数和 Hasse-weil ζ 函数间的类比关系,自伴算子和某个上同调空间的 Frobenious 算子也有类比关系。下一个未解决问题要问的是 Duursma ζ 函数是否也存在这样的一个类比关系呢?

未解决问题 20 令 C 是 $GF(q)$ 域上自对偶码。什么时候存在一个"自然"有理数向量空间中的线性算子能用于按照 ϕ 的特征函数来解释 ζ 多项式 $P = P_C$ 呢?

曲线 $X/GF(q)$ 的 Hasse-Weil ζ 函数对数导数的系数是整数 —— 它们计算出了 $GF(q)$ 某个扩域上的 X 点数量。存在一个 Duursma ζ 函数的类比关系吗?

未解决问题 21 令 C 是 $GF(q)$ 域上自对偶码。是否存在 Z_C 的对数导数系数的"自然"解释呢?$Z_C(T)$ 的对数导数有整数系数吗?

存在一个 P_C 系数的"自然"解释 —— 见上述的 4.4.3 部分的解释。

4.5　属　性

下面研究这些 ζ 函数的一些最引人注目的被猜测且已经得到证明的属性。

4.5.1　泛函方程

假如 $\gamma = \gamma(C)$ 是 C 的亏格且假如
$$z_C(T) = Z_C(T) T^{1-\gamma},$$
那么[D1]中的泛函方程可以写成
$$z_{C^\perp}(T) = z_C(1/qT)。$$
假如令
$$\zeta_C(s) = Z_C(q^{-s}),$$
且
$$\xi_C(s) = z_C(q^{-s}),$$
那么 ζ_C 和 ξ_C 有同样的零点,但是由于按照上述关系表示的泛函方程为[①]
$$\xi_{C^\perp}(s) = \xi_C(1-s),$$
因此,ξ_C "更对称"。

假如妄用术语,称 Z_C 和 ζ_C 为 C 的 Duursma ζ 函数。

虚拟自对偶重量算子这个类比关系为:令 F 表示一个维数为 n、最小距离为 d 的虚拟自对偶重量算子,因此 $\gamma = n+1-k-d = n/2+1-d$ 是亏格。

事实上,由于 Duursma ζ 函数仅通过 C 的重量算子 $A_C(x,y)$ 与 C 建立联系,因此对于任意虚拟重量算子 $F(x,y)$,存在对应的 ζ 函数 $Z = Z_F$ 和 ζ 多项式 $P = P_F$。假如我们根据 $F^\perp = F \circ \sigma$ 定义 $F^\perp$,其中
$$\sigma = \frac{1}{\sqrt{q}} \begin{pmatrix} 1 & q-1 \\ 1 & -1 \end{pmatrix},$$
那么存在关于 Z 和 $Z^\perp = Z_{F^\perp}$ 的泛函方程(因此也与 P 和 $P^\perp = P_{F^\perp}$ 相关)。注意即使 F 不依赖于 q,$F^\perp$ 也依赖于 q(因此 $Z^\perp$ 也依赖于 q)。

命题 111　对于任意满足下式的虚拟重量算子 F:

---

① 这个符号由用于经典黎曼 ζ 函数对应函数的相似符号产生。参见任意一本有关黎曼 ζ 函数的书或 *http://en.wifipedia.org/wiki/Riemann_zeta_function*。

$$F(x,y) = a_0 M_{n,d}(x,y) + a_1 M_{n,d+1}(x,y) + \cdots + a_r M_{n,d+r}(x,y)$$

且任意 q, ζ 函数 $Z = Z_F$ 满足泛函方程为

$$Z^{\perp}(T) T^{1-g^{\perp}} = Z\left(\frac{1}{qT}\right)\left(\frac{1}{qT}\right)^{1-g}。 \tag{4.5.1}$$

类似地，ζ 多项式 $P = P_F$ 满足泛函方程为

$$P^{\perp}(T) = P\left(\frac{1}{qT}\right) q^g T^{g+g^{\perp}}, \tag{4.5.2}$$

其中 $g = n/2 + 1 - d$ 且 $g^{\perp} = n/2 + 1 - d^{\perp}$。

评论 11　（1）注意假如 $F = A_C$ 是一个实际重量算子，那么 $P^{\perp}$ 和 P 是 $n + 2 - d - d^{\perp} = g + g^{\perp}$ 阶多项式且 g 为亏格。（2）它的证明基本上与[D6]中推论 9.2 证明一致。这里的假设条件更一般。

证明　它是定义 104 和 Mac Williams 等式的结论。

根据假设，式 (4.4.3) 的系数 $a_j = a_j(F)$ 满足 $a_0 + \cdots + a_r = 1$。因此 $F^{\perp} = F \circ \sigma$ 满足

$$F^{\perp} = a_0 M_{n,d} \circ \sigma + a_1 M_{n,d+1} \circ \sigma + \cdots + a_r M_{n,d+r} \circ \sigma。 \tag{4.5.3}$$

回顾一下，参数为 $[n,k,\delta]$MDS 码对偶码是参数为 $[n,k^{\perp},\delta^{\perp}]$MDS 码。根据上述回顾和 Mac William 等式，得到 $M_{n,\delta \circ \sigma} = q^{n/2+1-\delta} M_{n,\delta^{\perp}} = q^{k-n/2} M_{n,\delta^{\perp}}$，其中 $k^{\perp} + \delta^{\perp} = n + 1$ 且 $k = n - \delta + 1$ 是长度为 n 且最小距离是 δ 的（虚拟）MDS 码的维度（关于它的证明，可参见 Duursma[D5] 中的附录 A）。因此，$M_{n,\delta \circ \sigma} = q^{n/2+1-\delta} M_{n,n-\delta+2}$，且能得到

$$
\begin{aligned}
F^{\perp} &= \sum_{d \leqslant \delta < d+r} a_{\delta-d} q^{n/2+1-\delta} M_{n,n-\delta+2} \\
&= \sum_{n-d-r+2 \leqslant \delta' \leqslant n-d+2} a_{n-\delta'+2-d} q^{\delta'-1-n/2} M_{n,\delta'} \\
&= \sum_{0 \leqslant \delta'' \leqslant r} a_{r-\delta''} q^{n/2-d-r+1+\delta''} M_{n,n-d-r+2+\delta''}。
\end{aligned}
$$

它表明

$$
\begin{aligned}
P^{\perp}(T) &= a_0^{\perp} + a_1^{\perp} T + \cdots + a_r^{\perp} T^r \\
&= a_r q^{n/2-r-d+1} + a_{r-1} q^{n/2-r-d+T} + \cdots + a_0 q^{n/2-d+1} T^r \\
&= a_r q^{n/2-r-d+1} + a_{r-1} q^{n/2-r-d+1}(Tq) + \cdots + a_0 q^{n/2-r-d+1}(Tq)^r \\
&= q^{n/2-r-d+1}(a_r + a_{r-1}(Tq) + \cdots + a_0 (Tq)^r) \\
&= q^{n/2-r-d+1}(Tq)^r(a_0 + a_1(Tq)^{-1} + \cdots + a_r(Tq)^{-r}) \\
&= q^{n/2-d+1} T^r P(1/qT)。
\end{aligned}
$$

4.5.2　删余保留了 P

设 C 是 $GF(q)$ 域上一个 $[n,k,d]$ 码且 i 是满足 $1 \leqslant i \leqslant n$ 的任意整数。

坐标 i 的删余码 $P_i(C)$ 是通过 C 投影到余下的坐标而获得的长度为 $n-1$ 的码。坐标 i 的缩短(shortened)码 $S_i(C)$ 是通过子码 $\{c=(c_1,\cdots,c_n)\in C \mid c_i=0\}$ 投影到余下的坐标而得到的长度为 $n-1$ 的码。

引理 112　假如 C 是长度为 n 的线性码且 i 是一个整数,$1\leqslant i\leqslant n$,那么

$$P_i(C)^{\perp}=S_i(C^{\perp})\text{。}$$

校验位扩张码 $\hat{C}$ 是某个给定矢量 $a\in GF(q)^n$ 的长度为 $n+1$ 的码,形式如下:

$$\{(c_1,\cdots,c_n,c_{n+1})\in GF(q)^{n+1}\mid (c_1,\cdots,c_n)\in C,c_{n+1}=c\cdot a\}\text{。}$$

在这一部分快要结束前,回顾一下假如用(a)C 的平均删余码 $P(C)$,(b)C 的平均缩短码 $S(C)$,或者(c)C 的校验位扩张码 $\hat{C}$ 代替 C,则 C 的 ζ 多项式保持不变。

定理 113　(Duursma[D5])假如 C 是长度为 n 的线性码,如果

$$F_{P(C)}(x,y)=\frac{1}{n}\sum_{i=1}^{n}A_{P_i(C)}(x,y)$$

表示平均删余(punctured)重量算子,且如果

$$F_{S(C)}(x,y)=\frac{1}{n}\sum_{i=1}^{n}A_{S_i(C)}(x,y)$$

表示平均缩短重量算子,那么

$$P_C(T)=P_{F_{P(C)}}(T)=P_{F_{S(C)}}(T)\text{。}$$

证明可参见 Duursma[D5] 的第 5 部分。

4.5.3　黎曼假设

已知 $Z(T)$ 的零点对于理解最小距离的可能值非常有用。令 C 是一个不是 MDS 的码。假如 $\rho_1,\rho_2,\cdots,\rho_r$ 表示线性码 C 的 Duursma ζ 多项式 $P(T)$ 按重数计数的零点,那么

$$\frac{P'(T)}{P(T)}=\sum_i\frac{1}{T-\rho_i}\text{。}$$

命题 114　(Duursma)假如 $[A_0,\cdots,A_n]$ 表示 C 的谱,那么

$$d=q-\sum_i\rho_i^{-1}-\frac{A_{d+1}}{A_d}\frac{d+1}{n-d}\text{。}$$

尤其是,

$$d\leqslant q-\sum_i\rho_i^{-1}\text{。}$$

证明使用了这样的假设:C 是一个实际线性码,不是虚拟码,且满足 $P(T) \neq 1$。

证明　论述第一部分可参见推论 97。第二部分是第一部分的当 $\dfrac{A_{d+1}}{A_d} \geqslant 0$ 情况下的结论。

尤其是,假如 C 是 $b \geqslant 2$ 的任意 b 可分割码,那么

$$d = q - \sum_i \rho_i^{-1}。$$

假如 F 是虚拟自对偶重量算子,那么 ζ 函数 $\zeta_F(s)$(或 $\xi_F(s)$)的零点成对出现在"临界线"$\mathrm{Re}(s) = \dfrac{1}{2}$ 的周围。

定义 115　假如 ζ 函数所有零点出现在"临界线"上,称 ζ 函数 ζ_F(或妄用术语,称虚拟自对偶重量算子 F)满足黎曼假设。

下面的结论不是最好的,但是能够解释这样的想法:q"足够大"时,黎曼假设"经常"是错的。

推论 116　令 C 是 $GF(q)$ 域上的 $[n,k,d]$ 码,满足 $A_{d+1} = 0$,$q > n^2$,$2 \leqslant d$ 且 $d + d^\perp < n + 2$。假如 $n > 3$,那么 Duursma ζ 多项式不是常量且不满足黎曼假设。

它是命题 114 的显然结论[1],证明留给读者。这个推论的假设可能不是最好的。重点是应该不难构造违背黎曼假设的码。

例 117　根据例 105,明显 Duursma ζ 函数可能没有零点(即可能为常量)。事实上,对于所有的 MDS 码,它都是对的,还包括一些形式自对偶码[2]。

评论 12　正如命题 111 中所示,令 F 表示虚拟自对偶重量算子,且令 $r(T) = z_F(T/\sqrt{q})$。泛函方程表明 $r(T)$ 是一个自反函数:$r(1/T) = r(T)$。黎曼假设表明 $r(T)$ 的所有 2γ 个零点都在"临界线"$|T| = 1$ 上。假如 $r_0(\theta) = r(\mathrm{e}^{\mathrm{i}\theta})$,那么泛函方程和 r 存在有理数系数表明

$$r_0(\theta) = r_0(-\theta) = \overline{r_0(\theta)}。$$

---

① 假定黎曼假设是对的且 $q > n^2$。那么表明假设与平凡估计 $q - d \leqslant \left| \sum_i \rho_i^{-1} \right| \leqslant r\sqrt{q} = (n+2-d-d^\perp)\sqrt{q}$ 矛盾。

② 形式自对偶 MDS 存在——参见[JKT]中例 12,它给出了一个 $GF(7)$ 的非常大的扩域上的形式自对偶 $[42,21,22]$ 码。(事实上,这个的甚至存在 A5 作为它的置换自同构群)甚至更好,在 Kim 和 Lee[KL]中,构造了一个参数为 $[10,5,6]_{41}$ 的自对偶 MDS 码。

换句话说，$r_0(\theta)$ 是实数。

实际上因为确切知道所有虚拟自对偶极值重量算子的 Duursma ζ 函数（根据 Duursma[D3]），因此下面未解决问题比所有未解决问题更能引起好奇心。

未解决问题 22　（Duursma）所有虚拟（自对偶）极值重量算子 F 的 ζ 函数 $Z = Z_F$ 满足黎曼假设。

它是虚拟自对偶重量算子(virtually self-dual weight enumerator) 的黎曼假设。

引理 118　令 F 表示上述亏格 γ 的虚拟自对偶重量算子，且令 $P = P_F$ 表示对应的 ζ 函数。已知 $P(T^2/q) = T^{2\gamma} f(T + T^{-1})$，其中 $f \in \mathbf{R}[x]$ 是维数为 2γ 的多项式，其系数是实数。

证明　参见 Duursma[D3] 的定理 7 和引理 10。

4.6　自反多项式

根据 Duursma ζ 多项式的泛函方程，能简化自对偶码（一般地说，虚拟自对偶重量算子）的黎曼假设有效为对应多项式所有零点是否都在单位圆上问题。这部分包含一些自反多项式零点在单位圆上的基本结论。

4.6.1　根的"平滑性"

多项式零点的一个自然而然的问题是如何使零点随着多项式的系数函数"平滑"变化呢？

为了回答这个问题，设多项式 p 的系数 a_i 是实数参数 t 的函数。略为妄用符号，把两个变量的函数($t \in \mathbf{R}, z \in \mathbf{C}$) 看成 $p(z) = p(t, z)$。令 $r = r(t)$ 表示这个多项式的一个根，该多项式是 t 的函数，如下所示

$$p(t, r(t)) = 0。$$

用二维链式法则可得

$$0 = \frac{\mathrm{d}}{\mathrm{d}t} p(t, r(t)) = p_t(t, r(t)) + r'(t) \cdot p_z(t, r(t))，$$

因此，$r'(t) = -p_t(t, r(t)) / p_z(t, r(t))$。由于 $p_z(t, r(t)) = p'(r)$，因此这个 $r'(t)$ 的表达式分母为 0 的充要条件是，r 是 p 的一个二重根（即 2 重或多重根）。

为了回答上述问题，下面证明"根的平滑性"的一些结论。

引理 119　假如 t 限定为 $p(t, z)$ 没有二重根的区间，那么 $r = r(t)$ 作为

t 的函数是平滑的（即连续可积）。

设根 r 的距离函数为

$$d(t) = |r(t)|。$$

另一个自然而然的问题是：一个根的距离函数作为多项式 p 的系数函数是如何平滑的？

增加一个附加条件得到与引理 119 类似的引理。

引理 120　假如 t 限定为 $p(t,z)$ 没有二重根的区间且 $r(t) \neq 0$，那么 $d(t) = |r(t)|$ 作为 t 的函数是平滑的（即连续可积）。

证明　本质上它是上述引理和链式法则的一个直接推论，即

$$\frac{\mathrm{d}}{\mathrm{d}t}|r(t)| = r'(t) \cdot \left(\frac{\mathrm{d}|x|}{\mathrm{d}x}\Big|_{x=r(t)}\right)。$$

4.6.2　Eneström－Kakeya 定理的变化

下述定理分别被 Eneström(19 世纪末) 和 Kakeya(20 世纪初) 发现。

定理 121　(Eneström－Kakeya, 版本 1) 令 $f(T) = a_0 + a_1 T + \cdots + a_k T^k$ 满足 $a_0 > a_1 > \cdots > a_k > 0$。那么 $f(T)$ 在 $|T| \leqslant 1$ 内没有根。

评论 13　用它的逆替代该多项式，得到 Eneström－Kakeya 定理的"版本 2"：令 $f(z) = a_0 + a_1 z + \cdots + a_k z^k$ 满足 $0 < a_0 < a_1 < \cdots < a_k$。那么 $f(z)$ 在 $|z| \geqslant 1$ 范围内没有根。

在 Anderson, Saff 和 Varga 的文献[ASV] 中能发现关于这个结论的"锐度"的有趣讨论（即什么程度下逆定理成立）。

下面描述一下 Chinen 引理，它被 W. Chen 独自发现[1]，下一小节简述它的证明（也可参见[Ch3]）。

推论 122　(Chen－Chinen) 给定 $f(T)$ 是一个"递减对称形式"的 m 阶多项式，

$$f(T) = a_0 + a_1 T + \cdots + a_k T^k + a_k T^{m-k} + a_{k-1} T^{m-k+1} + \cdots + a_0 T^m$$

其中 $a_0 > a_1 > \cdots > a_k > 0$，那么假如 $m \geqslant k$，则 $f(T)$ 所有根位于单位圆 $|T| = 1$ 上。

4.6.3　文献回顾

根据　Ancochea([An]), Saf 和 Varga([ASV]), Bonsall 和

----

[1]　事实上，Chen 发现一个稍微增强的结论 —— 对于特殊的情况，参见定理 134。

Mardon([BoM]),Chen([Chen]),Chinen([Ch3]),DiPippo 和 Howe([DH]),Fell([Fe]),Kedlaya([Ked]),S. — L. Kim([K]),Kim 和 Park([KiP]),Konvalina 和 Matache([KM]) 的文章和 Lakatos 和 Lonsonczi([L1,L2,LL1,LL2]),Petersen 和 Sinclair([PS]) 及 Schiznel([Scl]) 的一些著作,我们回顾自反多项式在单位圆上有根的一些结论。

也存在一个与 Littlewood 多项式紧密相关的研究文章(事实上,文章列表中可能也存在许多 Littlewood 多项式的文章),例如 Drungilas[Dr] 或 Mercer[M]。这些文章和二进制序列自相关有关的"Littlewood 问题"的研究相关。然而,Littlewood 多项式与(合理归一化)Duursma ζ 多项式有很大的不同,因此我们不必进一步参考 Duursma ζ 多项式的那些结论。

例如,DiPippo 和 Howe[DH] 中引理 2.1.1 提供了一种环 $\mathbf{R}[x]$ 上的偶数阶多项式分类方法,这些多项式的所有根都在单位圆上。下面紧跟着一些基本概念来讨论上面那个结论。

多项式 p 的形式为

$$p(z) = \sum_{j=0}^{m} a_j z^j ,$$

称作 m 阶自反多项式,其中 $m \geqslant 1, a_m \neq 0, a_0, \cdots, a_m \in \mathbf{C}$ 且 $a_j = a_{m-j} \ (0 \leqslant j \leqslant m/2)$。$p$ 的反(Reciprocal) 或互反多项式(Reverse polynomial) 为

$$p^*(z) = z^{\deg(p)} \cdot p(1/z) , \qquad (4.6.1)$$

其中 p 是 $\deg(p)$ 阶多项式。用 $\mathbf{R}[z]_m$ 表示阶数 $\leqslant m$ 的实系数多项式。

$$\mathbf{R}[z]_m = \{ p \in \mathbf{R}[z] \mid \deg(p) \leqslant m \} 。 \qquad (4.6.2)$$

用 R_m 表示阶数 $\leqslant m$ 的实系数自反多项式。

$$R_m = \{ p \in \mathbf{R}[z]_m \mid p = p^* \} 。$$

假如 p 是 $2n$ 阶自反多项式,那么

$$p(z) = \sum_{j=0}^{2n} a_j z^j = z^n [a_{2n}(z^n + z^{-n}) + \cdots + a_{n+1}(z + z^{-1}) + a_n] 。$$

它表明假如 β 是 p 的一个零点,那么 $1/\beta$ 也是 p 的一个零点。

Lakatos[L2] 中证明了下面论述。

引理 123 对于每个阶数为 $2n$ 的 $p \in R_{2n}$ 且 $a_{2n} \neq 0$,存在 n 个实数 $\alpha_1, \cdots, \alpha_n$ 满足

$$p(z) = a_{2n} \prod_{k=0}^{n} (z^2 - \alpha_k z + 1) 。 \qquad (4.6.3)$$

阶数为 $2n$ 的多项式子集[①]的切比雪夫变换 $T{:}R_{2n} \to \mathbf{R}[z]_n$ 定义为

$$T_p(x) = a_{2n} \prod_{k=0}^{n} (x - \alpha_k) ,$$

其中 $x = z + z^{-1}$ 且 p 和 α_i 如式(4.6.3)给出。

在 Lakatos[L2] 中证明了下面论述。

引理 124　切比雪夫变换 $T{:}R_{2n} \to \mathbf{R}[z]_n$ 是一个矢量空间同构。

对于任意 $X_i \in \mathbf{C}(1 \leqslant i \leqslant n)$,令

$$e_0(X_1,X_2,\cdots,X_n) = 1$$
$$e_1(X_1,X_2,\cdots,X_n) = \sum_{1 \leqslant j \leqslant n} X_j$$
$$e_2(X_1,X_2,\cdots,X_n) = \sum_{1 \leqslant j < k \leqslant n} X_j X_k$$
$$e_3(X_1,X_2,\cdots,X_n) = \sum_{1 \leqslant j < k < l \leqslant n} X_j X_k X_l$$
$$\vdots$$
$$e_n(X_1,X_2,\cdots,X_n) = X_1 X_2 \cdots X_n$$

Losonczi[Los] 中证明了下述结论。

引理 125　对于所有 $n \geqslant 1$ 且 $\alpha_i \in \mathbf{C}$,满足

$$\prod_{k=0}^{n} (z^2 - \alpha_k z + 1) = \sum_{k=1}^{2n} c_{2n,k} z^k ,$$

其中 $0 \leqslant k \leqslant n, c_{2n,k} = c_{2n,2n-k}$ 且

$$c_{2n,k} = (-1)^k \sum_{l=1}^{\lfloor k/2 \rfloor} \binom{n-k+2l}{l} e_{k-2l}(\alpha_1,\cdots,\alpha_n) 。$$

DiPippo 和 Howe[DH](Losonczi[Los] 也马上发现)证明了下面论述。

引理 126　在 $[-2,2]$ 区间内,只要存在 n 个实数 $\alpha_1,\cdots,\alpha_n$ 满足式 (4.6.3),那么多项式 $p \in R_{2n}$ 的所有零点都在单位圆上。

评论 14　假如 $p(z) \in R_n$ 是自反首一多项式,它的所有系数都在单位圆上,那么 p 由 $n-1$ 个系数决定。这些系数的拓扑和体积可以当作 $\mathbf{R}^{n-1}$ 的子集,最近才由 Petersen 和 Sinclair[PS] 确定。

下面是所有根都位于单位圆上的自反多项式的一个不同特征,由 A. Cohn 发现。

---

① 为了简化,在这个定义中,我们假定 $a_{2n} \neq 0$;T 的广义定义参见[L2]。

定理 127 （Schur－Cohn）令 $p(z)$ 是 n 阶自反多项式。设 $p(z)$ 恰好有 r 个零点在单位圆上（根据重数计数）且正好有 s 个临界点在封闭的单位圆盘上（根据重数计数）。那么 $r = 2(s+1) - n$。

根据文献 Chen[Chen]，Cohn 在 1922 年出版的上述结论与 Schur 在 1918 年出版的结论紧密相关[①]。下面的迷人结论是它的一个直接推论。

推论 128 只要自反多项式导数的零点都位于单位圆内或单位圆上，那么其所有零点位于单位圆上。

也可参见 Bonall 和 Marsden[BoM] 和 Ancochea[An]（其中他们证明了与上述定理紧密相关的 Cohn 结论）。

在这些论文中存在各种各样的结论，大略地可以描述如下：假如 $p(z) \in R_{2n}$"近似"是 $1 + z + \cdots + z^{2n}$ 的一个非零常量的倍数，那么 p 的所有零点都在单位圆上。下面是 Lakatos[L1] 给出的按照这样论述的例子。

定理 129 （Lakatos）假如多项式 $p \in R_{2n}$

$$p(z) = l(z^{2n} + z^{2n-1} + \cdots + z + 1) + \sum_{k=1}^{n} \alpha_k (z^{2n-k} + z^k)$$

系数满足下面的条件：

$$|l| \geqslant 2 \sum_{k=1}^{n} |a_k|.$$

那么其所有根都在单位圆上。

对于奇数阶情况得到相似的结论（见[LL2]）。

也可以根据 Lakatos 得到下面相似结构的论述。

定理 130 （Lakatos）假如多项式 $p \in R_m$

$$p(z) = \sum_{j=0}^{m} a_j z^j$$

系数满足下面的条件：

$$|a_m| \geqslant \sum_{j=0}^{m} |a_j - a_m|.$$

那么其所有根都在单位圆上。

评论 15 （1）在 2005 年 Schiznel 推广了这个结论（[Sc1]）（用更广义的线性组合替代 $|a_j - a_m|$ 项）。（2）当然，假如 $p(z)$ 非常接近多项式 $1 + z + \cdots + z^m$，那么差值 $a_j - a_m$ 非常小且显而易见满足假设。尤其是，它表明非常接近 $1 + z + \cdots + z^m$ 多项式的自反多项式零点都在单位圆上。

---

① 事实上，在 Marden[Ma] 中都有用到。

例 131　例如,根据 SAGE, $f(z) = 1 + z + z^3 + z^4$ 和 $f(z) = 1 + z + z^2 + z^4 + z^5 + z^6$ 的根都在单位圆上,但是 $f(z) = 1 + z + 2z^2 + 2z^4 + z^5 + z^6$ 只有一些根(6 个中有 2 个)在单位圆上。

下面是一个简单例子的细节,它试图给出上述两个定理不寻常结论的某些直观理解。

例 132　给定多项式

$$f_t(z) = 1 + (1 + t) \cdot z + z^2,$$

其中 $t \in \mathbf{R}$ 是一个参数。令 $R(t)$ 表示 f_t 的根集合,所以

$$R(t) = \left\{ \frac{-1 - t \pm \sqrt{(1+t)^2 - 4}}{2} \right\},$$

且令

$$r(t) = \max_{z \in R(t)} \{|z|\}$$

是根的最大值。我们为函数 $r(t)$ 画图,表明 $r(t)$ 是不"平滑的"。

注意假如 $0 < t < 1$,那么得到

$$r(t) = \left| \frac{-1 - t \pm \mathrm{i}\sqrt{4 - (1+t)^2}}{2} \right| = \left(\frac{(1+t)^2}{4} + \frac{4 - (1+t)^2}{4} \right)^{1/2} = 1。$$

在 $-5 < t < 3$ 的范围内 $r(t)$ 的图[①]如图 4.1 所示。这个图表明 $r(t)$ 是不可微的。事实上,假如 $t > 1$,那么 $r(t) = \dfrac{-1 - t + \sqrt{(1+t)^2 - 4}}{2}$,所以

$$r'(t) = -\frac{1}{2} + \frac{1 + t}{\sqrt{(1+t)^2 - 4}}。$$

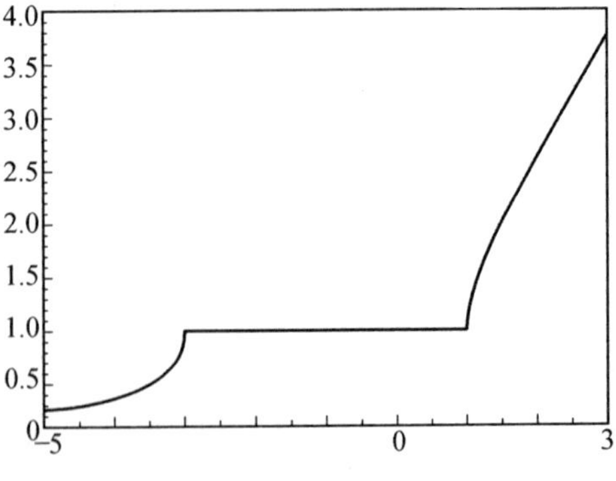

图 4.1　多项式 $1 + (1+t)z + z^2 (-5 < t < 3)$ 的根的最大值

---

① 用 SAGE 的 list_plot 命令得到的图,尽管为了容易读用 GIMP 修改了坐标轴标识。

注意到 $\lim_{t \to 1+} r'(t) = \infty$。

我们将回到 4.6.1 部分的主题。

推论 133 给定一个形式自对偶码 C，其对应的 ζ 多项式 $P(T) = \sum_{i=0}^{2g} a_i T^i$ 且"归一化"（自反）ζ 多项式 $R(T) = P(T/\sqrt{q})$。写成 $R(T) = a_0 \sum_{i=0}^{2g} c_i T^i$。假如

$$\sum_{k=1}^{n} |c_k - 1| \leqslant \frac{1}{2},$$

那么 R 的根都在单位圆上。

评论 16 注意 $c_0 = c_{2g} = 1$ 且 $c_i = a_i q^{-i/2}/a_0$ 通过式(4.4.1)反过来与重量 A_i 相关。因此，上述假设表明 P 的系数 a_i 的一类增长条件也与重量相关。

回顾一下对于给定的 d 阶多项式 $g(x)$，$g^*(x) = x^d g(1/x)$ 表示互反多项式。注意假如 $f(x) = x^r g(x) + g^*(x)$，那么 $f^*(x) = f(x)(r \geqslant 0)$。

下面是 Chen 和 Chinen 的基本定理（推论 122）。

定理 134 假如 $0 < a_0 < \cdots < a_{k-1} < a_d$，那么 $x^r g(x) + g^*(x)$ 的根都位于单位圆上，其中 $r \geqslant 0$。

证明 关于这个主题我们采用 Chinen[Ch3] 的一些想法。

正如式(4.6.4)所示，把 $f(T)$ 表示成

$$f(T) = g(T) + h(T),$$

其中 $g(T) = a_0 + a_1 T + \cdots + a_k T^k$ 且 $h(T) = a_k T^{m-k} + a_{k-1} T^{m-k+1} + \cdots + a_0 T^m$。给定一个多项式 $g(x)$，令 $g^*(x) = x^k g(1/x)$ 表示逆（互反）多项式。注意 $h(T) = T^m g(T^{-1}) = T^{m-k} g^*(T)$ 且 $f^*(T) = f(T)$。

声明 $g^*(T)$ 在 $|T| \leqslant 1$ 情况下无根。

证明 它等价于 Eneström — Kakeya 定理（定理 121）的论述。

声明 $g(T)$ 在 $|T| \geqslant 1$ 情况下无根。

证明 根据前一个声明能得到证明且观察得到 $g(T)$ 的根对应 $g^*(T)$ 的根的逆。

声明 在 $|T| < 1$ 情况下，$|g(T)| < |g^*(T)|$。

证明 根据上述声明，在 $|T| \leqslant 1$ 情况下，函数 $\phi(T) = g(T)/g^*(T)$ 是正则的。由于在 $|T| = 1$ 情况下 $g(T^{-1}) = \overline{g(T)}$，因此得到在 $|T| = 1$ 情况下 $|g(T)| = |g^*(T)|$。根据最大模法则，证明了这个声明。

声明　$T^r g(T) + g^*(T)$ 的根都位于单位圆上且 $r \geqslant 0$。

证明　根据上述声明，$T^r g(T) + g^*(T)$ 与 $g^*(T)$ 有同样数量的零点在单位圆 $|T| < 1$ 内（事实上，函数 $\dfrac{T^r g(T) + g^*(T)}{g^*(T)} = 1 + \dfrac{T^r g(T)}{g^*(T)}$ 没有零点）。由于 $g^*(T)$ 在 $|T| < 1$ 内无根，因此 $T^r g(T) + g^*(T)$ 也没有。但是由于 $T^r g(T) + g^*(T)$ 是自反的（在这种情况下），因此在 $|T| > 1$ 内也没有零点。

它证明了定理 134。

下面结论表明某种意义下虚拟极值码的 Duursma ζ 函数在某种程度上非常接近单位圆上没有根的多项式。

引理 135　令 $f \in R_{2n}$，$f(x) = \displaystyle\sum_{i=0}^{d} c_i z^i$，$d$ 是偶数，$c_0 < c_1 < \cdots < c_{d/2-1} < c_{d/2}$。假如 $2c_{d/2-1} < c_{d/2}$，那么 f 没有根在单位圆上。反之，假如 f 没有根在单位圆上，那么 $2c_0 < c_{d/2}$。

对于反之的证明，参见 Mercer[M] 的推论 2。对于 $\Rightarrow$ 的证明，引入切比雪夫多项式 T_k（第一类）为

$$T_k(\cos\theta) = \cos(k\theta)$$

及它们的归一化 $C_k(x) = 2T_k(x/2)$。已知

$$C_k(z + z^{-1}) = z^k + z^{-k}, \quad k > 0,$$

且通常 $C_0(x) = 1$。

证明　我们能写成

$$
\begin{aligned}
\frac{f(z)}{z^{d/2}} &= z^{d/2} c_0 (z^{d/2} + z^{-d/2}) + z^{d/2} \sum_{j=1}^{d/2-1} c_j (z^j + z^{d-j}) \\
&= \sum_{j=0}^{d/2-1} c_j C_{d/2-j}(z + z^{-1})。
\end{aligned}
$$

假如 $z = e^{i\theta}$，那么

$$
\begin{aligned}
\sum_{j=0}^{d/2} c_j C_{d/2-j}(2\cos\theta) &= c_{d/2} + 2\sum_{j=0}^{d/2} c_j \cos((d/2-j)\theta) \\
&= \mathrm{Re}\Big[2\sum_{j=0}^{d/2} c_j \exp(\mathrm{i}(d/2-j)\theta) - c_{d/2}\Big] \\
&= \mathrm{Re}\Big[2\sum_{j=0}^{d/2} c_j z^{d/2-j} - c_{d/2}\Big]。
\end{aligned}
$$

假如 $2c_{d/2-1} < c_{d/2}$，那么用 Eneström $-$ Kakeya 定理（定理 121）。

假如 $P_0(z)$ 和 $P_1(z)$ 是多项式，那么对于 $0 \leqslant a \leqslant 1$ 令

$$P_a(z) = (1-a)P_0(z) + aP_1(z) 。$$

接着，我们回顾 Fell[Fe] 给出的有趣描述（类似话题讨论也可参见 Kim[K]）。

定理 136 （Fell）令 $P_0(z)$ 和 $P_1(z)$ 为 n 阶实数首一多项式，其零点在 $S^1 - \{1, -1\}$ 内。用 $w_1, w_2, \cdots, w_n$ 表示 $P_0(z)$ 的零点且用 $z_1, z_2, \cdots, z_n$ 表示 $P_1(z)$ 的零点。对于 $1 \leqslant i, j \leqslant n$，设 $w_i \neq z_j$。

对于 $1 \leqslant i \leqslant j \leqslant n$，也设

$$0 < \arg(w_i) \leqslant \arg(w_j) < 2\pi$$
$$0 < \arg(z_i) \leqslant \arg(z_j) < 2\pi 。$$

令 A_i 表示由 w_i 和 z_i 界定的 S^1 的更小开弧，其中 $1 \leqslant i \leqslant n$。那么 $0 \leqslant a \leqslant 1$ 情况下，只要弧 A_i 都不相交，那么 $P_a(z)$ 的轨迹位于 S^1 内。

4.6.4 Duursma 猜想

我们称满足

$$f(T) = a_0 + a_1 T + \cdots + a_k T^k + a_k T^{m-k} + a_{k-1} T^{m-k+1} + \cdots + a_0 T^m 。$$

(4.6.4)

的多项式有对称递增形式[①]，其中 $a_k > a_{k-1} > \cdots > a_0 > 0$。

假如 $m = 2k$ 或 $m = 2k+1$，那么称 $f(T)$ 有全支集。

存在一个无限簇 Duursma ζ 函数，Duursma 猜测它总是满足黎曼假设的类比关系。构造这些 ζ 函数的线性码就是所谓的"自对偶极值码"（见定义 92，它是自对偶极值重量算子的更广义定义）。

尽管构造这些码是相当需要技巧的（对它的解释说明参见[JK2]），但是我们可给出一些例子。它们证明为对称递增形式。

例 137 令 $r(T) = \sum_i r_i T^i$ 如评论 12 所示。

用 SAGE 计算系数列表为 $r_0, r_1, \cdots$ 的一些例子。为了给出它们的相对大小，我们归一化这些系数，以便它们相加为 10 且有理数系数用小数近似。

① 类型 I 的情况：

$m = 2$：[1.130 9, 2.399 0, 2.940 3, 2.399 0, 1.130 9]

$m = 3$：[0.451 94, 1.278 3, 2.071 4, 2.396 8, 2.071 4, 1.278 3, 0.451 94]

---

① 也满足对称递减形式的多项式相似定义。留给读者表述。Eneström − Kakeya 定理表明（参见 Chinen 定理 122）对称递减形式的多项式零点都在单位圆上。

$m = 4$:$[0.182\,62, 0.645\,65, 1.286\,6, 1.848\,9, 2.072\,4, 1.848\,9, 1.286\,6,$
$0.645\,65, 0.182\,62]$

② 类型 Ⅱ 的情况:

$m = 2$:$[0.434\,25, 0.921\,19, 1.302\,8, 1.535\,3, 1.612\,9, 1.535\,3, 1.302\,8,$
$0.921\,19, 0.434\,25]$

$m = 3$:$[0.126\,59, 0.358\,05, 0.632\,95, 0.895\,12, 1.105\,2, 1.239\,4,$
$1.285\,4, 1.239\,4, 1.105\,2, 0.895\,12, 0.632\,95, 0.358\,05, 0.126\,59]$

$m = 4$:$[0.037\,621, 0.133\,01, 0.282\,16, 0.465\,54, 0.657\,83, 0.834\,51,$
$0.975\,33, 1.065\,6, 1.096\,7, 1.065\,6, 0.975\,33, 0.834\,51, 0.657\,83, 0.465\,54,$
$0.282\,16, 0.133\,01, 0.037\,621]$

③ 类型 Ⅲ 的情况:

$m = 2$:$[1.339\,7, 2.320\,5, 2.679\,5, 2.320\,5, 1.339\,7]$

$m = 3$:$[0.588\,34, 1.358\,7, 1.961\,1, 2.183\,6, 1.961\,1, 1.358\,7, 0.588\,34]$

$m = 4$:$[0.261\,70, 0.755\,45, 1.308\,5, 1.730\,7, 1.887\,4, 1.730\,7, 1.308\,5,$
$0.755\,45, 0.261\,70]$

④ 类型 Ⅳ 的情况:

$m = 2$:$[2.857\,1, 4.285\,7, 2.857\,1]$

$m = 3$:$[1.666\,7, 3.333\,3, 3.333\,3, 1.666\,7]$

$m = 4$:$[0.979\,02, 2.447\,6, 3.146\,9, 2.447\,6, 0.979\,02]$

关于例 137 中数据的一些评论。

① 类型 Ⅰ,$v = 0$:推断(自反)多项式 $R(T) = \sum_i r_i T^i$ 有对称递增形式且为全支集,其中,

$$\sum_i \binom{4m}{m+i} r_i T^i = (1 + T/\sqrt{2})^m (1 + \sqrt{2}\,T)^m = (1 + 3T/\sqrt{2} + T^2)^m。$$

② 类型 Ⅱ,$v = 0$:推断(自反)多项式 $R(T) = \sum_i r_i T^i$ 有对称递增形式且为全支集,其中,

$$\sum_i \binom{6m}{m+i} r_i T^i = (1 + 2T/\sqrt{2} + T^2)^m (1 + 3T/\sqrt{2} + T^2)^m。$$

③ 类型 Ⅲ,$v = 0$:推断(自反)多项式 $R(T) = \sum_i r_i T^i$ 有对称递增形式且为全支集,其中,

$$\sum_i \binom{4m}{m+i} r_i T^i = (1 + 3T/\sqrt{3} + T^2)^m。$$

④ 类型 Ⅳ 的情况：$v=0$：推断（自反）多项式 $R(T)=\sum_i r_i T^i$ 有对称递增形式且为全支集，其中，

$$\sum_i \binom{3m}{m+i} r_i T^i = (1+T)^m。$$

右边为熟悉的二项式系数的性质。

4.6.5　关于余弦变换的零点猜想

存在什么样条件使得"对称递增形式"的自反多项式零点都在 S^1 上呢？

我们知道"对称递减形式"的自对偶多项式根都在 S^1 上（根据上述 Chen－Chinen 定理）。那么什么条件下"对称递增形式"函数的相似表述是真的呢？这节余下部分就研究这个问题（[Jo2]）。

令 d 是奇数且令 $f(z)=f_0+f_1 z+\cdots+f_{d-1} z^{d-1}\in R_{d-1}$ 是自反多项式，其满足"对称递增形式"为

$$0 < f_0 < f_1 < \cdots < f_{\frac{d-1}{2}}。$$

对于每个 $c\geqslant f_{\frac{d-1}{2}}$，多项式

$$g(z)=c\cdot(1+z+\cdots+z^{d-1})-f(z)=g_0+g_1 z+\cdots+g_{d-1} z^{d-1}\in R_{d-1}$$

是满足"对称递减形式"且系数非负的自反多项式。假如 $c>f_{\frac{d-1}{2}}$，Chen－Chinen 定理（定理134）表明 $g(z)$ 的所有零点在 S^1 上。令

$$P_0(z)=g(z)/g_{d-1},\quad P_1(z)=f(z)/f_{d-1},\quad P_a(z)=(1-a)P_0(z)+aP_1(z),$$

其中 $0\leqslant a\leqslant 1$。根据 Chen－Chinen 定理，存在 $t_0\in(0,1)$ 满足 $P_t(z)$ 零点都在 S^1 上，其中 $0\leqslant t<t_0$。事实上，假如

$$t=\frac{f_{\frac{d-1}{2}}-f_{d-1}}{f_{\frac{d-1}{2}}},$$

那么 $P_t(z)$ 是 $1+z+\cdots+z^{d-1}$ 的倍数。

在 $0<t<1$ 情况下，任意多项式 $P_t(z)$ 有重根吗？用 4.6.1 部分的概念，对于 $p(t,z)=P_t(z)$ 情况，我们有

$$r'(t)=-p_t(t,r(t))/p_z(t,r(t))=\frac{P_1(r(t))-P_0(r(t))}{P'_t(r(t))}。$$

假如 $P_t(z)$ 没有重根，那么根据第二"根平滑引理"（引理120），$f(z)$ 根也都在 S^1 上。

猜想 138　令 $s:\mathbf{Z}_{>0}\to\mathbf{R}_{>0}$ 是一个"慢增加"的函数。

① 奇数阶情况。假如 $g(z)=a_0+a_1 z+\cdots+a_d z^d$，其中 $a_i=s(i)$，那

么 $p(z) = g(z) + z^{d+1} g^*(z)$ 的根都在单位圆上。

② 偶数阶情况。式

$$p(z) = a_0 + a_1 z + \cdots + a_{d-1} z^{d-1} + a_d z^d + a_{d-1} z^{d+1} + \cdots + a_1 z^{2d-1} + a_0 z^{2d}$$

的根都位于单位圆上。

我们可以猜测"对数增长可能足够慢"。

SAGE

```
sage：R. < T > = PolynomialRing(CC,"T")
sage：c = [ln(j + 2 + random()) for j in range(5)];
sage：p = add([c[j] * T^j for j in range(5)]) +
    T^5 * add([c[4 − j] * T^j for j in range(5)]); p
    0.867252631954867 * T^9 + 1.29158950186183 * T^8 +
    1.40385316206528 * T^7 +
    1.66723678619336 * T^6 + 1.79685924871722 * T^5 +
    1.79685924871722 * T^4 +
    1.66723678619336 * T^3 + 1.40385316206528 * T^2 +
    1.29158950186183 * T +
    0.867252631954867
sage：[z[0]. abs() for z in p. roots()]
    [1.00000000000000, 1.00000000000000, 1.00000000000000,
    1.00000000000000,1.00000000000000, 1.00000000000000,
    1.00000000000000, 1.00000000000000,1.00000000000000]
sage：c = [ln(j + 2 + random()) for j in range(5)]; c[4] = c[4]/2;
sage：p = add([c[j] * T^j for j in range(5)]) +
    T^4 * add([c[4 − j] * T^j for j in range(5)]);
    p1.07222251112144 * T^8 + 1.34425116365361 * T^7 +
    1.55233692750212 * T^6 + 1.64078305774305 * T^5 +
    1.87422392028965 * T^4 + 1.64078305774305 * T^3 +
    1.55233692750212 * T^2 + 1.34425116365361 * T +
    1.07222251112144
sage：[z[0]. abs() for z in p. roots()]
    [1.00000000000000, 1.00000000000000, 1.00000000000000,
    1.00000000000000,1.00000000000000, 1.00000000000000,
    1.00000000000000, 1.00000000000000]
```

4.7 实　例

4.7.1 Komichi 的例子

在[HT]中,作者提到了一个出现在 A. Komichi 硕士论文[①]中的例子。据称码 $C = H_8 \oplus H_8 \oplus H_8$ 的 Duursma ζ 函数违反黎曼假设,其中 H_8 是扩展自对偶汉明[8,4,4]码。我们用 SAGE 来校验它。

SAGE

```
sage：MS = MatrixSpace(GF(2), 12, 24)
sage：G = MS([\
....：[1,1,1,0,0,0,0,1,0,0,0,0,0,0,0,0,0,0,0,0,0,0,0,0],
\....：[0,1,1,1,1,0,0,0,0,0,0,0,0,0,0,0,0,0,0,0,0,0,0,0],
\....：[0,0,1,0,1,1,0,1,0,0,0,0,0,0,0,0,0,0,0,0,0,0,0,0],
\....：[0,0,0,1,1,1,1,0,0,0,0,0,0,0,0,0,0,0,0,0,0,0,0,0],
\....：[0,0,0,0,0,0,0,0,1,1,1,0,0,0,0,1,0,0,0,0,0,0,0,0],
\....：[0,0,0,0,0,0,0,0,1,1,1,1,0,0,0,0,0,0,0,0,0,0,0,0],
\....：[0,0,0,0,0,0,0,0,1,0,1,1,0,1,0,0,0,0,0,0,0,0,0,0],
\....：[0,0,0,0,0,0,0,0,1,1,1,1,0,0,0,0,0,0,0,0,0,0,0,0],
\....：[0,0,0,0,0,0,0,0,0,0,0,0,0,0,0,0,1,1,1,0,0,0,0,1],
\....：[0,0,0,0,0,0,0,0,0,0,0,0,0,0,0,0,1,1,1,1,0,0,0,0],
\....：[0,0,0,0,0,0,0,0,0,0,0,0,0,0,0,0,1,0,1,1,0,1],
\....：[0,0,0,0,0,0,0,0,0,0,0,0,0,0,0,0,1,1,1,1,0]
\....：])
sage：C = LinearCode(G)
sage：Cd = C. dual_code(); C == Cd
True
sage：R = PolynomialRing(CC,"T")
sage：T = R. gen()
sage：C. zeta_polynomial()
```

---

① 它看起来还没有出版且我没亲自看到。

$512/253 * T^18 + 512/253 * T^17 + 256/253 * T^16 -$

$148736/245157 * T^14 -$

$66048/81719 * T^13 - 185536/245157 * T^12 -$

$49408/81719 * T^11 -$

$43088/96577 * T^10 - 1808/5681 * T^9 - 21544/96577 * T^8 -$

$12352/81719 * T^7 - 23192/245157 * T^6 - 4128/81719 * T^5 -$

$4648/245157 * T^4 + 2/253 * T^2 + 2/253 * T + 1/253$

sage：$f = R(C. zeta\_polynomial())$

sage：print $[z[0]. abs()$ for z in $f. roots()]$

[0.963950810639179, 0.707106781186546, 0.707106781186548,

0.707106781186546, 0.518698666447988, 0.707106781186548,

0.707106781186542, 0.707106781186548, 0.707106781186550,

0.707106781186551, 0.707106781186547, 0.707106781186546,

0.707106781186548, 0.707106781186544, 0.707106781186548,

0.707106781186549, 0.707106781186548, 0.707106781186549]

sage：$P1 = list\_plot([(z[0]. real(), z[0]. imag())$ for z in $f. roots()])$

sage：$t = var("t")$

sage：$pts = lambda t：[cos(t)/sqrt(2), sin(t)/sqrt(2)]$

sage：$P2 = parametric\_plot(pts(t), 0, 2 * pi, linestyle =" —— ",$

$rgbcolor = (1, 0, 0))$

sage：$show(P1 + P2)$

最后一行计算得到的图如图 4.2 所示。

4.7.2　极值情况

在本小节，我们将总结 Duursma[D3] 和 Harada 和 Tagami[HT] 的一些结论。

假如 F 是虚拟自对偶极值重量算子，那么能明确计算出 ζ 函数 $Z = Z_F$。首先，给出一些符号。假如 F 是最小距离为 d 的虚拟自对偶重量算子且 $P = P_F$ 是它的 ζ 多项式，那么定义

$$Q(T) = \begin{cases} P(T), & \text{类型 Ⅰ} \\ P(T)(1 - 2T + 2T^2), & \text{类型 Ⅱ} \\ P(T)(1 + 3T^2), & \text{类型 Ⅲ}^{\circ} \\ P(T)(1 + 2T), & \text{类型 Ⅳ} \end{cases}$$

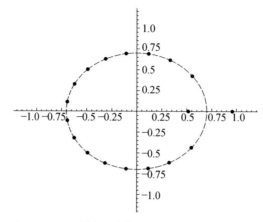

图 4.2 二进制自对偶[24,12,4]码 ζ 多项式的根

令 $(a)_m = a(a+1)\cdots(a+m-1)$ 表示递增的广义阶乘(Rising generalized factorial)且对于某个 $q_j \in \mathbf{Q}$ 写成 $Q(T) = \sum_j q_j T^j$。令

$$\gamma_1(n,d,b) = (n-d)(d-b)_{b+1} A_d / (n-b-1)_{b+2},$$

且

$$\gamma_2(n,d,b,q) = (d-b)_{b+1} \frac{A_d}{(q-1)(n-b)_{b+1}},$$

回顾一下,其中 A_d 表示虚拟重量算子 $F(x,y)$ 中 $x^{n-d}y^d$ 的系数。

定理 139 (Duursma[D3])假如 F 是虚拟自对偶极值重量算子,那么 $Q(T)$ 的系数如下定义。

(a)假如 F 为类型 Ⅰ,那么

$$\sum_{i=0}^{2m+2v} \binom{4m+2v}{m+i} q_i T^i = \gamma_1(n,d,2) \cdot (1+T)^m (1+2T)^m (1+2T+2T^2)^v,$$

其中 $m=d-3, 4m+2v=n-4, b=q=2, 0 \leqslant v \leqslant 3$。

(b)假如 F 为类型 Ⅱ,那么

$$\sum_{i=0}^{4m+8v} \binom{6m+8v}{m+i} q_i T^i = \gamma_1(n,d,2) \cdot (1+T)^m (1+2T)^m \cdot$$
$$(1+2T+2T^2)^m B(T)^v$$

其中 $m=d-5, 6m+8v=n-6, b=4, q=2, 0 \leqslant v \leqslant 2$ 且 $B(T) = W_5(1+T,T)$,其中 W_5 如例 44 所示。

(c)假如 F 为类型 Ⅲ,那么

$$\sum_{i=0}^{2m+4v} \binom{4m+4v}{m+i} q_i T^i = \gamma_2(n,d,3,d) \cdot (1+3T+3T^2)^m B(T)^v,$$

其中 $m=d-4,4m+4v=n-4,b=q=3,0\leqslant v\leqslant 2$ 且 $B(T)=W_9(1+T,T)$,其中 W_9 如例 44 所示。

(d) 假如 F 为类型 Ⅳ,那么

$$\sum_{i=0}^{m+2v}\binom{3m+2v}{m+i}q_iT^i=\gamma_2(n,d,2,4)\cdot(1+2T)^m(1+2T+4T^2)^v$$

其中 $m=d-3,3m+2v=n-3,b=2,q=3$ 且 $0\leqslant v\leqslant 2$。

根据这些表达式能容易确定系数 q_j 和 p_j(尤其是通过计算机代数系统如 SAGE)。所以,对于虚拟极值码,Duursma 已经计算了所有 Duursma ζ 函数。然而,我们仍不知道它们是否满足黎曼假设。

定义 $(-1,1)$ 区间内超球面多项式(Ultraspherical polynomial) $C_n^m(x)$ 为

$$C_m^n(\cos\theta)=\sum_{\substack{0\leqslant k,l\leqslant n\\ k+l=n}}\binom{m+k}{k}\binom{m+l}{l}\cos(k-l)\theta。$$

定理 140　(Duursma[D3] 第 5.2 部分)[①] 假如 P 是类型 Ⅳ 码的虚拟自对偶极值重量算子的 Duursma ζ 函数,长度为 $n=3m+3$ 且最小距离为 $d=m+3$,那么

$$Q(T^2/2)=\frac{m!^2}{(3m)!}T^mC_m^{m+1}\left(\frac{T+T^{-1}}{2}\right)。$$

(回顾一下,在这种情况下,$Q(T)=P(T)(1+2T)$)

已知超球面多项式 C_n^m 的根都位于 $(-1,1)$ 区间内。多项式 C_n^m 是 n 阶的,所以存在 n 个根。上述定理给出的等式中,用 $e^{i\theta}$ 代替 T 得到

$$Q(e^{2i\theta}/2)=\frac{m!^2}{(3m)!}e^{i\theta m}C_m^{m+1}(\cos\theta)。$$

因此,Q 的根都位于半径为 $1/\sqrt{q}=1/2$ 的圆上,因此 P 的根也都位于半径为 $1/\sqrt{q}=1/2$ 的圆上。事实上,类型 Ⅳ 码的虚拟自对偶极值重量算子对应的所有 ζ 函数都满足黎曼假设(Duursma[D3])。

令 $R(T)=P(T/\sqrt{q})=\sum_{i=0}^{2g}r_iT^i$。这个多项式 R 是自反的。尽管已知大多数自反多项式的零点都位于单位圆上,但是我们仍然不知道 $P(T)$ 是否满足黎曼假设。Duursma 的方法试着描述 $H(z)$ 的零点,其中 $R(T)=T^gH(T+T^{-1})$。根据下述定理,这个函数 H 能明确描述出超圆多项式

---

① 这里修正了[D3] 第 5.2 部分的一个打印错误。

和。尽管我们知道各项的零点,但我们通常不知道各项之和的零点(然而类型 IV 极值码的情况不同)。

定理 141 (Duursma[D3])假如 $\alpha_j\,(1\leqslant j\leqslant g)$ 定义为

$$\sum_{i=0}^{2g} r_i \binom{2g+2d-4}{d-2+i} T^{2i} = T^{2g} \sum_{j=0}^{g} \alpha_j \binom{2j}{j}^{-1} (T+T^{-1})^{2j},$$

那么

$$\binom{2g+2d-4}{g+d-2} \sum_{i=0}^{2g} r_i T^{2i} = T^{2g} \sum_{j=0}^{g} \alpha_j \binom{g+d-i}{j}^{-2} C_{2j}^{g+d-j-i} (T+T^{-1}) \text{。}$$

由于 $g+d=\dfrac{n}{2}+1$,这些表达式正如期望的那样能够简化一点。并且在[D3]的第 5.2 部分,Duursma 明确计算出每种情况下的 α_j 值(类型 I,II,III,IV)。

用计算机来计算,Harada 和 Tagami[HT](在其他的一些计算中)证明阶数 $\leqslant 200$ 的类型 I,II,III 的虚拟自对偶极值重量算子对应的 ζ 函数都满足黎曼假设。

4.7.3 "随机可分组码"

根据 Duursma[D5]中定理 4,我们证明"随机可分组码"(random divisible)的 Duursma ζ 函数满足黎曼假设。

定义 $[n,k]_q$ 随机 b 可分组码的(虚拟)重量算子为

$$F(x,y) = x^n + c \sum_{i=1}^{n/b} \binom{n}{ib} (q-1)^{bi} x^{n-bi} y^{bi},$$

其中选择的 c 满足 $F(1,1)=q^k$ 且 n 是 b 的倍数。当然,根据 $b-$ 可分组码的分类(见定理 89),这样的重量算子不能对应实际的线性码。

Duursma 证明在下述情况下 ζ 函数 $Z_F(T)$ 满足黎曼假设:n 是偶数,$k=n/2$,且

①$q=2,b=4$,
②$q=3,b=3$,
③$q=4,b=2$。

更详细信息参见 Duursma[D5]中定理 4。

4.7.4 一个形式自对偶 $[26,13,6]_2$ 码

此外,在这种情况下黎曼假设对于最优码并不是有效的。(它可能是极值的,也可能不是。)通常,正如下面例子解释的那样。

例 142　给定 $[26,13,6]_2$ 码,其重量分布为

$[1,0,0,0,0,0,39,0,455,0,1\,196,0,2\,405,0,2\,405,0,1\,196,0,455,$
$0,39,0,0,0,0,0,1]$。

（根据 SAGE[S] 中包含的编码定理表）它是形式自对偶最优码。这个码的 ζ 多项式为

$$P(T) = \frac{3}{17\,710} + \frac{6}{8\,855}T + \frac{611}{336\,490}T^2 + \frac{9}{2\,185}T^3 + \frac{3\,441}{408\,595}T^4 +$$

$$\frac{6\,448}{408\,595}T^5 + \frac{44\,499}{1\,634\,380}T^6 + \frac{22\,539}{520\,030}T^7 + \frac{66\,303}{1\,040\,060}T^8 +$$

$$\frac{22\,539}{260\,015}T^9 + \frac{44\,499}{408\,595}T^{10} + \frac{51\,584}{408\,595}T^{11} + \frac{55\,056}{408\,595}T^{12} +$$

$$\frac{288}{2\,185}T^{13} + \frac{19\,552}{168\,245}T^{14} + \frac{768}{8\,855}T^{15} + \frac{384}{8\,855}T^{16}。$$

用 SAGE 能校验这个函数 12 个零点仅有 8 个的绝对值为 $\sqrt{2}$。

4.7.5　极值短码

在本小节,我们用 SAGE 给出一些例子。

这些并不满足 $P(1)=1$,但是可以用上述定理 139 中的公式。

对于 $[24,12,8]_2$ 码,虚拟自对偶重量算子为

$$P(T) = \frac{2}{969}T^{10} + \frac{2}{323}T^9 + \frac{10}{969}T^8 + \frac{4}{323}T^7 + \frac{197}{16\,796}T^6 + \frac{9}{988}T^5 +$$

$$\frac{197}{33\,592}T^4 + \frac{1}{323}T^3 + \frac{5}{3\,876}T^2 + \frac{1}{2\,584}T + \frac{1}{15\,504}。$$

对于 $[26,13,8]_2$ 码,虚拟自对偶重量算子为

$$P(T) = \frac{32}{13\,167}T^{12} + \frac{32}{4\,389}T^{11} + \frac{4}{323}T^{10} + \frac{496}{31\,977}T^9 + \frac{393}{24\,871}T^8 +$$

$$\frac{31}{2\,261}T^7 + \frac{281}{27\,132}T^6 + \frac{31}{4\,522}T^5 + \frac{393}{99\,484}T^4 + \frac{62}{31\,977}T^3 +$$

$$\frac{1}{1\,292}T^2 + \frac{1}{4\,389}T + \frac{1}{26\,334}。$$

对于 $[28,14,8]_2$ 码,虚拟自对偶重量算子为

$$P(T) = \frac{16}{5\,313}T^{14} + \frac{16}{1\,771}T^{13} + \frac{224}{14\,421}T^{12} + \frac{96}{4\,807}T^{11} + \frac{3\,469}{163\,438}T^{10} +$$

$$\frac{291}{14\,858}T^9 + \frac{23}{1\,428}T^8 + \frac{622}{52\,003}T^7 + \frac{23}{2\,856}T^6 + \frac{291}{59\,432}T^5 +$$

$$\frac{3\,469}{1\,307\,504}T^4 + \frac{6}{4\,807}T^3 + \frac{7}{14\,421}T^2 + \frac{1}{7\,084}T + \frac{1}{42\,504}。$$

也可参考例 137。

4.7.6 非自对偶的例子

给定二进制最优码 C,其参数为 $[6,2,4]$ 且生成矩阵为

$$G = \begin{pmatrix} 0 & 0 & 1 & 1 & 1 & 1 \\ 1 & 1 & 0 & 0 & 1 & 1 \end{pmatrix}。$$

正如下面的 SAGE 计算得到的,它有 ζ 多项式为 $P(T) = (2T^2 + 2T + 1)/5$。

SAGE

```
sage: R_CC = PolynomialRing(CC,"T")
sage: n = 6; k = 2; q = 2
sage: C = best_known_linear_code(n,k,GF(q))
sage: C. zeta_polynomial()
    2/5 * T^2 + 2/5 * T + 1/5
sage: [abs(z[0]) for z in R_CC(C. zeta_polynomial()). roots()]
    [0.707106781186548, 0.707106781186548]
sage: C. weight_enumerator()
    x^6 + 3 * x^2 * y^4
sage: Cd = C. dual_code()
sage: Cd. zeta_polynomial()
    2/5 * T^2 + 2/5 * T + 1/5
sage: Cd. weight_enumerator()
    x^6 + 3 * x^4 * y^2 + 8 * x^3 * y^3 + 3 * x^2 * y^4 + y^6
sage: n = 7; k = 4; q = 2
sage: C = best_known_linear_code(n,k,GF(q))
sage: C. zeta_polynomial()
    2/5 * T^2 + 2/5 * T + 1/5
sage: C. weight_enumerator()
    x^7 + 7 * x^4 * y^3 + 7 * x^3 * y^4 + y^7
sage: Cd = C. dual_code()
sage: Cd. zeta_polynomial()
    2/5 * T^2 + 2/5 * T + 1/5
sage: Cd. weight_enumerator()
```

```
     x^7 + 7 * x^3 * y^4
sage: n = 8; k = 4; q = 2
sage: C = best_known_linear_code(n,k,GF(q))
sage: C. zeta_polynomial()
     2/5 * T^2 + 2/5 * T + 1/5
sage: C. weight_enumerator()
     x^8 + 14 * x^4 * y^4 + y^8
sage: Cd = C. dual_code()
sage: Cd. zeta_polynomial()
     2/5 * T^2 + 2/5 * T + 1/5
sage: Cd. weight_enumerator()
     x^8 + 14 * x^4 * y^4 + y^8
```

事实上，$[6,2,4]$ 最优码有和 $[7,4,3]$ 汉明码同样的 ζ 多项式。尽管它不是形式自对偶，但是满足黎曼假设。然而，它与 $[8,4,4]$ 自对偶最优码有同样的 ζ 多项式。

4.8　Chinen ζ 函数

在上一小节，一个虚拟重量算子 F 对应一个 ζ 函数 $Z = Z_F$。在本小节，给出由 Koji Chinen 构造两个相关的 ζ 函数。首先，他构造一个 ζ 函数 $Z = Z_F$，我们称它为"变形的 Chinen ζ 函数"，其对应变形的虚拟自对偶重量算子 F。（我们称它为"变形虚拟自对偶算子"，而他称它为"形式重量算子"）。其次，他构造任意码 C 对应的 ζ 函数，我们称它为"Chinen ζ 函数"。它本质上由 C 的 Duursma ζ 函数和它的对偶 $C^{\perp}$ 的 Duursma ζ 函数（Duursma zeta function）联合定义（需要引起注意的是泛函方程产生额外的对称属性）。

下面是上述结论中关于 Chinen ζ 函数的相似结论。

令 C 是 $GF(q)$ 域上任意 $[n,k,d]$ 码且令 $[n,n-k,d^{\perp}]$ 表示对偶码 $C^{\perp}$ 参数。我们假定它们满足 $d \geqslant 2$ 且 $d^{\perp} \geqslant 2$。定义不变重量算子为

$$\widetilde{A}_C(x,y) = \frac{A_C(x,y) + q^{k-n/2} A_{C^{\perp}}(x,y)}{1 + q^{k-n/2}}。$$

注意根据 Mac Williams 等式得到 $\widetilde{A}_C = \widetilde{A}_{C^{\perp}} = \widetilde{A}_C \circ \sigma_q$。Chinen ζ 多项

式 $\widetilde{P}_C$ 是虚拟重量算子 $F = \widetilde{A}_C$ 对应的 ζ 多项式 P_F。根据 ζ 多项式,定义 Chinen ζ 函数为

$$\widetilde{P}_C(T) = \frac{T^{\max(0,d-d^\perp)}}{1+q^{k-n/2}}\left(P_C(T) + q^{n/2-d+1}T^{n-2d+2}P_C(1/qT)\right)。$$

$$(4.8.1)$$

定理 143 (Chinen[Ch3]) 由上述式(4.8.1)给出的 Chinen ζ 多项式阶数为 $2\widetilde{g} = n+2-2\min(d,d^\perp)$ 且满足泛函方程

$$\widetilde{P}_C(T) = q^{\widetilde{g}}T^{2\widetilde{g}}\widetilde{P}_C(1/qT)。$$

根据泛函方程,假如 $d > d^\perp$,那么

$$\widetilde{P}_C(T) = \frac{q^{k-n/2}P_{C^\perp}(T) + T^{d-d^\perp}P_C(T)}{1+q^{k-n/2}};$$

假如 $d < d^\perp$,那么

$$\widetilde{P}_C(T) = \frac{P_C(T) + q^{k-n/2}T^{d^\perp-d}P_{C^\perp}(T)}{1+q^{k-n/2}};$$

且假如 $d = d^\perp$,那么

$$\widetilde{P}_C(T) = \frac{P_C(T) + q^{k-n/2}P_{C^\perp}(T)}{1+q^{k-n/2}}。$$

注意当 $T = 1$ 时,得到 $P(1) = 1$ 且(根据泛函方程)$P(1/q) = q^{-\widetilde{g}} = q^{d-1-n/2}$。它表明 $\widetilde{P}_C(1) = \dfrac{2}{1+q^{k-n/2}}$。用"平均"ζ 函数

$$P_C^*(T) = (P_C(T) + P_{C^\perp}(T))/2$$

可以更简化。但它不是 Chinen ζ 函数。

例 144 用 SAGE 计算某些最优短码的 Chinen ζ 多项式。且归一化 Chinen ζ 函数使其满足 $\widetilde{P}_C(1) = 1$。

SAGE

```
sage：R_CC = PolynomialRing(CC,"T")
sage：n = 8；k = 2；q = 2
sage：C = best_known_linear_code(n,k,GF(q))
sage：P = C.chinen_polynomial()
sage：Cd = C.dual_code()
sage：Pd = Cd.chinen_polynomial()
sage：C.minimum_distance()；Cd.minimum_distance()
```

117

```
5

2
sage：P；P ＝ ＝ Pd
    2/5 * t^6 ＋ 9/35 * t^5 ＋ 4/35 * t^4 ＋ 2/35 * t^3 ＋ 2/35 * t^2 ＋
9/140 * t ＋ 1/20
True
sage：[abs(z[0]) for z in R_CC(P * 1.0).roots()]

    [0.707106781186548,

    0.707106781186548,

    0.707106781186547,

    0.707106781186547,

    0.707106781186547,

    0.707106781186548]
sage：C.gen_mat()
    [0 0 0 1 1 1 1 1]
    [1 1 1 0 0 1 1 1]
sage：C0 ＝ C.standard_form()[0]
sage：C0.gen_mat()
    [1 0 1 1 0 1 1 1]
    [0 1 0 0 1 1 1 1]
```

由于零点绝对值（近似）为 $1/\sqrt{2}$,那么黎曼假设（明显）是对的。

SAGE

```
sage：C ＝ HammingCode(3,GF(2))
sage：C chinen-polynomial()
    (2 * sqrt(2) * t^3/5＋2 * sqrt(2) * t^2/5＋2 * t^2/5＋sqrt(2) * t/5＋
    2 * t/5＋1/5)/(sqrt(2)＋1)
```

容易证明假如 C 是形式自对偶,那么 $\tilde{P}_C = P_C$。假如 C 的 Chinen ζ 多项式所有零点都在"临界线"上,那么称 C（无论是否为形式自对偶）满足黎曼假设。

例如,假如 C 是 MDS 码,那么

$$\widetilde{P}_C(T) = \frac{1}{1+q^{k-n/2}}(1+q^{n/2-d+1}T^{n-2d+2})\ .$$

假如 C 是 MDS 且 $n-2d+2 \neq 0$，那么 Chinen ζ 函数满足黎曼假设。

下面是与未解决问题 19 类似的关于 Chinen ζ 函数的未解决问题。

未解决问题 23 令 C 是 $GF(q)$ 域上的任意码。存在一个曲线 $X/GF(q)$ 满足曲线 ζ_X 的 ζ 函数等于码的 Chinen ζ 函数 Z_C 吗？

由于 ζ_X 满足黎曼假设（它是著名的 André Weil 定理），因此必要条件是码必须满足黎曼假设。参见 [D6] 例 9.7 中满足条件的两个（自对偶）码。

评论 17 对于"变形的情况"参见 Chinen[Ch2]，包括详细证明和大量例子。

未解决问题 24 线性码 C 的 Chinen ζ 函数等于某个自对偶码 C' 的 Duursma ζ 函数吗？

假如是，那么当然 Chinen ζ 函数集包含在 Duursma ζ 函数集中。例如，一个非二进制汉明码 $C(GF(q)$ 域上且 $q > 4$）的 Chinen ζ 函数等于某个自对偶码 C' 的 Duursma ζ 函数吗？它看起来不可能，但是我们无法证明或给出反例。

例 145 用 SAGE 计算某些不可分割码的 Chinen ζ 多项式。

给定如下定义的矩阵 D_m（m 为偶数）产生的码。

SAGE

```
def d_matrix(m):
  if not(is_even(m)):
    raise ValueError, "%s must be even and > 2"%m
  M = int(m/2)
  A = [[0]*2*i+[1]*4+[0]*(m-4-2*i) for i in range(M-
1)]
  MS = MatrixSpace(GF(2), M-1, m)
  return MS(A)
```

例如，

$$D_{14} = \begin{pmatrix} 1 & 1 & 1 & 1 & 0 & 0 & 0 & 0 & 0 & 0 & 0 & 0 & 0 & 0 \\ 0 & 0 & 1 & 1 & 1 & 1 & 0 & 0 & 0 & 0 & 0 & 0 & 0 & 0 \\ 0 & 0 & 0 & 0 & 1 & 1 & 1 & 1 & 0 & 0 & 0 & 0 & 0 & 0 \\ 0 & 0 & 0 & 0 & 0 & 0 & 1 & 1 & 1 & 1 & 0 & 0 & 0 & 0 \\ 0 & 0 & 0 & 0 & 0 & 0 & 0 & 0 & 1 & 1 & 1 & 1 & 0 & 0 \\ 0 & 0 & 0 & 0 & 0 & 0 & 0 & 0 & 0 & 0 & 1 & 1 & 1 & 1 \end{pmatrix},$$

且由这个矩阵产生的二进制码为 $[14,6,4]$ 码。用 SAGE，你能看到 Chinen ζ 函数不满足黎曼假设。

SAGE

```
sage：n = 14；G = d_matrix(n)；C = LinearCode(G)；C
Linear code of length 14, dimension 6 over Finite Field of size 2
sage：C. spectrum()
    [1, 0, 0, 0, 21, 0, 0, 0, 35, 0, 0, 0, 7, 0, 0]
sage：PT = PolynomialRing(CC,"T")
sage：PC = C. chinen_polynomial()；rts = PT(PC). roots()
sage：PC
    64/39 * t^12 − 32/429 * t^10 − 32/429 * t^9 − 160/1287 * t^8 −
    64/429 * t^7 − 160/1287 * t^6 − 32/429 * t^5 − 40/1287 * t^4 −
    4/429 * t^3 − 2/429 * t^2 + 1/39
sage：[z[0]. abs() for z in rts]

    [0. 707106781186548,0. 707106781186548,0. 707106781186548,
    0. 707106781186547,0. 707106781186548,0. 707106781186548,
    0. 707106781186549,0. 707106781186548,0. 707106781186547,
    0. 707106781186548,0. 814795710093010,0. 613650751723920]
```

尤其是，Chinen ζ 函数的黎曼假设对于所有的不可分割码都是不正确的。

4.8.1　汉明码

Chinen([Ch3])计算了汉明码的 ζ 多项式。给定 $GF(q)$ 域上参数为 $\left[n = \dfrac{q^r - 1}{q - 1}, n - r, 3\right]$ 的汉明码 $C = C_{r,q}$ 且 $r \geqslant 3$。（当 $r = 2$ 时，汉明码是 MDS，并且已经计算过了。）

对偶码的 Duursma ζ 函数为

$$P_{C^{\perp}}(T) = c \cdot \left[1 + \sum_{j=1}^{n-d-1} \left(\binom{j+d-1}{d-1} - q \binom{j+d-2}{d-1} \right) T^j \right],$$

选择常数 $c = c_{r,q}$ 满足 $P(1) = 1$。它是[Ch3]中的命题 4.4。

汉明码 $C_{r,q}(r \geqslant 3, q \geqslant 2)$ 的 Chinen ζ 多项式为

$$\widetilde{P}_C(T) = \frac{c}{1 + q^{r - n/2}} (F_1(T) - q F_2(T)), \tag{4.8.2}$$

其中

$$F_1(T) = \sum_{j=0}^{n-d-1} \binom{n-i-2}{d-1} q^{i+2-n/2} T^i + \sum_{j=d-3}^{n-4} \binom{i+2}{d-1} T^i$$

且

$$F_2(T) = \sum_{j=0}^{n-d-2} \binom{n-i-3}{d-1} q^{i+2-n/2} T^i + \sum_{j=d-2}^{n-4} \binom{i+1}{d-1} T^i.$$

它是[Ch3]中的定理 4.5。

例 146 下面是[7,4,3]汉明码的 Chinen ζ 多项式。

SAGE

---

sage: C = HammingCode(3, GF(2))

sage: C. chinen_polynomial()

　　(2 * T^2/5 + 2 * sqrt(2) * T * (T^2/5 + T/5 + 1/10) + 2 * T/5

　　+ 1/5)/(sqrt(2) + 1)

定理 147 (Chinen) 汉明码 $C_{r,q}(r \geqslant 3, q \geqslant 2)$ 的 Chinen ζ 多项式满足黎曼假设。

如[Ch3]中(3.3)的推论,当 $r = 2(q \geqslant 2)$ 时,由于 C 是 MDS,因此定理也是对的。

这个定理的 Chinen 证明是完美的且基于他的结论,描述为上述的第 4.6.2 部分推论 122。为了证明定理 147,Chinen 明确计算出 $C = C_{r,q}$ 的归一化 Chinen ζ 多项式 f 的系数 a_i 且证明它有上述对称递减形式。正如期望的那样,它满足黎曼假设。在[Ch3]中详细地给出了上述引理的证明和明确地计算出了系数,我们可以作为细节参考。

4.8.2 格雷码

本小节总结了 Chinen[Ch3]第 7 部分中的一些结论。

$GF(3)$ 域上[11,6,5]格雷码 C 的 Chinen ζ 函数为

$$\widetilde{P}_C(T) = \frac{\sqrt{3}-1}{14} (\sqrt{3}\,T+1)\,(3T^2+3T+1)\,.$$

Chinen 也给出了 $GF(2)$ 域上 $[23,12,7]$ 格雷码 Chinen ζ 多项式的显式,但复杂表示。他也证明了这两个 Chinen ζ 函数满足"黎曼假设"。通过明确计算零点,证明在数值上验证了黎曼假设。

4.8.3 例子

我们从一个随机的例子开始:

SAGE

```
sage: RT = PolynomialRing(CC,"T")
sage: MS = MatrixSpace(GF(2), 3, 8)
sage: G = MS([[1,0,0,1,0,1,1,0],[0,1,0,1,0,0,0,1],[0,0,1,0,
    1,1,1,0]])
sage: C = LinearCode(G)
sage: C. minimum_distance()
    3
sage: Cd = C. dual_code(); Cd. minimum_distance()
    2
sage: f = RT(C. chinen_polynomial())
sage: print [z[0]. abs() for z in f. roots()]
    [0.707106781186548, 0.707106781186548, 0.707106781186548,
    0.707106781186548, 0.707106781186547, 0.707106781186547]
sage: C. gen_mat()
    [1 0 0 1 0 1 1 0]
    [0 1 0 1 0 0 0 1]
    [0 0 1 0 1 1 1 0]
sage: C. spectrum()
    [1, 0, 0, 1, 3, 2, 0, 1, 0]
sage: Cd. spectrum()
    [1, 0, 3, 10, 7, 4, 5, 2, 0]
sage: C. chinen_polynomial()
    2/7 * t^6 + 4/21 * t^5 + 13/70 * t^4 + 17/105 * t^3 + 13/140 * t^
    2 + 1/21 * t + 1/28
sage: C. zeta_polynomial()
    3/7 * T^5 + 3/14 * T^4 + 11/70 * T^3 + 17/140 * T^2 + 17/280
    * T + 1/56
sage: f = RT(C. zeta_polynomial())
sage: print [z[0]. abs() for z in f. roots()]
    [0.644472635143760, 0.644472635143761, 0.458731710756610,
    0.476718789722295, 0.458731710756610]
```

接着仍是一个随机的例子：

SAGE

```
sage：C = RandomLinearCode(8,3,GF(2))；C. minimum_distance()
    3
sage：Cd = C. dual_code()；Cd. minimum_distance()
    2
sage：C. spectrum()
    [1, 0, 0, 1, 3, 2, 0, 1, 0]
sage：Cd. spectrum()
    [1, 0, 3, 6, 11, 8, 1, 2, 0]
sage：C. chinen_polynomial()
    2/7 * t^6 + 4/21 * t^5 + 13/70 * t^4 + 17/105 * t^3 + 13/140 * t^
    2 + 1/21 * t + 1/28
sage：C. gen_mat()
    [1 0 0 1 1 0 0 1]
    [0 1 0 0 0 1 1 0]
    [0 0 1 1 0 0 1 1]
sage：C. zeta_polynomial()
    3/7 * T^5 + 3/14 * T^4 + 11/70 * T^3 + 17/140 * T^2 + 17/280
    * T + 1/56
```

下面例子是形式自对偶但不是自对偶码。

SAGE

```
sage：RT = PolynomialRing(CC,"T")
sage：MS = MatrixSpace(GF(2), 4, 8)
sage：G = MS([[1,0,0,0,0,1,1,0],[0,1,0,0,1,1,1,0],
    [0,0,1,0,1,1,1,1],[0,0,0,1,0,0,1,0]])
sage：C = LinearCode(G)
sage：C. minimum_distance()
    2
sage：Cd = C. dual_code()；Cd. minimum_distance()
    2
sage：f = RT(C. chinen_polynomial())
sage：print [z[0]. abs() for z in f. roots()]
```

```
    [0.707106781186549, 0.707106781186547, 0.707106781186547,
    0.707106781186546, 0.707106781186547, 0.707106781186547]
sage：C. gen_mat()
    [1 0 0 0 0 1 1 0]
    [0 1 0 0 1 1 1 0]
    [0 0 1 0 1 1 1 1]
    [0 0 0 1 0 0 1 0]
sage：C. chinen_polynomial()
    2/7 * t^6 + 2/7 * t^5 + 11/70 * t^4 + 3/35 * t^3 + 11/140 * t^2
    +1/14 * t + 1/28
sage：C. spectrum()
    [1, 0, 1, 4, 3, 4, 3, 0, 0]
sage：Cd = C. dual_code(); Cd. minimum_distance()
    2
sage：Cd. spectrum()
    [1, 0, 1, 4, 3, 4, 3, 0, 0]
sage：list_plot([(z[0]. real(),z[0]. imag()) for z in f. roots()])
```

最后的命令给出根的分布图(见图 4.3)。

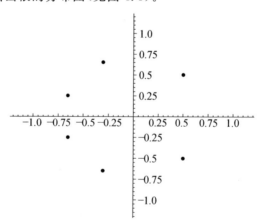

图 4.3　二进制形式自对偶[8,4,2]码的 Chinen ζ 多项式根

最后是不满足黎曼假设的例子。

SAGE

```
sage: RT = PolynomialRing(CC,"T")
sage: MS = MatrixSpace(GF(2), 4, 8)
sage: G = MS([[1,1,0,0,0,0,1,1],[0,0,1,0,0,1,0,1],[0,0,0,1,
         0,1,1,0],[0,0,0,0,1,1,1,1]])
sage: C = LinearCode(G)
sage: C.chinen_polynomial()
    1/7 * t^6 + 1/7 * t^5 + 39/140 * t^4 + 17/70 * t^3 + 39/280 * t^2
    + 1/28 * t + 1/56
sage: C.spectrum()
    [1, 0, 0, 4, 6, 4, 0, 0, 1]
sage: Cd = C.dual_code(); Cd.minimum_distance()
    2
sage: Cd.spectrum()
    [1, 0, 1, 0, 11, 0, 3, 0, 0]
sage: C.minimum_distance()
    3
sage: Cd = C.dual_code(); Cd.minimum_distance()
    2
sage: f = RT(C.chinen_polynomial())
sage: print [z[0].abs() for z in f.roots()]
    [1.19773471696883, 1.19773471696883, 0.707106781186547,
    0.707106781186547, 0.417454710894058, 0.417454710894058]
sage: print [z[0] for z in f.roots()]
    [0.0528116723604142+1.19656983895421 * I,
    0.0528116723604137-1.19656983895421 * I,
    -0.571218487412783 + 0.416784644196318 * I,
    -0.571218487412783-0.416784644196317 * I,
    0.0184068150523700+0.417048707955401 * I,
    0.0184068150523701-0.417048707955401 * I]
sage: C.gen_mat()
    [1 1 0 0 0 0 1 1]
    [0 0 1 0 0 1 0 1]
    [0 0 0 1 0 1 1 0]
    [0 0 0 0 1 1 1 1]
sage: C.chinen_polynomial()
    1/7 * t^6 + 1/7 * t^5 + 39/140 * t^4 + 17/70 * t^3 + 39/280 * t^2
    + 1/28 * t + 1/56
sage: list_plot([(z[0].real(),z[0].imag()) for z in f.roots()])
```

最后的命令给出根的分布图(见图 4.4)。

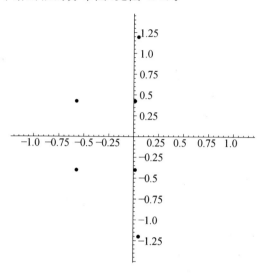

图 4.4　违反黎曼假设的二进制 [8,4,3]码的 Chinen ζ 多项式根

第 5 章　超椭圆曲线和二次剩余码

对于一个奇质数 p 和一个非空子集 $S \subset GF(p)$，定义一个超椭圆曲线 X_S 为 $y^2 = f_S(x)$，其中 $f_S(x) = \prod\limits_{a \in S}(x-a)$。早在 20 世纪初的 E. Artin 时期，数学家们已经研究了关于上述曲线上点的数量的良好估计。在 20 世纪 40 年代末到 50 年代初，对于亏格比质数 p 小的情况，A. Weil 发展了这个良好估计。对于亏格比质数 p 大的情况，它的良好估计仍未知。

发现一个用于纠错的"好"的二进制线性码是一个存在已久的问题。例如，Gilbert — Varshamov 界是二进制码的渐近精确吗？

本章致力于解释这两个未解决问题的基本关系。基于 $GF(q)$ 域上二进制剩余码和超椭圆曲线之间的联系，本章探讨了如何得到码界，例如：对于所有足够大的质数 p，存在子集 $S \subset GF(p)$ 满足界 $|X_S(GF(p))| > 1.39$。

Felipe Voloch[V2] 允许我们在本章中使用一些有趣的结论（它们没有用到任何纠错码理论）（见下述第 5.8 部分）。首先，他证明了下述结论。

定理 148　（Voloch）假如 $p \equiv 1 \pmod 8$，那么存在一个有效的可计算子集 $S \subset GF(p)$ 满足界 $|X_S(GF(p))| > 1.5p$。

对于 $p \equiv 3, 7 \pmod 8$ 情况，存在相似结论。其次，他给出了否定未解决问题 28 的解释。

下面列举了一些特征和与码重量之间关系对应的关键问题的相关文章（并没给全）：Shokrollahi[Sh2]，van der Vlugt[vdV]，Schoof 和 van der Vlugt[SvdV]（也可参见 Schoof[Scf] 和 van der Geer，Schoof 和 van der Vlugt[VSV]）和 McEliece 和 Baumert[MB] 及 McEliece 和 Rumersey[MR] 的早期文章。

下面我们用定义的拟二次剩余码来构造一个形式自对偶最优码，该码的 Duursma ζ 函数不满足"黎曼假设"。

5.1　引　言

一个长期存在的问题是发现用于纠错的"好的"二进制线性码。另一个长期问题是对于每个有限域 F 上的平滑曲线,发现一个 X 的 F — 有理数点数量的非平凡估计,在这种情况下,F 的数量与 X 的亏格的数量相比是"少的"。

本章用二次剩余码和超椭圆曲线之间的关系这个着眼点来详细地研究这一问题。Helleseth[He],Bazzi 和 Mitter[BM],Voloch[V1],及 Helleseth 和 Voloch[HV] 已经研究了这类关系的一些码。简介中剩余部分致力于更详细地解释下面小节中要讨论的观点。

令 $\mathbf{F} = GF(2)$ 为两个元素域,且 $C \subset \mathbf{F}^n$ 表示长度为 n 的一个二进制分组码。用 $V(n,r)$ 表示 $\mathbf{F}^n$ 上的半径为 r 的汉明球体积,Gilbert — Varshamov 界的二进制形式表明(给定 n 和 d)存在一个 $[n,k,d]_2$ 码 C 满足 $k \geqslant \log_2 \left(\dfrac{2^n}{V(n,d-1)} \right)$[HP1]。

未解决问题 25　[JV,G2] Gilbert — Varshamov 界的二进制形式是渐近精确的。

5.2　有限域上的超椭圆曲线点

对于每个 $p > 5$ 的奇质数,一个拟二次剩余码[①]是一个长度为 $2p$ 的线性码。像二进制剩余码一样,拟二次剩余码很容易判定长度和维数,但是其最小距离更难确定。事实上,按照某类("超椭圆")泛函方程整数模 p 解的数量,能够显式计算每个码字的重量。为了能更好地解释结论,需要更多的一些符号。

为了达到我们的目的,$GF(p)$ 域上一个超椭圆曲线(Hyperelliptic curve)是形如 $y^2 = h(x)$ 的一个泛函方程,其中 $h(x)$ 系数取自 $GF(p)$ 域的一个多项式且其根各不同[②]。$y^2 = h(x)$ 模 p 解的数量加上 X 上的"无穷远

---

① 下面的第 5.5 部分定义了这个码。

② 由这个极度简化的定义可回想起著名的 Felix Klein 引言:"直到通过无数可能的例外,人们已经研究足够多数学变得困惑不清时,他才知道曲线是什么。"严格定义请参见 Tsafsman 和 Vladut[TV] 或 Schmidt[Sch]。

点"的和用 $|X(GF(p))|$ 表示。这个值与 Legendre 特征和相关(参见下述命题153),这个结论要归功于 Artin,Hasse 和 Weil 的经典著作。这个公式在许多情况下(尤其是 p 比 h 维数大的情况)产生 $|X(GF(p))|$ 的良好估计。当 p 比 h 维数小时,已经改进这个长期问题为平凡估计。它表明 Tarnanen[T] 容易得到一些关于这个问题的非平凡信息(例如,参见下述引理154),但是下面的一些结论是关于这个问题的平凡估计。

对于每个非空子集 $S \subset GF(p)$,给定由 $y^2 = f_S(x)$ 定义的超椭圆 X_S,其中 $f_S(x) = \prod_{a \in S}(x - a)$。令 $B(c, p)$ 是一个命题:对于所有子集 $S \subset GF(p)$,满足 $|X_S(GF(p))| \leqslant c \cdot p$。注意 $B(2, p)$ 是真平凡,所以对于某个固定 $\varepsilon > 0$,命题 $B(2 - \varepsilon, p)$ 可能是不合理的。

未解决问题 26 (Bazzi − Mitter 猜想,[BM])存在一个 $c \in (0, 2)$,使无穷多个质数 p 满足命题 $B(c, p)$。

显而易见,上述两个猜想(即未解决问题25和26)是相关的。事实上,用拟二次剩余码,我们证明假如存在 $p \equiv 1 \pmod 4$ 的无穷多个质数 p 满足命题 $B(1.77, p)$,那么 Goppa 猜想是错的。这样的结论充分证明[BM]中给出的拟二次剩余码结构的一个简单结论。用长的二元剩余码①,可以不需要 $p \equiv 1 \pmod 4$ 的条件,代价是稍微减小了常量1.77的值(参见推论164)。

在第5.6部分,讨论了这些拟二次剩余码的谱和 Duursma ζ 函数,并给出了一些例子(借助于 SAGE 软件包 [S])。我们证明,将形式自对偶最优码 ζ 函数的黎曼假设中的对应关系用于第5.5部分构造的一类码是错误的。本小节以一些有趣的猜想来结束。

基于上述结论,我们以看起来显然的一些未解决问题来结束简介。

未解决问题 27 对于每个 $p > 5$ 的质数,存在一个可计算子集 $S \subset GF(p)$ 满足 $|X_S(GF(p))|$ 是"大的"值吗?

这里"大的"是左模糊的,但是所期望的是一些常量。根据 Weil 估计("小"的数量子集 S 是有效的),我们能期待大约 p 个点属于 $|X_S(GF(p))|$。因此对于某个给定 $c > 1$ 的情况,"大的"意味着 $> c \cdot p$。

下述问题是 Bazzi − Mitter 猜想的一个增强版。

未解决问题 28 是否存在一个 $c < 2$ 满足对于所有足够大 p 和所有

---

① 下面第5.7部分定义这些码。

$S \subset GF(p)$，我们都能得到 $|X_S(GF(p))| < c \cdot p$ 呢？

朝着未解决问题 27 的这些问题方向，编码理论中 McEliece – Rumsey – Rodemich – Welsh 界使人们能够得到如下结论（参见定理 164）：存在一个常数 p_0 有下面属性：假如 $p > p_0$，那么存在子集 $S \subset GF(p)$ 满足界 $|X_S(GF(p))| > 1.62p$。不幸的是，证明方法没有给出如何计算 p_0 或 S 的任何线索。用长剩余码定理，我们证明下面下界（定理 174）：对于所有 $p > p_0$，存在子集 $S \subset GF(p)$ 满足界 $|X_S(GF(p))| > 1.39p$。再一次地，我们仍不知道如何计算 p_0 或 S。

5.3　非阿贝尔群码

下面结构以抽象方式总结了上述例子，但是它是后面需要的。

令 G 是任意有限群且令 $\mathbf{F}$ 是任意有限域。

下面是码 C 的一个非常通用的结构，其自同构群包含 G。

假如 x 是一个不确定的且 $g \in G$，那么我们令形式符号 x^g 表示 x 的"g 次幂"。群代数

$$\mathbf{F}(G) = \Big\{ \sum_{g \in G} c_g x^g \,\big|\, c_g \in \mathbf{F} \Big\}$$

是在

$$\lambda(g)(x^h) = x^{gh}, \quad g, h \in G$$

作用下的一个左 G – 模（注意：$\lambda(g_1)\lambda(g_2)(x^h) = \lambda(g_1)x^{g_2 h} = x^{g_1 g_2 h} = \lambda(g_1 g_2)(x^h)$，其中 $g_1, g_2, h \in G$。）。因此，λ 定义为 $\mathbf{F}[G]$ 上的 G 作用，称作正则表示（Regular representation）。令 n 表示 $\mathbf{F}[G]$ 的维数（所以由于 $\mathbf{F}[G]$ 的元素坐标由 G 索引，因此 $n = |G|$ 仅表示 G 的数量）。

现在，选择任意元素 $a \in \mathbf{F}[G]$ 且给定 a 的 G – 轨道为

$$G \cdot a = \{ \lambda(g)(a) \,|\, g \in G \}。$$

假如 $a = \sum_{h \in G} c_h x^h$，那么 $\lambda(g)(a) = \sum_{h \in G} c_h x^{gh} = \sum_{h \in G} c_{g^{-1}h} x^h$。最后令 C 是由 $G \cdot a$ 扩张的矢量子空间：

$$C = \mathrm{Span}(\{ \lambda(g)(a) \,|\, g \in G \}) = \mathrm{Span}\Big(\Big\{ \sum_{h \in G} c_{g^{-1}h} x^h \,\big|\, g \in G \Big\}\Big)。$$

在这种情况下，通过 G 左作用自身交换坐标实现了 G 作用于 C，所以 $G \subset \mathrm{Aut}(C)$。更普遍地，人们取 C 为 $\mathbf{F}[G]$ 的任意 G – 子模。

5.4 割圆模 2 运算

上述第 1.6.3 部分引入了二次剩余码。在本小节和下小节中,我们关注二进制情况。

令 $R=\mathbf{F}[x]/(x^p-1)$ 且令 $r_S\in R$ 为多项式

$$r_S(x)=\sum_{i\in S}x^i,$$

其中 $S\subseteq GF(p)$。根据惯例,假如 $S=\phi$,那么 $r_S=0$。定义 r_S 的重量(用 $\mathrm{wt}(r_S)$ 表示)为基数 $|S|$。(换句话说,以直观方式用 $\mathbf{F}^p$ 上的元素确定每个 r_S 且定义 r_S 重量为对应矢量的汉明重量。)根据 $GF(p)^x$ 上的二次剩余集合 Q 和 $GF(p)^x$ 上的非二次剩余集合 N,得到 $\mathrm{wt}(r_Q)=\mathrm{wt}(r_N)=(p-1)/2$。注意 $r_S^2=r_{2S}$,其中 $2S$ 是元素 $2s\in GF(p)$ 的集合,其中 $s\in S$。用上述事实和二次互反律,人们能容易证明下面等式:

①$r_Q^2=r_Q$,

②$2\in G$,

③$p\equiv\pm1(\mathrm{mod}\,8)$。

且假如 $2\in N$,那么 $r_Q^2=r_N$。

令 S,S_1,S_2,S'_1 表示 $GF(p)$ 上的子集,其中 $S_1\cap S'_1=\phi$ 且令 $S^c=GF(p)-S$ 表示补集。对于 $a\in GF(p)$,令

$$H(S_1,S_2,a)=\{(s_1,s_2)\in S_1\times S_2\,|\,s_1+s_2\equiv a(\mathrm{mod}\,p)\}。$$

尤其是:

①$H(S_1,S_2,a)=H(S_2,S_1,a)$;

② 存在一个自然双射 $H(GF(p),S,a)\cong S$;

③ 假如 $S_1\cap S'_1=\phi$,那么 $H(S_1,S_2,a)+H(S'_1,S_2,a)=H(S_1+S'_1,S_2,a)$。

令

$$h(S_1,S_2,a)=|H(S_1,S_2,a)|(\mathrm{mod}\,2)。$$

把 $|H(S_1,S_2,a)|+|H(S_1^c,S_2,a)|=|S_2|$ 加到 $|H(S_1^c,S_2^c,a)|+|H(S_1^c,S_2,a)|=|S_1^c|$ 中,得到

$$h(S_1,S_2,a)\equiv h(S_1^c,S_2^c,a)+|S_1^c|+|S_2|(\mathrm{mod}\,2)。\quad(5.4.1)$$

根据 r_S 定义,在环 R 中,得到

$$r_{S_1}(x)r_{S_2}(x)=\sum_{a\in GF(p)}h(S_1,S_2,a)x^a。$$

令 $* : R \to R$ 表示卷积,其定义为 $(r_S)^* = r_{S^c} = r_S + r_{GF(p)}$。下面我们将证明它不是一个代数卷积。

引理 149　对于所有 $S_1, S_2 \subset GF(p)$,得到:

① $|S_1|$ 奇数,$|S_2|$ 偶数:$r_{S_1} r_{S_2} = r_{S_1}^* r_{S_2}^*$ 有偶数重量;

② $|S_1|$ 偶数,$|S_2|$ 偶数:$(r_{S_1} r_{S_2})^* = r_{S_1}^* r_{S_2}^*$ 有偶数重量;

③ $|S_1|$ 偶数,$|S_2|$ 奇数:$r_{S_1} r_{S_2} = r_{S_1}^* r_{S_2}^*$ 有偶数重量;

④ $|S_1|$ 奇数,$|S_2|$ 奇数:$(r_{S_1} r_{S_2})^* = r_{S_1}^* r_{S_2}^*$ 有奇数重量。

这个引理根据上述讨论能直接证明。

注意 $R_{\text{even}} = \{r_S \mid |S| \text{ 偶数}\}$ 是 R 的子环,那么根据上述的引理,$*$ 是 R_{even} 上的一个代数卷积。

5.5　拟二次剩余码

下面是 Bazzi 和 Mitter[BM] 的令人关注的文章中的一些论点。我们将需要去掉 $p \equiv 3 \pmod 8$ 的假设条件(这是他们文章中需要的)。

假如 $S \subseteq GF(p)$,令 $f_S(x) = \prod_{a \in S} (x - a) \in GF(p)[x]$。令 $\chi = \left(\overline{\dfrac{\cdot}{p}}\right)$ 为二次剩余特征,在二次剩余 $Q \subset GF(p)^{\times}$ 条件下等于 1,在二次非剩余 $N \subset GF(p)^{\times}$ 条件下等于 -1,在 $0 \in GF(p)$ 条件下等于 0。

定义

$$C_{NQ} = \{(r_N r_S, r_Q r_S) \mid S \subseteq GF(p)\},$$

其中 N, Q 正如上述所给出。(以一种直观方式,我们用 $\mathbf{F}^{2p}$ 的元素表示每对 $(r_N r_S, r_Q r_S)$。尤其是当 S 是空集时,$(r_N r_S, r_Q r_S)$ 对应于 $\mathbf{F}^{2p}$ 的零矢量。)我们称它为拟二次剩余码。它们是长度为 $2p$ 的二进制线性码且维数为

$$k = \begin{cases} p, & \text{假如 } p \equiv 3 \pmod 4 \\ p - 1, & \text{假如 } p \equiv 1 \pmod 4 \end{cases},$$

根据引理 149,为了满足奇偶校验法则,这个码没有奇重量码字。

评论 18　假如 $p \equiv \pm 1 \pmod 8$,那么 C_{NQ} "包含" 一个二进制二次剩余码。对于某些质数 p,最小距离满足著名的平方根下界 $d \geqslant \sqrt{p}$。

借助于 SAGE 计算,下面命题可能是对的[Jo1]。

命题 150　(1) 对于 $p \equiv 1 \pmod 4$,对应的拟二次剩余码和它的对偶码满足 $C_{NQ} \oplus C_{NQ}^{\perp} = \mathbf{F}^{2p}$,其中 $\oplus$ 代表直积(所以尤其是 $C_{NQ} \bigcap C_{NQ}^{\perp} = \{0\}$)。

（2）假如 $p \equiv 3 \pmod 4$，那么对应的拟二次剩余码是自对偶的：$C_{NQ}^{\perp} = C_{NQ}$。

在 2008 年，Robin Chapman[Cha] 和 Maosheng Xiong 告知第一作者命题 150（如 [Jo1] 中的一个猜想所描述）是真的。由于他们俩的证明类似，因此用如下的方式来描述 Chapman 代数证明。也给出第二部分的相关证明（归功于第二作者）。

命题 150 的证明　用 $f^{-1}(x) = f(x^{-1})$ 定义 R 上的一个环自同构 $f \to f^{-1}$，其中 x^{-1} 表示 x^{p-1}。同时定义一个 $\mathbf{F}$-线性映射 $\varepsilon: R \to \mathbf{F}$ 为

$$\varepsilon\left(\sum_{j=0}^{p-1} a_j x^j\right) = a_0。$$

那么得到 R 上的一个 $\mathbf{F}$-双线性对为

$$\langle f, g \rangle = \varepsilon(fg^-)。$$

由于 $f = \sum_{j=0}^{p-1} a_j x^j = (a_0, \cdots, a_{p-1})$ 且 $g = \sum_{j=0}^{p-1} b_j x^j = (b_0, \cdots, b_{p-1})$，$\varepsilon(fg^{-1}) = \sum_{j=0}^{p-1} a_j b_j = \langle f, g \rangle$，因此这个双线性对对应于 $\mathbf{F}^p$ 上的标准内积。通过用 R^2 表示 $\mathbf{F}^{2p}$，能给出 R^2 对 $\langle (f_1, f_2), (g_1, g_2) \rangle = \langle f_1, g_1 \rangle + \langle f_2, g_2 \rangle$，其对应 $\mathbf{F}^{2p}$ 上的标准内积。

令 $t = t(x) := \sum_{j=0}^{p-1} x^j = 1 + r_N + r_Q$。首先证明假如 $p \equiv 1 \pmod 4$，那么 $C_{NQ} \oplus C_{NQ}^{\perp} = \mathbf{F}^{2p}$。它足够证明 $C_{NQ} \cap C_{NQ}^{\perp} = \{0\}$。为了证明上述关系，设 $(f_{r_N}, f_{r_Q}) \in C_{NQ} \cap C_{NQ}^{\perp}$，那么对于每个 $g \in R$

$$0 = \langle (f_{r_N}, f_{r_Q}), (g_{r_N}, g_{r_Q}) \rangle = \varepsilon(fg^{-1}(r_N r_N^- + r_Q r_Q^-))$$
$$= \varepsilon(fg^-(r_N^2 + r_Q^2)) \quad \text{当 } p \equiv 1 \pmod 4 \text{ 时 } r_N^- = r_N, r_Q^- = r_Q$$
$$= \varepsilon(fg^-(r_N + r_Q)^2)$$
$$= \varepsilon(fg^-(t-1)^2) = \varepsilon(fg^-(t-1))$$
$$= \langle f(t-1), g \rangle。$$

由于双线性时是非奇异的，因此 $f(t-1) = 0$。因此，$f(x) = f(x)t(x) = f(1)t(x) \in \{0, t(x)\}$。假如 $f(x) = 0$，那么证明完毕。设 $f(x) = t(x)$，那么 $f(x)r_N(x) = t(x)r_N(x) = r_N(1)t(x) = 0$，其中由于 $t(x)$ 是全 1 矢量，那么证明了第二个等式，且由于 $r_N(1)$ 重量是偶数，那么证明了第三个等式。根据对称性，$f(x)r_Q(x) = 0$，因此 $(f_{r_N}, f_{r_Q}) = 0$。因此 $C_{NQ} \cap C_{NQ}^{\perp} = \{0\}$，证明了猜想的第一部分。

紧接着证明假如 $p \equiv 3 \pmod 4$，那么 C_{NQ} 是自对偶的。因为 C_{NQ} 是 p

阶的,那么它足够证明 C_{NQ} 是自正交的,如下所示。对于任意 $f,g \in R$,

$$\langle (f_{r_N}, f_{r_Q}), (g_{r_N}, g_{r_Q}) \rangle = \varepsilon(fg^- (r_N r_N^- + r_Q r_Q^-))$$
$$= \varepsilon(fg^- (r_N r_Q + r_Q r_N))$$
$$= \varepsilon(fg^- (2r_N r_Q)) = 0.$$

证明了猜想的第二部分。

评论 19　如下所示,以一种相关的方式证明命题 150 的第二部分。

对于某个 $k \geqslant 0$,设 $p = 4k+3$。令 N 和 Q 是循环矩阵且它的第一行分别为 r_N, r_Q。注意到对于任意奇素数 p, C_{NQ} 存在一个生成矩阵为 $G(C_{NQ}) = [N | Q]$。已知 $QQ^{\mathrm{T}} = (k+1)I + kJ$ 且 $NN^{\mathrm{T}} = (k+1)I + kJ$(例如,参见[Ga])。因此 C_{NQ} 是如 $[N|Q][N|Q]^{\mathrm{T}} = NN^{\mathrm{T}} + QQ^{\mathrm{T}} = 2(k+1)I + 2kJ \equiv 0 \pmod 2$ 所示的自正交。由于 C_{NQ} 维数为 p,因此 C_{NQ} 是自对偶的。

自对偶二进制码存在最小距离的有用上界(例如 Sloane－Mallows 界,[HP1]中定理 9.3.5)。结合上界和前面提到的下界,得到如下结论。

引理 151　假如 $p \equiv 3 \pmod 4$,那么
$$d \leqslant 4 \cdot [p/12] + 6.$$
假如 $p \equiv -1 \pmod 8$,那么
$$\sqrt{p} \leqslant d \leqslant 4 \cdot [p/12] + 6.$$

注意这些上界(在这种情况下它们有效)比码率为 1/2 码的 McEliece－Rumsey－Rodemich－Welsh 渐近界更好。

例 152　借助于 SAGE,进行了下面计算。当 $p = 5$ 时,C_{NQ} 的重量分布为
$$[1,0,0,0,5,0,10,0,0,0,0].$$
当 $p = 7$ 时,C_{NQ} 的重量分布为
$$[1,0,0,0,14,0,49,0,49,0,14,0,0,0,1].$$
当 $p = 11$ 时,C_{NQ} 的重量分布为
$$[1,0,0,0,0,0,77,0,330,0,616,0,616,0,330,0,77,0,0,0,0,0,1].$$
当 $p = 13$ 时,C_{NQ} 的重量分布为
$$[1,0,0,0,0,0,0,0,273,0,598,0,1\ 105,0,$$
$$1\ 300,0,598,0,182,0,39,0,0,0,0,0,0].$$

下面的著名结论[1]将用于估计拟二次剩余码的码字重量。

---

① 例如参见 Weil[W] 或 Schmidt[Sch],引理 2.11.2。

命题 153 （Artin, Hasse, Weil）设 $S \subset GF(p)$ 非空,

① $|S|$ 为偶数:

$$\sum_{a \in GF(p)} \chi(f_S(a)) = -p - 2 + |X_S(GF(p))|。$$

② $|S|$ 为奇数:

$$\sum_{a \in GF(p)} \chi(f_S(a)) = -p - 1 + |X_S(GF(p))|。$$

③ $|S|$ 为奇数:曲线 $y^2 = f_S(x)$（平滑投影模型）的亏格为 $g = \dfrac{|S|-1}{2}$

且

$$\left| \sum_{a \in GF(p)} \chi(f_S(a)) \right| \leqslant (|S|-1) p^{1/2} + 1。$$

④ $|S|$ 为偶数:曲线 $y^2 = f_S(x)$（平滑投影模型）的亏格为 $g = \dfrac{|S|-2}{2}$

且

$$\left| \sum_{a \in GF(p)} \chi(f_S(a)) \right| \leqslant (|S|-2) p^{1/2} + 1。$$

显而易见,对于 S "小" 的情况,最后两个估计仅仅是非平凡的（即 $|S| < p^{1/2}$）。

引理 154 （Tarnanen[T],定理1）给定 τ, $0.39 < \tau < 1$。对于所有足够大的 p,下述命题是错误的:对于 $|S| \leqslant \tau p$ 的所有子集 $S \subset GF(p)$,得到 $0.42p < |X_S(GF(p))| < 1.42p$。

评论 20 （1）这里"足够大"的意思很难精确定义。Tarnanen 的结论实际上是渐近的（随着 $p \to \infty$）,所以能简单地称对此引理部分（1）的否定与[T]中定理 1 矛盾。

（2）虽然限定条件 $0.42p < |X_S(GF(p))|$,但是对于"足够大" p,这个引理看起来并不能表明"$B(1.42, p)$"是错的（所以下述定理 174 是一个新结论）。另外令人感兴趣的是 Stepanov[St2] 定理 1 中特征和的命题。

证明 它是上述命题及[T]中定理 1 的直接结论。

引理 155 （Bazzi-Mitter[BM],命题 3.3）设 2 和 -1 为二次非剩余模 p（即 $p \equiv 3 \pmod 8$）。

假如 $c = (r_N r_S, r_Q r_S)$ 是二进制 $[2p, p]$ 码 C_{NQ} 的非零码字,那么根据特征和的公式,假如 $|S|$ 为偶数,这个码字重量表示为

$$\mathrm{wt}(c) = p - \sum_{a \in GF(p)} \chi(f_S(a))$$

假如 $|S|$ 为奇数,表示为

$$\mathrm{wt}(c) = p + \sum_{a \in GF(p)} \chi(f_{S^c}(a))_{\circ}$$

事实上,仔细看它们的证明,能发现下述结论。

命题 156　令 $c = (r_N r_S, r_Q r_S)$ 是 C_{NQ} 的非零码字。

(a) 假如 $|S|$ 为偶数,那么

$$\mathrm{wt}(c) = p - \sum_{a \in GF(p)} \chi(f_S(a)) = 2p + 2 - |X_S(GF(p))|_{\circ}$$

(b) 假如 $|S|$ 为奇数且 $p \equiv 1 \pmod 4$,那么重量为

$$\mathrm{wt}(c) = p - \sum_{a \in GF(p)} \chi(f_{S^c}(a)) = 2p + 2 - |X_{S^c}(GF(p))|_{\circ}$$

(c) 假如 $|S|$ 为奇数且 $p \equiv 3 \pmod 4$,那么重量为

$$\mathrm{wt}(c) = p + \sum_{a \in GF(p)} \chi(f_{S^c}(a)) = |X_{S^c}(GF(p))| - 2_{\circ}$$

证明　假如 $A, B \subseteq GF(p)$,那么第 5.4 部分中的讨论表明

$$\mathrm{wt}(r_A r_B) = \sum_{k \in GF(p)} \mathrm{parity} |A \cap (k-B)|, \qquad (5.5.1)$$

其中 $k - B = \{k - b \mid b \in B\}$ 且假如 x 为奇数,$\mathrm{parity}(x) = 1$;否则为 0。令 $S \subseteq GF(p)$,那么我们得到

$$p - \mathrm{wt}(r_Q r_S) - \mathrm{wt}(r_N r_S)$$

$$= \sum_{a \in GF(p)} (1 - \mathrm{parity} |Q \cap (a-S)| - \mathrm{parity} |N \cap (a-S)|)_{\circ}$$

令

$$T_a(S) = 1 - \mathrm{parity} |Q \cap (a-S)| - \mathrm{parity} |N \cap (a-S)|_{\circ}$$

情况 1　假如 $|S|$ 为偶数且 $a \in S$,那么 $0 \in a - S$,所以由于 0 不包含在 $Q \cap (a-S)$ 或 $N \cap (a-S)$ 中,因此 $|Q \cap (a-S)|$ 为奇数表明 $|N \cap (a-S)|$ 为偶数。否则 $|Q \cap (a-S)|$ 为偶数表明 $|N \cap (a-S)|$ 为奇数。因此 $T_a(S) = 0$。

情况 2　假如 $|S|$ 为偶数且 $a \notin S$,那么 $\mathrm{parity}|Q \cap (a-S)| = \mathrm{parity}|N \cap (a-S)|$。假如 $|Q \cap (a-S)|$ 为偶数,那么 $T_a(S) = 1$,且假如 $|Q \cap (a-S)|$ 为奇数,那么 $T_a(S) = -1$。

情况 3　$|S|$ 为奇数。我们称 $(a-S)^c = a - S^c$。(证明:令 $s \in S$ 且 $\bar{s} \in S^c$,那么 $a - s = a - \bar{s} \Rightarrow s = \bar{s}$,它显然是矛盾的。因此,$(a-S) \cap (a-S^c) = \varnothing$,所以 $(a-S)^c \supseteq (a-S^c)$。用 S^c 代替 S 能证明上述结论。)且注意到

$$(Q \cap (a-S)) \sqcup (Q \cap (a-S^c)) = GF(p) \cap Q = Q$$

有 $|Q| = \dfrac{p-1}{2}$ 个元素($\sqcup$ 表示不相交并集)。所以只要 $|Q|$ 为偶数,那么

$$\text{parity}\,|\,Q\bigcap(a-S)\,|=\text{parity}\,|\,Q\bigcap(a-S^c)\,|\,,$$

只要 $|Q|$ 为奇数,那么

$$\text{parity}\,|\,Q\bigcap(a-S)\,|\neq\text{parity}\,|\,Q\bigcap(a-S^c)\,|\,。$$

结论

$$|S|\,\text{为偶数}:T_a(S)=\prod_{x\in a-S}\left(\frac{x}{p}\right)\,;$$

$|S|$ 为奇数且 $p\equiv3\,(\bmod\,4):T_a(S)=-T_a(S^c)\,;$

$|S|$ 为奇数且 $p\equiv1\,(\bmod\,4):T_a(S)=T_a(S^c)\,。$

根据结论能够证明 $\text{wt}(c)$ 和特征和之间的关系。等式剩下部分可用命题 153 来证明。

评论 21 用上述编码理论的结果能证明,假如 $p\equiv-1\,(\bmod\,8)$,那么(非空集合 S)$X_S(GF(p))$ 包含至少 $\sqrt{p}+1$ 个点。它也能根据 Weil 估计证明。由于证明比较短,这里给出。

命题 156(c) 部分给出假如 $p\equiv-1\,(\bmod\,8)$ 且 $|S|$ 为奇数,那么 $X_S(GF(p))$ 包含至少 $\sqrt{p}+2$ 个点。假如 $|S|$ 为偶数,那么用等式 $y^2=f_S(x)$ 替代 $x=a+1/x,y=y/x^{|S|}$。它将产生以 (x,y) 为坐标的超椭圆曲线 X 满足 $|X(GF(p))|=|X_S(GF(p))|$ 且 $X\cong X_{S'}$,其中 $|S'|=|S|-1$ 为奇数。现在把上述命题部分(c)和评论 18 应用到 $X_{S'}$。

评论 22 假如 $|S|=2$ 或者 $|S|=3$,那么根据 Wage[Wa],能得到更多上述的特征和。

① 假如 $|S|=2$,那么能显式计算 $\sum_a\chi(f_S(a))$(它"通常"等于 -1;见 Wage 论文命题 1)。

② 假如 $|S|=3$,那么根据有限域 $GF(p)$ 上的一个超几何函数(Hypergeometric function over $GF(p)$)表示 $\sum_a\chi(f_S(a))$ 为

$$_2F_1(t)=\frac{\psi(-1)}{p}\sum_{x\in GF(p)}\psi(x)\psi(1-x)\psi(1-tx)\,,$$

其中 $\psi(x)=\left(\dfrac{x}{p}\right)$ 是勒让德符号。更多细节参见[Wa]中命题 2。

已经观察到下述事实是正确的。由于用超椭圆曲线的基本事实来证明比较短,因此下面也包括了该证明。

推论 157 C_{NQ} 是一个偶数重量码。

证明 由于 p 是奇数且 $GF(p)$ 域上 $1\neq-1$,因此把 $X_S(GF(p))$ 中每个仿射点看作 $y^2=f_S(x)$ 一组解中的一个。在无限空间中存在两个点

（假如被分歧，数量是 2 的倍数），所以通常 $|X_S(GF(p))|$ 是偶数。上述命题中码字重量公式表明每个码字重量为偶数。

作为这个命题和引理 151 的结论，有下面的结果。

推论 158　假如 $p \equiv 3 \pmod 4$，那么 $\max_S |X_S(GF(p))| > \dfrac{5}{3} p - 4$。

例 159　借助于 SAGE，计算下面例子。

假如 $p = 11$ 和 $S = \{1, 2, 3, 4\}$，那么

$$(r_S(x) r_N(x), r_S(x) r_Q(x)) = (x^{10} + x^9 + x^7 + x^6 + x^5 + x^4 + x^2 + 1,$$
$$x^{10} + x^9 + x^7 + x^6 + x^5 + x^3 + x + 1)$$

对应重量为 16 的码字 $(1, 0, 1, 0, 1, 1, 1, 1, 0, 1, 1, 1, 1, 0, 1, 0, 1, 1, 1, 0, 1, 1)$。显式计算证明正如期望那样，特征和 $\displaystyle\sum_{a \in GF(11)} \chi(f_S(a))$ 为 -5。

假如 $p = 11$ 且 $S = \{1, 2, 3\}$，那么

$$(r_S(x) r_N(x), r_S(x) r_Q(x)) = (x^9 + x^7 + x^5 + x^4 + x^3 + x^2 + x,$$
$$x^{10} + x^8 + x^6 + x^3 + x^2 + x + 1)$$

对应重量为 14 的码字 $(0, 1, 1, 1, 1, 1, 0, 1, 0, 1, 0, 1, 1, 1, 1, 0, 0, 1, 0, 1, 0, 1)$。显式计算证明正如期望那样，特征和 $\displaystyle\sum_{a \in GF(11)} \chi(f_{S^c}(a))$ 为 3。

回顾一下 $B(c, p)$ 是下述命题：对于所有 $S \subset GF(p)$，$|X_S(GF(p))| \leqslant c \cdot p$。

定理 160　（Bazzi－Mitter）给定 $c \in (0, 2)$。假如有无限多个 p 且 $p \equiv 1 \pmod 4$ 满足 $B(c, p)$，那么存在一类无穷多的二进制码，其渐近码率 $R = 1/2$ 且相对距离 $\delta \geqslant 1 - \dfrac{c}{2}$。

它是上述命题的简单结论且本质与 [BM] 一致（尽管文章中假定 $p \equiv 3 \pmod 8$）。

定理 161　假如有无限多质数 p 且 $p \equiv 1 \pmod 4$ 满足 $B(1.77, p)$，那么 Goppa 猜想是错误的。

证明　回顾一下 Goppa 猜想：二进制渐近 Gilbert－Varshamov 界最可能用于一类二进制码中。渐近 GV 界表明码率 R 大于等于 $1 - H_2(\delta)$，其中

$$H_q(\delta) = \delta \cdot \log_q(q - 1) - \delta \log_q(\delta) - (1 - \delta) \log_q(1 - \delta)$$

是熵函数（用于 q 元信道）。因此，根据 Goppa 猜想，假如 $R = \dfrac{1}{2}$（且 $q = 2$），

那么最可能的 δ 是 $\delta_0 = 0.11$。设 $p \equiv 1 \pmod 4$。Goppa 猜想意味着在 p 足够大的情况下,码率 $R = \dfrac{1}{2}$ 的拟二次剩余码的最小距离满足 $d < \delta_0 \cdot 2p = 0.22p$。回顾一下,根据命题 156 得到这个拟二次剩余码码字重量。$B(1.77, p)$ $(p \equiv 1 \pmod 4)$ 意味着(对于所有 $S \subset GF(p)$)$\mathrm{wt}((r_s r_N, r_s r_Q)) \geqslant 2p - |X_S(GF(p))| \geqslant 0.23p$。换句话说,对于 $p \equiv 1 \pmod 4$,非零码字重量都至少为 $0.23p$。它与上述估计矛盾。

定理 162 (第一渐近 McEliece－Rumsey－Rodemich－Welsh 界,[HP1] 中定理 2.10.6) 任意 $[n, k, d]_2$ 码的码率 $R = k/n$ 小于等于

$$h(\delta) = H_2\left(\frac{1}{2} - \sqrt{\delta(1-\delta)}\right),$$

其中 $\delta = d/n$。

为了简洁,这个结论称作 MRRW 界(MRRW bound)。

用与上述证明相同论据和 MRRW 界,我们证明下面的无条件结论。

定理 163 对于所有足够大质数 p 且 $p \equiv 1 \pmod 4$,命题 $B(1.62, p)$ 是错误的。

证明 假如质数 p 满足 $B(1.62, p)$,那么称它为"可接受的"。证明对于所有足够大质数 p 且 $p \equiv 1 \pmod 4$,命题 $B(1.62, p)$ 与 MRRW 界矛盾。

定理 162 和拟二次剩余码($p \equiv 1 \pmod 4$)的码率 $R = \dfrac{1}{2}$ 意味着 $\delta \leqslant \delta_0 = h^{-1}(1/2) \cong 0.187$。因此,对于所有大 p(无论是否可接受),$d \leqslant \delta_0 \cdot 2p$。另一方面,假如 p 是可接受的且 $|X_S(GF(p))| \leqslant c \cdot p$(其中 $c = 1.62$),那么根据上述论据,$d \geqslant 2 \cdot \left(p - \dfrac{c}{2}p\right)$。同时,得到 $1 - \dfrac{c}{2} \leqslant \delta_0$,所以 $c \geqslant 2 \cdot (1 - h^{-1}(1/2)) \cong 1.626$。这是矛盾的。

推论 164 存在一个常数 p_0(不可计算的)有下面性质:假如 $p > p_0$,那么存在一个子集 $S \subset GF(p)$ 满足界 $|X_S(GF(p))| > 1.62p$。

5.6 重量分布

正如前章所见,与 $GF(q)$ 域上线性码 C 相对应,存在一个 ζ 函数 $Z = Z_C$ 为

$$Z(T) = \frac{P(T)}{(1-T)(1-qT)},$$

其中 $P(T)$ 为 $n+2-d-d^\perp$ 阶多项式,它仅通过重量算子多项式依赖于 C(其中 d 是 C 的最小距离而 $d^\perp$ 是它的对偶码 $C^\perp$ 的最小距离;设 $d \geqslant 2$ 且 $d^\perp \geqslant 2$)。也可定义(用于形式自对偶码 C)黎曼假设为命题:所有零点位于"临界圆"上。

例 165 借助于 SAGE 进行下面计算。假如 $p=7$,那么(自对偶)$[14, 7, 4]$ 码 C_{NQ} 的"ζ 多项式"为

$$P(T) = \frac{2}{143} + \frac{4}{143}T + \frac{19}{429}T^2 + \frac{28}{429}T^3 + \frac{40}{429}T^4 + \frac{56}{429}T^5 + \frac{76}{429}T^6 + \frac{32}{143}T^7 + \frac{32}{143}T^8 。$$

它能验证 Z_C 的根 ρ 都满足 $|\rho| = 1/\sqrt{2}$,因此这种情况下可用于验证黎曼假设。

$p \equiv 3 \pmod 4$ 情况下 C_{NQ} 的 Duursma ζ 函数 $Z(T)$ 是否总是满足黎曼假设是个令人感兴趣的话题。

命题 166 假如 $p \equiv 1 \pmod 4$,那么由 C_{NQ} 和全 1 码字张成的码 C'(即包含 C_{NQ} 和所有互补码字的最小码)是 p 阶形式自对偶码。并且假如 $A = [A_0, A_1, \cdots, A_n]$ 表示 C_{NQ} 的重量分布矢量,那么 C' 的重量分布矢量为 $A + A^*$,其中 $A^* = [A_n, \cdots, A_1, A_0]$。

正如命题 150 所示,R. Chapman 和 M. Xiong 独立地证明了命题 166(也是 [Jo1] 中的一个猜想)的正确性。首先给出 Chapman 的代数证明,然后给出它们的联合证明。

命题 166 的证明 (代数证明)令 1_{2p} 为长度 $2p$ 的全 1 矢量。第 2 部分通过 $C' = C_{NQ} \bigcup (1_{2p} + C_{NQ})$ 证明。因此仅证明第 1 部分,即假如 $p \equiv 1 \pmod 4$,那么 C' 是形式自对偶的。 下面证明 $C'^\perp = C_{QN} + F(t(x), t(x))$,其中 $C_{QN} = \{(r_Q r_S, r_N r_S) \mid S \subseteq GF(p)\}$。它意味着 $C'^\perp$ 等价于 C',即 C' 是孤立对偶的,C' 是形式自对偶的。容易证明由于 $t(x)$ 的重量为奇数,因此 $(t(x), t(x)) \notin C_{NQ}$ 且由于 r_Q 的重量为偶数,因此对于任意 $f \in R$,$f r_Q$ 为偶数。它意味着 C' 是 p 阶的。由于后者也是 p 阶的,因此足够证明 C' 正交于 $C_{QN} + F(t(x), t(x))$。注意由于

$$\langle (f r_N, f r_Q), (t, t) \rangle = \varepsilon (f t^- (r_N + r_Q))$$
$$= \varepsilon (f t (t-1)) = \varepsilon (f (t^2 - t)) = \varepsilon (f \cdot 0) = 0,$$

因此 $(t(x), t(x))$ 正交于 C_{QN}。根据类似方式,$(t(x), t(x))$ 正交于 Q_{QN}。最后,由于对于任意 $f, g \in R$,

$$\langle (f r_N, f r_Q), (g r_N, g r_Q) \rangle = \varepsilon (f g^- (r_N r_Q^- + r_Q r_N^-))$$

$$= \varepsilon (fg^- (r_N r_Q + r_Q r_N))$$
$$= \varepsilon (fg^- (2 r_N r_Q)) = 0,$$

所以 C_{NQ} 和 C_{QN} 正交。综上所述,完成了对命题 166 的证明。

(联合证明) 注意 C' 的生成矩阵为 $\begin{bmatrix} N & Q \\ 1_p & 1_p \end{bmatrix}$。下面证明它的对偶 $C'^{\perp}$ 的生成矩阵为 $\begin{bmatrix} Q & N \\ 1_p & 1_p \end{bmatrix}$。它表明 C' 是孤立对偶的,因此 C' 是形式自对偶的。

令 $p \equiv 1 \pmod 4$。上面已经证明由于 1_p 不属于 N 产生的二进制码 (它的每行重量为偶数),所以 1_{2p} 不属于 C_{NQ}。因此 $\mathrm{Rank}(\begin{bmatrix} N & Q \\ 1 & 1 \end{bmatrix}) = p$。并且由于假如 $q \equiv 1 \pmod 4$ 那么 $Q^{\mathrm{T}} = Q, N^{\mathrm{T}} = N$ 且 $QN = NQ([\mathrm{Ga}])$,因此容易证明

$$[N \mid Q] [Q \mid N]^{\mathrm{T}} = NQ^{\mathrm{T}} + QN^{\mathrm{T}}$$
$$= NQ + QN = NQ + NQ \equiv 0 \pmod 2 \text{。}$$

明显 1_{2p} 正交于 $[N \mid Q]$ 和 $[Q \mid N]$。因此 C' 的对偶的生成矩阵为 $\begin{bmatrix} Q & N \\ 1_p & 1_p \end{bmatrix}$。完成了命题 166 的证明。

回顾一下,假如最小距离满足 Sloane − Mallows 界([D3]),则称自对偶码为"极值的";假如最小距离为所有相同长度和维数的线性码中最大的,则称自对偶码为"最优的"。正如上面描述的,猜想所有自对偶极值码 C 的 Duursma ζ 函数满足黎曼假设。下面例子表明"自对偶极值"不能由"形式自对偶最优"替代。这个例子也证明通常黎曼假设对于这些"扩展拟二次剩余码"无效。

例 167 假如 $p = 13$,那么 C' 是 $[26, 13, 6]$ 码,其重量分布为
$$[1, 0, 0, 0, 0, 0, 39, 0, 455, 0, 1196, 0, 2405, 0, 2\,405,$$
$$0, 1\,196, 0, 455, 0, 39, 0, 0, 0, 0, 0, 1] \text{。}$$

它是形式自对偶最优码(根据 SAGE[S] 中包含的编码定理表)。这个码字 C' 的 ζ 多项式为

$$P(T) = \frac{3}{17\,710} + \frac{6}{8\,855} T + \frac{611}{336\,490} T^2 + \frac{9}{2\,185} T^3 + \frac{3\,441}{408\,595} T^4 +$$

$$\frac{6\,448}{408\,595} T^5 + \frac{44\,499}{1\,634\,380} T^6 + \frac{22\,539}{520\,030} T^7 + \frac{66\,303}{1\,040\,060} T^8 +$$

$$\frac{22\,539}{260\,015} T^9 + \frac{44\,499}{408\,595} T^{10} + \frac{51\,584}{408\,595} T^{11} + \frac{55\,056}{408\,595} T^{12} +$$

$$\frac{288}{2\,185}T^{13}+\frac{19\,552}{168\,245}T^{14}+\frac{768}{8\,855}T^{15}+\frac{384}{8\,855}T^{16}。$$

用 SAGE，能校验这个函数 12 个零点中只有 8 个的绝对值为 $1/\sqrt{2}$。

5.7　二次剩余长码

现在引入一个新码，类似于上述讨论的拟二次剩余码的构造：
$$C=\{(r_N r_S,r_Q r_S,r_N r_S^*,r_Q r_S^*)\mid S\subseteq GF(p)\}。$$

称它为二次剩余长码且把它看成 F^{4p} 的子集。观测一下它是非线性的。

对于任意 $S\subseteq GF(p)$，令
$$c_S=(r_N r_S,r_Q r_S,r_N r_S^*,r_Q r_S^*),$$
且
$$v_S=(r_N r_S,r_Q r_S,r_N r_S,r_Q r_S)。$$

假如 $S_1\Delta S_2$ 表示 S_1 和 S_2 间的对称差，那么容易验证
$$c_{S_1}+c_{S_2}=v_{S_1\Delta S_2}。\tag{5.7.1}$$

现在用引理 149 计算 C 的数量。证明下面命题：假如 $p\equiv 3\,(\mathrm{mod}\,4)$，那么 S 到码字 c_S 的映射是单射的。它表明 $|C|=2^p$。如果不是这样，那么存在两个子集 $S_1,S_2\subseteq GF(p)$ 映射到同样码字。相减得到 $c_{S_1}-c_{S_2}=c_{S_1}+c_{S_2}=v_{S_1\Delta S_2}$ 且子集 $T=S_1\Delta S_2$ 满足 $r_Q r_T=r_N r_T=r_Q r_{T^c}=r_N r_{T^c}=0$。假如 $|T|$ 是偶数，那么 $0=(r_Q+r_N)r_T=(r_{GF(p)}-1)r_T=r_T$。这导致 T 为空集合，所以 $S_1=S_2$。现在假如 $|T|$ 是奇数，那么相似原因表明 T^c 是空集。因此 $S_1=\varnothing$ 且 $S_2=GF(p)$，反之亦然。它证明了上述命题。

对于 $p\equiv 1\,(\mathrm{mod}\,4)$ 情况，我们声明：$|C|=2^{p-1}$。再假定存在两个子集 $S_1,S_2\subseteq GF(p)$ 映射到同样码字，那么子集 $T=S_1\Delta S_2$ 满足 $r_Q r_T=r_N r_T=r_Q r_{T^c}=r_N r_{T^c}=0$。它表明或者 $T=\varnothing$ 或者 $T=GF(p)$。因此，或者 $S_1=S_2$ 或者 $S_1=S_2^c$。

结合命题 153 和上述讨论，我们已经证明下述结论。

定理 168　码 C 的长度 $n=4p$ 且假如 $p\equiv 1\,(\mathrm{mod}\,4)$，其数量为 $M=2^{p-1}$；假如 $p\equiv 3\,(\mathrm{mod}\,4)$，其数量为 $M=2^p$。假如 $p\equiv 3\,(\mathrm{mod}\,4)$，那么最小非零重量值为 $2p$ 且最小距离至少为
$$d_p=4p-2\max_{S\subset GF(p)}|X_S(GF(p))|。$$

假如 $p\equiv 1\,(\mathrm{mod}\,4)$，那么 C 是一个二进制 $[4p,p-1,d_p]$ 码。

评论 23 假如 $p \equiv 3 \pmod 4$，不存在简单理由来证明为什么最小距离实际上小于最小非零重量值。

引理 169 假如 $p \equiv 1 \pmod 4$，那么

① $v_S = c_S$；

② $c_{S_1} + c_{S_2} = c_{S_1 \triangle S_2}$；

③ 码 C 同构于拟二次剩余码 C_{NQ}。

尤其是，C 是线性的且 $p - 1$ 阶的。

证明 根据定理 168 证明假如 $p \equiv 1 \pmod 4$，那么只要 $S_2 = S_1^c$，那么 $r_N r_{S_1} = r_N r_{S_2}$ 且 $r_Q r_{S_1} = r_Q r_{S_2}$。根据这个结论和 (5.7.1) 容易证明引理。

设 $p \equiv 3 \pmod 4$。令

$$V = \{v_S \mid S \subset GF(p)\},$$

且令

$$\overline{C} = C \bigcup V。$$

引理 170 码 $\overline{C}$ 是

① 包含 C 的 $\mathbf{F}^{4p}$ 的最小线性子码；

② 维数为 $p + 1$；

③ 最小距离为 $\min(d_p, 2p)$。

若妄用一下术语，我们称 $\overline{C}$ 为二次剩余长码。

证明 根据 (5.7.1) 来证明第 1 部分。根据一个计算参数来证明第 2 部分（如定理 168 的证明）。第 3 部分是定理 168 的一个推论。

根据命题 156，回顾一下得到

$$\mathrm{wt}(r_N r_S, r_Q r_S) = \begin{cases} p - \sum\limits_{a \in GF(p)} \left(\dfrac{f_S(a)}{p} \right), & |S| \text{ 为偶数（任意 } p) \\[3mm] p - \sum\limits_{a \in GF(p)} \left(\dfrac{f_S(a)}{p} \right), & |S| \text{ 为奇数且 } p \equiv 1 \pmod 4。 \\[3mm] p + \sum\limits_{a \in GF(p)} \left(\dfrac{f_S(a)}{p} \right), & |S| \text{ 为奇数且 } p \equiv 3 \pmod 4 \end{cases}$$

引理 171 对于每个 p，C 的码字 $c_S = (r_N r_S, r_Q r_S, r_N r_S^*, r_Q r_S^*)$ 重量为

$$\mathrm{wt}(c_S) = \begin{cases} 2p - 2 \sum\limits_{a \in GF(p)} \left(\dfrac{f_S(a)}{p} \right), & p \equiv 1 \pmod 4 \\[3mm] 2p, & p \equiv 3 \pmod 4 \end{cases}。$$

换句话说，假如 $p \equiv 3 \pmod 4$，那么 C 是一个固定重量码。

证明　事实上,命题 156 意味着假如 $p \equiv 1 \pmod 4$,那么

$$\text{wt}(r_N r_S, r_Q r_S, r_N r_S^*, r_Q r_S^*) = \text{wt}(r_N r_S, r_Q r_S) + \text{wt}(r_N r_S^*, r_Q r_S^*)$$

$$= 2 \cdot \text{wt}(r_N r_S, r_Q r_S)$$

$$= 2p - 2 \sum_{a \in GF(p)} \left(\frac{f_S(a)}{p} \right); \qquad (5.7.2)$$

假如 $p \equiv 3 \pmod 4$ 且 $|S|$ 为偶数,那么

$$\text{wt}(r_N r_S, r_Q r_S, r_N r_S^*, r_Q r_S^*) = \text{wt}(r_N r_S, r_Q r_S) + \text{wt}(r_N r_S^*, r_Q r_S^*)$$

$$= p - \sum_{a \in GF(p)} \left(\frac{f_S(a)}{p} \right) +$$

$$p + \sum_{a \in GF(p)} \left(\frac{f_S(a)}{p} \right)$$

$$= 2p; \qquad (5.7.3)$$

假如 $p \equiv 3 \pmod 4$ 且 $|S|$ 为奇数,那么

$$\text{wt}(r_N r_S, r_Q r_S, r_N r_S^*, r_Q r_S^*) = \text{wt}(r_N r_S, r_Q r_S) + \text{wt}(r_N r_S^*, r_Q r_S^*)$$

$$= p + \sum_{a \in GF(p)} \left(\frac{f_S(a)}{p} \right) + p - \sum_{a \in GF(p)} \left(\frac{f_S(a)}{p} \right)$$

$$= 2p. \qquad (5.7.4)$$

5.7.1　例子

例 172　借助于 SAGE,计算下面例子。当 $p = 11$ 且 $S = \{1, 2, 3, 4\}$ 时,c_S 对应的重量为 22 的码字为

$$(0,1,1,1,1,1,0,1,0,1,0,1,1,1,1,0,0,1,0,1,0,1,1,$$
$$0,0,0,0,0,1,0,1,0,1,0,0,0,0,1,1,0,1,0,1,0).$$

当 $p = 11$ 且 $S = \{1, 2, 3\}$ 时,c_S 对应的重量为 22 的码字为

$$(1,0,1,0,1,1,1,1,0,1,1,1,1,0,1,0,1,1,1,0,1,1,0,$$
$$1,0,1,0,0,0,0,1,0,0,0,0,1,0,1,0,0,0,1,0,0).$$

它证明了引理 170 能够改进第 5.5 部分中定理 161 的命题。下面小节致力于达到这样的目标。

5.7.2　再论 Goppa 猜想

下面我们将移走第 5.5 部分结论之一中的条件 $p \equiv 1 \pmod 4$,代价是减小了涉及的常量。

设满足 $B(c, p)$,得到 C 的最小距离为 $\geqslant \min(d_p, 2p) \geqslant 4p \left(1 - \dfrac{c}{2} \right)$ 且信息率为 $R = \dfrac{1}{4} + \dfrac{1}{4p}$。当 $R = 1/4$ 时,Goppa 猜想给出 $\delta =$

$0.214\cdots$。 因此假如 $\frac{c}{2}=0.215$ 或 $c=1.57$，那么 Goppa 猜想是错的。下面我们改进了定理 161。

定理 173 假如无限多质数 p 满足 $B(1.57,p)$，那么 Goppa 猜测是错的。

下面给出相似论述（用 $h(x)$ 和 MRRW 界替代 $1-H_2(x)$ 和假定的 Goppa 界）：

定理 174 无限多质数 p 不能满足 $B(1.39,p)$。换句话说，对于所有"足够大的" p，必定存在某种 $S\subset GF(p)$，$X_S(GF(p))>1.39p$。

5.8 Voloch 的一些结论

在 F. Voloch 许可下，下面包含了他的一些没有发表的结果。

引理 175 （Voloch）假如 $p\equiv1,3(\mod 8)$，那么 $|X_Q(GF(p))|=1.5p+a$，其中 Q 是二次剩余集合且 a 是一个小常数，$-\frac{1}{2}\leqslant a\leqslant\frac{5}{2}$。

假如 X_Q 由 X_N 替代，且 $p\equiv1,3(\mod 8)$ 由 $p\equiv7(\mod 8)$ 替代（在这种情况下，2 是一个二次剩余），那么满足相似界。

证明 根据命题 153，假如 $p\equiv3(\mod 8)$（所以 $|Q|$ 为奇数），那么

$$\sum_{a\in GF(p)}\chi(f_Q(a))=-p-1+|X_Q(GF(p))|。$$

相似地，假如 $p\equiv1(\mod 8)$（所以 $|Q|$ 为偶数），那么

$$\sum_{a\in GF(p)}\chi(f_Q(a))=-p-2+|X_Q(GF(p))|。$$

由于 $b^{\frac{p-1}{2}}\equiv\chi(b)(\mod p)$，因此得到

$$x^{\frac{p-1}{2}}-1=\prod_{a\in Q}(x-a)=f_Q(x)，\quad x^{\frac{p-1}{2}}+1=\prod_{a\in N}(x-a)。$$

尤其是，对于所有 $n\in N$，

$$f_Q(n)=\prod_{a\in Q}(n-a)=n^{\frac{p-1}{2}}-1\equiv-2(\mod p)。$$

由于 $p\equiv1,3(\mod 8)$，得到 $\chi(-2)=1$，因此对于所有 $n\in N$，$\chi(f_Q(n))=1$。它证明了 $|X_Q(GF(p))|=\frac{3}{2}p+\chi(f_Q(0))+\frac{1}{2}$（假如 $p\equiv3(\mod 8)$） 或 者 $|X_Q(GF(p))|=\frac{3}{2}p+\chi(f_Q(0))+\frac{3}{2}$（假如 $p\equiv1(\mod 8)$）。

下面是上述证明的思想的延伸。给定整数 $l > 2$。设 l 整除 $p-1$，那么 $GF(p)$ 域上存在 l 个不同根 $r_1 = 1, r_2, \cdots, r_l$，满足 $x^{p-1} - 1 = \prod\limits_{i=1}^{l} (x^{\frac{p-1}{l}} - r_i)$。且 $x^{\frac{p-1}{l}} - 1 = \prod\limits_{a \in P_l} (x - a) = f_{P_l}(x)$，其中 P_l 表示 $GF(p)$ 域上非零 l 次幂的集合。

声明　对于所有 $2 \leqslant i \leqslant l$，能发现一个质数 p 的无限序列且满足 $p \equiv 1 \pmod{l}$ 和 $\chi(r_i - 1) = 1$（其中 χ 表示勒让德特征模 p）。假如声明是对的，那么根据命题 153，沿着上述思路，得到 $|X_{P_l}(GF(p))|$ 的 $\left(2 - \dfrac{1}{l}\right) p$ 次幂的下界。

声明证明　在代数数论中众所周知的事实是，$p \equiv 1 \pmod{l}$ 意味着质数 p 完整地分割 $\mathbf{C}$ 中 l 重单位根生成的循环域 $\mathbf{Q}_l$，用 $\widetilde{r_1} = 1, \widetilde{r_2}, \cdots, \widetilde{r_l}$ 表示。条件 $\chi(r_i - 1) = 1$ 意味着 p 分割通过添加 $\sqrt{\widetilde{r_i} - 1}$（这里 $i = 2, \cdots, l$）获得的 $\mathbf{Q}_l$ 扩域。根据 Chebotarev 稠密定理，正如所声明的，存在无限多这样的 p。

事实上，存在有效的出版物明确表明能计算这样的 p（[LO, Se1]）。结合前面引理，能得出下述结论。

定理 176　（Voloch）假如 $l \geqslant 2$ 是任意给定整数，那么对于无限多质数 p，存在一个子集 $S \subset GF(p)$ 满足 $|X_S(GF(p))| = \left(2 - \dfrac{1}{l}\right) p + a$，其中 a 是一个小常数，$-\dfrac{1}{2} \leqslant a \leqslant \dfrac{5}{2}$。

事实上，质数出现在正（Dirichlet）密率中且能有效地构造集合 S。

未解决问题 29　Pippa Charters（[Char]）的最近著作研究了更广义的二次剩余码，称作更高次幂剩余码。那么这种码存在与上述类似的定理吗？

第6章 模曲线生成码

从算术代数几何角度,最有趣的一类曲线就是所谓的模曲线。代数几何在编码理论中最著名的一些应用源自这些模曲线。可以证明模曲线构造的这些代数几何码(称作"AG 码")的有些参数在基域足够大条件下能超过 Gilbert－Varshamov 下界。

未解决问题 30 发现一类无穷多二进制线性码,可渐近地超过 Gilbert－Varshamov 下界或证明根本不存在这样一类码。

下面会尽力给出这个未解决问题的更精确阐述(可参见上述的未解决问题 25)。然而,其基本想法是试着用有限域上的代数曲线理论改进 Gilbert－Varshamov 下界。由于(仍)无法真正了解如何判断任意一个给定码是否都由 AG 码([PSvW])产生,那么也许能完全避免复杂情况。

Huffman 和 Pless[HP1] 第 13 章中简述了 AG 码这个话题。在 Tsfasma,Vladut 和 Nogin[TVN],Tsfasman 和 Vladut[TV],Stichtenoth[Sti],Moreno[Mo] 及 Nieddereiter 和 Xing[NX] 中给出了更完整论述。所有推荐参考文献都作为下面的背景知识。

6.1 引 言

出于许多原因,模曲线是引人注意的,其中之一是它们的高度对称性。换句话说,存在大量不同曲线与其自身自同构。当这些曲线用于构造码时,构造的码不但能显示出异常良好的纠错能力,而且也有非凡对称性。尽管如此,这种对称结构仍存在一些未知的方面。

令 $N > 5$ 且 N 是个素数。模曲线 $X(N)$ 有一个有限群 $G = PSL(2, N)$(即 $GF(N)$ 域上系数的射影特殊线性群)的自然作用。事实上,商 $X(N)/G$ 同构于 $X(1) \cong P^1$。假如 D 是 $X(N)$ 上的一个 $PSL(2, N)$ 不变因子,那存在一个 Riemann－Roch 空间 $L(D)$ 上的 G 自然表示。在本章中,讨论 Riemann－Roch 空间 $L(D)$ 的 $PSL(2, N)$ 模结构的一些结论(在这种情况下,N 是素数且 $N \geqslant 7$)。

假如 D 是非特殊的,那么 Borne[Bo] 中的公式表明

$$[L(D)] = (1 - g_{X(1)})[k[G]] + [\deg_{eq}(D)] - [\widetilde{\Gamma}_G] 。 \quad (6.1.1)$$

其中 $g_{X(1)}$ 为 $X(1)$ 的亏格(它为 0),方括号 G 表示的等价类,$\deg_{eq}(D)$ 是 D 的等价度而 $\widetilde{\Gamma}_G$ 为分歧模(在第 7.5 部分定义这些术语和符号,参见[JK2]和 Borne 的文章[Bo])。下面讨论的大多数结论作为后面的参考。

另外,假如 $N \equiv 1 \pmod 4$,那么明确知道 $L(D)$ 的 $G-$ 模结构。后面会进一步讨论。

作为一个推论,下面是一次简单练习,显式计算分解

$$H^1(X(N), k) = H^0(X(N), \Omega^1) \oplus \overline{H^0(X(N), \Omega^1)} = L(K) \oplus \overline{L(K)},$$

为不可约 $G-$ 模。其中 K 是正则因子。在[KP]($k = \mathbf{C}$ 上的)和[Sc]中(有限域 $k = GF(N)$ 上的)讨论了这个问题。事实上,Schoen 注意到在 $H^1(X(N), K)$ 中的不可约表示的多重性可以根据 $X(N)$ 中的尖点形式维数和尖点数量解释。

在 6.2.1 部分和 6.4 部分,给出这个曲线对应的 AG 码的应用(借助 SAGE[S] 完成了这些计算的大部分)。在 6.7.1 部分,我们着眼于 $N = 7$,11 的例子,用[GAP]完成了计算的大部分。

注意 整章中,设 $N > 5$ 且 N 是个质数,$GF(N)$ 是 N 个元素的有限域且 $G = PSL(2, N)$。

6.2 代数几何码简介

令 $\mathbf{F} = GF(q)$ 表示一个有限域,且令 $F = \overline{\mathbf{F}}$ 表示 $GF(q)$ 域的代数闭合。

在 20 世纪 80 年代初,俄国数学家 Goppa 发现了一种方法,实现了有限域上的每个"好的"代数曲线都对应一类纠错码。且纠错码长度、维数及最小距离根据曲线的一些几何参数或者能精确判定或者开始估计。本小节中,并不讨论 Goppa 通用结构,仅仅集中在一种非常特殊的情况,这种情况下能非常明确地给出这些结构。

6.2.1 编码

假如 D 是 X 的任意一个因子,那么 Riemann−Roch 空间 $L(D)$ 是有限维 $F-$ 矢量空间,表示为

$$L(D) = L_X(D) = \{f \in F(X)^x \mid \mathrm{div}(f) + D \geqslant 0\} \bigcup \{0\},$$

$$(6.2.1)$$

其中 $\mathrm{div}(f)$ 表示函数 $f \in F(x)$ 的因子。这些有理数函数的零点和极点

"不比由 D 特指的那些差"。令 $l(D)$ 表示它的维数。

令

$$D \in \mathrm{div}(X)$$

为由 G 稳定 $X(F)$ 中的一个因子且 G 的支集在 $X(\mathbf{F})$ 中。令 $P_1, \cdots, P_n \in X(\mathbf{F})$ 为不同的点且

$$E = P_1 + \cdots + P_n \in \mathrm{div}(X)$$

由 G 稳定。它意味着 G 通过置换作用在集合 $\mathrm{supp}(E)$ 上。设 $\mathrm{supp}(D) \bigcap \mathrm{supp}(E) = \varnothing$。选择 $L(D)$ 的一个 $F-$有理基且令 $L(D)_{\mathbf{F}}$ 表示 F 上的对应矢量空间。令 C 表示代数几何 (AG) 码为

$$C = C(D,E) = \{(f(P_1), \cdots, f(P_n)) \mid f \in L(D)_{\mathbf{F}}\}。 \quad (6.2.2)$$

它是赋值映射中 $L(D)_{\mathbf{F}}$ 的镜像

$$\begin{aligned} \mathrm{eval}_E : L(D) &\to F^n, \\ f &\mapsto (f(P_1), \cdots, f(P_n))。 \end{aligned} \quad (6.2.3)$$

群 G 通过 $g \in G$ 作用于 C 实现

$$c = (f(P_1), \cdots, f(P_n)) \in C \mapsto c' = (f(g^{-1}(P_1)), \cdots, (f(g^{-1}(P_n))),$$

其中 $f \in L(D)$。首先注意到用 $\phi(g)$ 表示的映射被很好地定义。换句话说，假如 eval_E 不是单射的且 c 也由 $f' \in L(D)$ 表示，所以 $c = (f'(P_1), \cdots, f'(P_n)) \in C$,那么容易验证 $(f(g^{-1}(P_1)), \cdots, (f(g^{-1}(P_n))) = (f'(g^{-1}(P_1)), \cdots, f'(g^{-1}(P_n)))$。

(G 确实通过置换作用于集合 $\mathrm{supp}(E)$) G 的同态到码 $\mathrm{Aut}(C)$ 的置换自同构群中的映射 $\phi(g)$ 表示为

$$\phi : G \to \mathrm{Aut}(C)。 \quad (6.2.4)$$

关于这个映射的性质,参见 [JKT]。尤其是下面的已知性质。

引理 177 假如 D 和 E 满足 $\deg(D) > 2g$ 且 $\deg(E) > 2g+2$,那么 ϕ 和 eval_E 是单射的。

证明 如果对于 $P,Q \in X$ 的所有点, $f(P) = f(Q)$ 意味着 $P = Q$ (所有 $f \in L(D)$),那么称空间 $L(D)$ 分割成点(参见 [Ha],第 II 章,第 7 部分)。根据 Hartshorene[Ha] 中命题 IV.3.1, D 极充分地说明 $L(D)$ 分割成点。通常假如 $L(D)$ 分割成点,那么

$$\mathrm{Ker}(\phi) = \{g \in G \mid g(P_i) = P_i, 1 \leqslant i \leqslant n\}。$$

已知([Sti] 中命题 VII 3.3 的证明),假如 $n = \deg(E) > 2g+2$,那么 $\{g \in G \mid g(P_i) = P_i, 1 \leqslant i \leqslant n\}$ 是微不足道的。因此,假如 $n > 2g+2$ 且 $L(D)$ 分割成点,那么 ϕ 是单射的。由于(参见 Hartshorne[Ha] 中推论 IV.

3.2)$\deg(D) > 2g$,这意味着 D 是极充分的,因此证明了引理。

令 P 为式(6.2.2)定义的码 $C=C(D,E)$ 的置换自同构群。在许多情况下,已知映射 $\phi:G \to P$ 是一个同构(例如,参见[JKT])。无论如何,根据式(6.2.4),把 C 当作 $G-$ 模。特别地,式(6.2.3)中的(双射)赋值映射 $\text{eval}_E:L(D) \to C$ 是 $G-$ 等变化的。

上述方式中投影线对应码被认为是归一化里德所罗门码(generalized Reed-Solomn code)。已经完全确定了这样码的自同构群(例如,参见[JKT])。

6.2.2　射影线

按照简介中的方式,首先以一些简单曲线的例子 —— 射影曲线开始。

射影线 $\mathbf{P}^1$ 究竟是什么? 必须牢记的一个类比:$\mathbf{P}^1$ 类似于通过增加无穷远点而紧化的复平面,即黎曼球 $\hat{\mathbf{C}}$。

若以代数方法使严格处理点由空间代替,称为函数域 $F(\mathbf{P}^1)$ 上的"估值"且它对应坐标环 $F(\mathbf{P}^1)$ 上的位置(参见 Moreno[Mo] 第 1.1 部分)。

出于空间原因,我们强调直觉超过了准确度。一个点是什么? $\mathbf{P}^1$(当作集合)可以认为是通过仿射空间 $\mathbf{F}^2$ 中原点的线集合。 假如 $\mathbf{F}^2-\{(0,0)\}$ 上的两个点位于同一条线上,我们称两个点是"等价的"。(它是等价关系)假如 $y \neq 0$,那么用 $[a:1]$ 表示 (x,y) 的等价类,其中 $a=x/y$。假如 $y=0$,那么用 $[1:0]$ 表示 (x,y) 的等价类。称这个符号为 $\mathbf{P}^1$ 的元素射影坐标符号。

群 $GL(2,\mathbf{C})$ 通过线性分式("Möbius")变换 $z \mapsto \dfrac{az+b}{cz+d}$,$\begin{pmatrix} a & b \\ c & d \end{pmatrix} \in GL(2,\mathbf{C})$ 作用于黎曼球上。由于标量矩阵是平凡地作用,因此这个作用通过 $PGL(2,\mathbf{C})$ 分解因子。 类似地,$PGL(2,F)$ 作用于 $\mathbf{P}^1$。 事实上,$\text{Aut}(\mathbf{P}^1)=PGL(2,F)$。

Riemann-Roch 空间

由于黎曼球的唯一亚纯函数是有理数函数,因此我们集中在 $\mathbf{P}^1$ 上的 $F-$ 值有理数函数,用 $F(\mathbf{P}^1)$ 表示。令 $f \in F(\mathbf{P}^1)$,所以 $f(x)=\dfrac{p(x)}{q(x)}$ 是有理数函数,其中 x 是 $\mathbf{P}^1$ 上的"局部坐标"且 $p(x),q(x)$ 为多项式。在其他符号中,

$$F(\mathbf{P}^1)=F(x)。$$

例如，x 中的 n 阶多项式 $f(x)$ 是 $F(\mathbf{P}^1)$ 的一个元素，且 $F(\mathbf{P}^1)$ 有 n 个零点（根据代数基本定理）和在"无穷远点"处的一个 n 阶极点，表示为 ∞。（实际意味着 $f\left(\dfrac{1}{x}\right)$ 在 $x=0$ 处有一个 n 阶极点。）

$\mathbf{P}^1$ 上的因子简化为整数系数点的形式（只有有限多个非零）的线性组合。按照重数计算，f 的因子是 f 的零点减去极点的形式和。这些总和包含任意零点或 $\mathbf{P}^1$ 上的"无穷远点"处的极点。对于任意给定因子 D，非零整数系数定义 D 的形式和其中出现的点集称作 D 的支集，写成 $\mathrm{supp}(D)$。有理数函数 f 的因子用 $\mathrm{div}(f)$ 表示。例如，假如 f 是 x 的 n 阶多项式，那么 $\mathrm{div}(f)=P_1+\cdots+P_n-n\infty$ 且 $\mathrm{supp}(\mathrm{div}(f))=\{P_1,\cdots,P_n,\infty\}$，其中 P_i 表示为 f 的零点。由于因子仅仅是整数点的形式积分组合，那么任意两个因子和与差为其他因子。所有因子的阿贝尔群用 $\mathrm{div}(\mathbf{P}^1)$ 表示。

令 $X=\mathbf{P}^1$ 且令 $F(X)$ 表示 X 的函数域（X 的有理函数域）。

令 $\infty=[1:0]\in X$ 表示无穷远点。在这种情况下，Riemann$-$Roch 定理变成

$$l(D)-l(-2\infty-D)=\deg(D)+1。$$

已知（容易证明）假如 $\deg(D)<0$，那么 $l(D)=0$；假如 $\deg(D)\geqslant 0$，那么 $l(D)=\deg(D)+1$。

G 对 $L(D)$ 的作用

令 F 表示代数闭合且令 $X=\mathbf{P}^1/F$，通过这种方式，用基域 F 表示 $\mathbf{P}^1$，因此有理函数域为 $F(\mathbf{P}^1)$。在这种情况下，$\mathrm{Aut}(X)=PGL(2,F)$。

$\mathrm{Aut}(X)$ 对 $F(X)$ 的作用 ρ 定义为

$$\rho:\mathrm{Aut}(X)\to\mathrm{Aut}(F(X)),$$
$$g\mapsto(f\mapsto f^g)$$

其中 $f^g(x)=(\rho(g)(f))(x)=f(g^{-1}(x))$。

注意 $Y=X/G$ 也是平滑的且 $F(X)^G=F(Y)$。

当然，$\mathrm{Aut}(X)$ 也作用在 X 的因子群 $\mathrm{div}(X)$ 上，表示为 $g\left(\sum\limits_P d_P P\right)=\sum\limits_P d_P g(P)$，其中 $g\in\mathrm{Aut}(X)$，P 是一个质数因子且 $d_p\in\mathbf{Z}$。容易证明 $\mathrm{div}(f^g)=g(\mathrm{div}(f))$。鉴于此，假如 $\mathrm{div}(f)+D\geqslant 0$，那么对于所有 $g\in\mathrm{Aut}(X)$，$\mathrm{div}(f^g)+g(D)\geqslant 0$。尤其是，假如 $G\subset\mathrm{Aut}(X)$ 对 X 的作用使 $D\in\mathrm{div}(X)$ 保持稳定，那么 G 也作用在 $L(D)$ 上。这个作用表示为

$$\rho:G\to\mathrm{Aut}(L(D))。$$

对于 $\mathbf{P}^1$ 来说,Riemann−Roch空间的基是明确的。为了简化符号,令

$$m_P(x) = \begin{cases} x, & P=[1:0]=\infty \\ (x-p)^{-1}, & P=[p:1] \end{cases}$$
。

引理 178　令 $P_0 = \infty = [1:0] \in X$ 表示对应位置 $F[x]_{(1/x)}$ 的点。对于 $1 \leqslant i \leqslant s$,令 $P_i = [p_i:1]$ 表示对应某个 $p_i \in F$ 位置 $F[x]_{(x-p_i)}$ 的点。

令 $D = \sum_{i=0}^{s} a_i P_i$ 为一个因子,其中 $0 \leqslant k \leqslant s$ 内 $a_k \in \mathbf{Z}$。

(a) 假如 D 是有效的,那么

$$\{1, m_{P_i}(x)^k \,|\, 1 \leqslant k \leqslant a_i, 0 \leqslant i \leqslant s\}$$

是 $L(D)$ 的一个基。

(b) 假如 D 是无效的但 $\deg(D) \geqslant 0$,那么写成 $D = dP + D'$,其中 $\deg(D') = 0, d > 0$ 且 P 是任意点。令 $q(x) \in L(D')$(它是一维矢量空间)为任意非零元素。那么

$$\{m_P(x)^i q(x) \,|\, 0 \leqslant i \leqslant d\}$$

是 $L(D)$ 的一个基。

(c) 假如 $\deg(D) < 0$,那么 $L(D) = \{0\}$。

第一部分为 [Lo] 中的引理 2.4。其他部分可根据定义和 Riemann−Roch 定理证明。

6.3　模曲线简介

设 V 是有限域 $\mathbf{F}$ 上的一个平滑投影簇。在算术代数几何中一个重要问题是计算 V 的 $\mathbf{F}$−有理点数量 $|V(\mathbf{F})|$。Goppa[G1] 和其他人的一些著作也表明它在几何编码理论中的重要性[1]。我们把这个问题当作计数问题(Counting problem)。在大多数情况下,很难发现有限域上的簇点数量的显式公式。

当通过"模 p 约简",V 是由某些群理论条件定义的"Shimura 簇"产生时(参见下面第 6.3.1 部分),能用非阿贝尔谐波分析群的方法发现计数问题的显式解。Arthur−Selberg 迹公式([Shok])提供了这样的方法。主要归功于 Langlands 和 Kottwitz([Lan1,K1,K2])[2] 的著作,用 Arthur−

---

[1]　解释性文章 [JS] 从计算角度更详细地讨论这个问题。

[2]　对于 Langlands 和 Kottwitz 这个技巧性很强著作的某些介绍,读者可参考 Labesse[Lab],Clozel[C1] 和 Casselman[Cas2]。

Selberg 迹公式,已经发现了 Shimura 簇计数问题的显式公式。当 V 是一个 Shimura 簇时,迹公式允许人们(要有足够技巧和专业知识)把几何数量 $|V(k)|$ 和谐波分析中的轨道积分联系起来(例如,[Lab]),或与自守形式的系数的线性组合联系起来(例如,[Gel]),甚至与表示－理论数据联系起来(例如,[Cas2])。

然而,迹公式的另一类应用对于编码理论家来说非常有用。Moreno[Mo] 将 Goppa 码中的迹公式用于获得 M. TSfasman, S. Vladut, T. Zink 和 Y. Ihara 著名结论的新证明方法。(Moreno 实际上把 Hecke 运算符轨迹公式作用到重量为 2 的模形式空间,但是根据 Arthur－Selberg 迹公式,能证明上述结论。参见[DL] 第 II.6 部分)这个应用下面将讨论。本章的重点主要集中在模曲线的 Goppa 码,计数问题和自同构群对这些码的作用间的相互影响。将用 SAGE 得到一些例子。在编码理论中,用有限域大量有理点曲线构造某些好的特定特征的码。当讨论由曲线得到的 AG(或者 Goppa)码时,首先从抽象的整体角度讨论,然后转向与模曲线相关的具体例子。我们认为读者是有模形式、数论、群论和代数几何这些背景知识的特定研究生,因此将用一个特殊案例尽力解释这些有相当技术含量的想法。 但是从更经典角度来看,它本质上是一种方法,参见 Moreno[Mo] 这本书。

6.3.1 Shimura 曲线

本小节我们将研究算数子群、算术商和它们的有理紧化。Ihara 首先引入 Shimura 曲线,一个 $\Gamma\backslash\mathbf{H}$ 的有理紧化。从经典角度来看,Γ 是一个作用于上半平面(upper half plane)[①]$\mathbf{H}$ 的部分离散子群。下面将从经典角度和群论角度回顾它们。后者可推广到更高阶 Shimura 簇([Del])。

算数子群

设 $G=SL(2)$ 是一个 2×2 矩阵群,其元素取自代数闭域 Ω。特别是,包含单位元 1 的子环 $R\subseteq\Omega$ 的 $SL(2)$ R－点群定义为

$$SL(2,R)=\{g\in M(2,R)\mid\det(g)=1\},$$

其中 $M(2,R)$ 是一个 2×2 矩阵空间,其元素取自 R。下面定义 $SL(2,\mathbf{Z})$ 上的同余子群。令 $SL(2,\mathbf{Z})$ 是 $SL(2,\mathbf{R})$ 的子群,其为整数矩阵。给定一个自然数 N,令

---

① 空间 $\mathbf{H}=\{z\in\mathbf{C}\mid\mathrm{Im}(z)>0\}$ 也称作 Poincare 上半平面。

$$\Gamma(N) = \left\{ \begin{bmatrix} a & b \\ c & d \end{bmatrix} \in SL(2,\mathbf{Z}) \; \middle| \; \begin{matrix} a,d \equiv 1 \pmod{N} \\ b,c \equiv 0 \pmod{N} \end{matrix} \right\}.$$

注意子群 $\Gamma(N)$ 是 $SL(2,\mathbf{R})$ 的离散子群,称作 N 级主同余子群。包含主同余子群(principal Congruence subgroup)的任意 $SL(2,\mathbf{Z})$ 子群称作同余子群。

通常,$SL(2,\mathbf{R})$ 算数子群是与 $SL(2,\mathbf{Z})$ 可通约的任意离散子群 Γ,其中可通约性(Commensurable)意味着交集 $\Gamma \cap SL(2,\mathbf{Z})$ 是 Γ 和 $SL(2,\mathbf{Z})$ 中的有限项。群 $\Gamma(N)$ 有与 $SL(2,\mathbf{Z})$ 可通约的属性。

看作代数曲线的黎曼表面

注意群 $SL(2,\mathbf{R})$ 通过

$$g \cdot z = (az+b)(cz+d)^{-1} = \frac{az+b}{cz+d}$$

作用于 $\mathbf{H}$,其中 $z \in \mathbf{H}, g = \begin{bmatrix} a & b \\ c & d \end{bmatrix} \in SL(2,\mathbf{R})$。

强调一下 $SL(2,\mathbf{R})$ 作用于 $\mathbf{H}$ 是可传递的(Transitive),即对于任意两个点 $w_1, w_2 \in \mathbf{H}$,存在一个元素 $g \in SL(2,\mathbf{R})$ 满足 $w_2 = g \cdot w_1$。这个结论很容易证明。同时强调 $SL(2,\mathbf{R})$ 子群作用是不可传递的,其中涉及算数子群的分类。例如,群 $SL(2,\mathbf{Z})$ 作用于 $\mathbf{H}$ 是不可传递的且 $SL(2,\mathbf{Z})$ 作用于 $\mathbf{H}$(类似于任意算数子群)的轨道集是无穷的。我们称算数商 $\Gamma \backslash \mathbf{H}$ 为算数子群 Γ 作用于 $\mathbf{H}$ 的轨道集。

例 179　对于自然数 N,由 Γ 得到的 Hecke 子群(Hecke subgroup)$\Gamma_0(N)$ 定义为

$$\Gamma_0(N) = \left\{ \begin{bmatrix} a & b \\ c & d \end{bmatrix} \in SL(2,\mathbf{Z}) \; \middle| \; c \equiv 0 \pmod{N} \right\}.$$

它是同余子群,且 $Y_0(N) = \Gamma_0(N) \backslash \mathbf{H}$ 是算数商。商既不是紧子集,也不是有界子集;然而由群 $SL(2,\mathbf{R})$ 所得商而产生非欧几里得测量情况下,它是有限测量(体积)子集,且 $SL(2,\mathbf{R})$ 是局部紧化群并产生不变体积元 $\dfrac{\mathrm{d}x \wedge \mathrm{d}y}{y^2}$,其中 x,y 为元素 $z \in \mathbf{H}$ 的实部和虚部。

下面回顾一下 $\Gamma \backslash \mathbf{H}$ 形式算数商变换为代数曲线的基本思路。令 $\Gamma \subset SL(2,\mathbf{Q})$ 为算数子群。$\mathbf{H}$ 的拓扑界是 $\mathbf{R}$ 和一个点 ∞。对于 $\mathbf{H}$ 的有理紧化,不需要考虑所有 $\mathbf{R}$ 和 $\{\infty\}$ 界。事实上,仅需要把 Γ 的尖点(Cusp)增加到 $\mathbf{H}$ 中(Γ 的尖点是 $\mathbf{Q}$ 的元素,且 $\mathbf{Q}$ 的元素在满足 $|\mathrm{tr}(\gamma)| = 2$ 特性的元素 $\gamma \in \Gamma$ 的作用下是不变的)。任意两个尖点 x_1, x_2,若满足任意元素 $\delta \in \Gamma, \delta \cdot x_2 =$

x_1 条件成立,则称它们是等价的(equivalent)。令 $C(\varGamma)$ 是 $\varGamma$ 的不等价尖点集,那么 $C(\varGamma)$ 是有限的。把这个集合加到 $\mathbf{H}$ 中则形成空间 $\mathbf{H}^* = \mathbf{H} \bigcup C(\varGamma)$。这个空间具备某种拓扑且满足三类开集给出 $\mathbf{H}^*$ 的邻域基;假如 $\mathbf{H}^*$ 中一点属于 $\mathbf{H}$,那么它的邻域包含 $\mathbf{H}$ 中常用的开圆盘;假如点是 ∞,即尖点 ∞,那么它的邻域为对于任意实数 α 都满足 $\mathrm{Im}(z) > \alpha$ 线上的点集合;假如点是不同于 ∞ 的有理数尖点,那么它的邻域系统为尖点和与尖点相切 $\mathbf{H}$ 中圆内部的并集。在一个刚刚阐述的开邻域组成系统的拓扑中,$\mathbf{H}^*$ 变成一个非局部 Hausdroff 紧空间。商拓扑的商空间 $\varGamma \backslash \mathbf{H}^*$ 是一个 Hausdroff 紧空间。我们把这个紧商空间称作 $\varGamma \backslash \mathbf{H}$ 有理紧化。对于更详细讨论,读者可参考[Shim]。

当算数群是 $SL(2,\mathbf{Z})$ 的同余子群时,产生的代数曲线称作模曲线(Modular curve)。例如,$Y(N) = \varGamma(N) \backslash \mathbf{H}$ 的有理紧化用 $X(N)$ 表示且 $Y_0(N) = \varGamma_0(N) \backslash \mathbf{H}$ 的紧化用 $X_0(N)$ 表示。

例 180 令 $N = 1$,那么 $\varGamma = \varGamma(1) = SL(2,\mathbf{Z})$。在这种情况下,由于所有有理数尖点等价于尖点 ∞,因此 $C(\varGamma) = \{\infty\}$。所以 $\mathbf{H}^* = \mathbf{H} \bigcup \{\infty\}$ 且用 $\varGamma \backslash \mathbf{H}^*$ 表示 $\varGamma \backslash \mathbf{H} \bigcup \{\infty\}$。可以把它看作增加 ∞ 到 $SL(2,\mathbf{Z})$ 的基域 $F_1 = F$ 中,且该基域包含上半平面所有复数 $z \in \mathbf{H}$,其中 $|z| \geqslant 1$ 且 $|\mathrm{Re}(z)| \leqslant \dfrac{1}{2}$。

$\varGamma \backslash \mathbf{H}$ 的有理紧化把空间 $\varGamma \backslash \mathbf{H}^*$ 转换为紧黎曼空间(参看[Shim]),所以转换为代数曲线(参见[Nara] 或[SS])。

通常,最容易研究那些无挠的算术子群,基于此假定算数子群具有这样的性质。例如,对于 $N \geqslant 3, \varGamma(N)$ 和 $\varGamma_0(N)$ 是无挠的。

算数商的一个 Adelic 观点

给定数域 $\mathbf{Q}$,有理数域 $\mathbf{R}$。令 $\mathbf{Q}_p$ 为在 $p - \mathrm{adic}$ 绝对值 $|\cdot|_p$ 下 $\mathbf{Q}$ 的 $(p - \mathrm{adic})$ 完备化,其中无论什么时候 a, b 为整数,则 $|a/b|_p = p^{-n}$ 且 $a/b = p^n \prod\limits_{l \neq p \text{ prime}} l^{e_l}, n, e_l \in \mathbf{Z}$。(粗略地说,$\mathbf{Q}_p$ 是 p 上的洛朗级数集,其系数属于 $\mathbf{Z}/p\mathbf{Z}$。)在通常的绝对值下,$\mathbf{Q}$ 的完备化是 $\mathbf{R}$,并用 $\mathbf{Q}_\infty = \mathbf{R}$ 表示。这些是拓扑域(在度量拓扑下)和 $\mathbf{Q}_p$ 的整数环,

$$\mathbf{Z}_p = \{x \in \mathbf{Q}_p \mid |x| \leqslant 1\}$$

是 $\mathbf{Q}_p$ 的极大紧致开子环。$\mathbf{Q}$ 的阿代尔(Adeles)环是交换环 $\mathbf{A}$,由限制直积给出为

$$\mathbf{A} = \left\{(x_\infty, x_2, \cdots) \in \mathbf{R} \times \prod_p \mathbf{Q}_p \mid 除了有限的几个 x_p \in \mathbf{Z}_p 的所有值\right\}。$$

在乘积拓扑中，$\mathbf{A}$ 是一个局部紧环。假如 $\mathbf{A}_f$ 表示去掉 $\mathbf{R}$ 元素 x_∞ 的集合，那么 $\mathbf{A}_f$ 称为有限阿代尔环（Ring of finite Adeles）并可以写成 $\mathbf{A} = \mathbf{R} \times \mathbf{A}_f$。在对角嵌入下，$\mathbf{Q}$ 是 $\mathbf{A}$ 的离散子群。

下面给定群 $G = GL(2)$。选择紧致开子群 $K_f \subset G(\mathbf{A}_f)$，已知能把算数商（最初与 $\Gamma \subset SL(2, \mathbf{Q})$ 的算数子群相关）写成商为

$$Y(K_f) = G(\mathbf{Q}) \backslash [\mathbf{H} \times (G(\mathbf{A}_f)/K_f)] = \Gamma/H, \qquad (6.3.1)$$

其中

$$\Gamma = G(\mathbf{Q}) \bigcap G(\mathbf{R}) K_f。 \qquad (6.3.2)$$

因此算数子群 Γ 完全由 K_f 决定。从现在起假定选择的 K_f 满足 Γ 是无挠的。

定义 181 令 $G = GL(2)$。G 对应的是如下所示的 Shimura 簇 $Sh(G)$。令 $N \geqslant 3$ 是自然数。令 $\Gamma(N)$ 是 $SL(2, \mathbf{Z})$ 的 N 级同余子群且 $K = SO(2, \mathbf{R})$ 是 2×2 实数矩阵 A 的正交群，且矩阵满足 $tAA = I_2$，且其行列式为 1，其中 I_2 表示 2×2 的单位阵。那么

$$Y(N) = \Gamma(N) \backslash \mathbf{H} \cong \Gamma(N) \backslash G(\mathbf{R})/K。$$

称它为 N 级模空间（Modular space of level N）。令

$$K_f(N) = \left\{ g \in G\left(\prod_p \mathbf{Z}_p\right) \mid g \equiv I_2 \,(\mathrm{mod}\, N) \right\}$$

是 $G(\mathbf{A}_f)$ 的 N 级紧致开子群（Open compact subgroup）。那么 N 级模空间可以写成

$$Y(N) \cong G(\mathbf{Q}) \backslash G(\mathbf{A})/KK_f(N) = G(\mathbf{Q}) \backslash [\mathbf{H} \times (G(\mathbf{A}_f)/K_f(N))]。$$

因此，

$$X(K_f(N)) \cong Y(N)。$$

通过令 N 足够大（意味着 $K_f(N)$ 足够小）得到 $K_f(N)$ 的射影极限，可见 $\lim\limits_N Y(N) = G(\mathbf{Q}) \backslash [\mathbf{H} \times G(\mathbf{A}_f)]$。那么 $G = SL(2)$ 对应的 Shimura 曲线（Shimura curve）Sh（复数点）定义为

$$Sh(G)(\mathbf{C}) = G(\mathbf{Q}) \backslash [\mathbf{H} \times G(\mathbf{A}_f)]。 \qquad (6.3.3)$$

许多数学家自然地提出了一些问题，如下所示。

① 曲线 $X(N)$，$X_0(N)$ 自然定义在什么域上？

② 如何能用代数方程显式描述它们呢？

关于第一个问题，根据 Shimura 簇的一般理论，由于 $\mathbf{Q}$ 上定义的每个简约群满足 [Del] 中第 2.1.1 部分公理，因此存在一个定义为 Shimura 簇 $Sh(G)$ 上的代数数域 $E = E_G$ [Del]。事实上，Shimura 曲线 $X(N)$ 和

$X_0(N)$ 是 $\mathbf{Z}[1/N]$ 上的正则方案(更准确地,是 $\mathrm{Spec}(\mathbf{Z}(1/N))$ 上的)[1]。

关于第二个问题,可能发现一个维数为

$$\mu(N) = N \prod_{p/N} \left(1 + \frac{1}{p}\right) \qquad (6.3.4)$$

的模多项式(Modular polynomial)$H_N(x, y)$。其中 $H_N(x, y) = 0$ 描述 $X_0(N)$(一个仿射面元)。令

$$G_k(q) = 2\zeta(k) + 2\frac{(2\mathrm{i}\pi)^k}{(k-1)!} \sum_{n=1}^{\infty} \sigma_{k-1}(n) q^n,$$

其中 $q = \mathrm{e}^{2\pi\mathrm{i}z}, z \in \mathbf{H}, \sigma_r(n) = \sum_{d \mid n} d^r$ 且令

$$\Delta(q) = 60^3 G_4(q)^3 - 27 \cdot 140^2 G_6(q)^2 = q \prod_{n=1}^{\infty} (1 - q^n)^{24}.$$

定义 $j-$ 不变式($j-$invariant) 为

$$j(q) = 1\,728 \cdot 60^3 G_4(q)^3 / \Delta(q)$$
$$= q^{-1} + 744 + 196\,884q + 214\,993\,760q^2 + 864\,299\,970q^3 + \cdots.$$

(例如,在[Shim]或[Kob]中能发现关于 Δ 和 j 的更多细节。)HN 满足的关键属性是 $H_N(j(q), j(q^N)) = 0$。顺便提及,感兴趣的是当 N 满足 $X_0(N)$ 的亏格等于 0(即 $N \in \{1,3,4,5,6,7,8,9,12,13,16,18,25\}$,[Kn]),那么意味着$(x, y) = (j(q), j(q^N))$ 确定了 $X_0(N)$ 的参数。通常,比较 $q-$ 系数使人们能够计算 N 相对小的 H_N 值。(SAGE 命令 ClassicalModularPolynomialDatabase( ) 加载数据库使人们能够计算这个表达式。)然而,即使$N=11$,一些系数可能涉及一百个甚至更多个数字。例如,在 Elkies[E1] 中给出了 $N = 2, 3$ 的情况。

例 182 下面解释这个过程的SAGE命令,首先需要加载 David Kohel 的数据库 database_kohel[2]。

---

① 这个结论实质上首先由 lgusa[lg] 证明(从经典角度)。对于发生"坏质数"情况的有趣讨论也可参见[TV]定理 4.1.48,[Cas1] 和 [Cas1] 同一卷里的 Deligne 论文。
② 键入 optional_packages( ) 得到这个数据库最新版本的名称。它加载 ClassicalModularPolynomialDatabase 和 AtkinModularPolynomialDatabase。

SAGE

```
sage：C = ClassicalModularPolynomialDatabase()
sage：f = C[3]
sage：f
    - j0^3 * j1^3 + 2232 * j0^3 * j1^2 + 2232 * j0^2 * j1^3 + j0^4 \
    -      1069956 * j0^3 * j1   +    2587918086 * j0^2 * j1^2   -
1069956 * j0 * j1^3\  +   j1^4   +    36864000 * j0^3   +
8900222976000 * j0^2 * j1   +   8900222976000 * j0 * j1^2\  +
36864000 * j1^3        +        452984832000000 * j0^2   -
770845966336000000 * j0 * j1\  +  452984832000000 * j1^2  +
1855425871872000000000 * j0 + 1855425871872000000000 * j1
```

从本质上说,它是[E1]中的(20)。

根据 Cohen[Co] 的论文确定了 H_N 最大系数的渐近值(归一化使系数等于1)。结果表明最大系数随着 $N^{c\mu(N)}$ 增加,其中 $c > 0$ 是常数,μ 如式(6.3.4) 所示。Hibino 和 Murabayashi[HM],Shimura[ShimM],Rovira[Ro],Frey,Müller[FM],Brich[B] 和下面第 6.5 部分表 6.1 给出 $X_0(N)$ 的(一些) 更多可用等式。

为了深入研究 Shimura 簇和正则模型理论,读者可参考[Del,Lan2]和[Shim]。

6.3.2　$X_0(N)$ 上的 Hecke 运算符和运算

本小节回顾关于 $X_0(N)(GF(p))$ 的一些著名但相对重要的结论,其中 p 是不能整除 N 的素数。这些将作为后面讨论 Tsfasman,Vladut,Zink 和 Ihara 的结论。

首先,给出一些符号:令 $S_2(\Gamma_0(N))$ 表示 $\Gamma_0(N)\backslash H$ 上的权重为2的全纯尖形式空间。 令 $T_p:S_2(\Gamma_0(N)) \to S_2(\Gamma_0(N))$ 表示 Hecke 运算符(Hecke operator) 为

$$T_p f(z) = f(pz) + \sum_{i=0}^{p-1} f\left(\frac{z+i}{p}\right), \quad z \in H。$$

归纳定义 T_{p^k} 为

$$T_{p^k} = T_{p^{k-1}} T_p - p T_{p^{k-2}}, \quad T_1 = 1,$$

定义修正的 Hecke 运算符 U_{p^k} 为

$$U_{p^k} = T_{p^k} - p T_{p^{k-2}}, \quad U_p = T_p,$$

其中 $k \geqslant 2$。通过要求他们是可乘的,扩展 Hecke 运算符为正整数。

定理 183 (Eichler−Shimura[Mo] 第 5.6.7 部分或[St1] 的"同余关系") 令 $q = p^k, k > 0$ 是一个整数。假如 p 是不能整除 N 的素数,那么

$$\mathrm{Tr}(T_p) = p + 1 - \left| X_0(N)(GF(p)) \right| 。$$

一般地说,

$$\mathrm{Tr}(T_q - pT_{q/p^2}) = q + 1 - \left| X_0(N)(GF(q)) \right| 。$$

例 184 或者通过下面给出的 Eichler−Shimura 同余关系(见定理 183),或者通过用某些更容易的但 Hecke 用于某些特殊情况的 ad hoc 想法,可以试着计算 Hecke 运算符 T_p 作用于权重为 2 的全纯尖形式空间 $S_2(\Gamma_0(N))$ 的迹。一个简单想法是记录通过 Hecke 运算符的共同本征形式扩张 $S_2(\Gamma_0(N))$(例如参见[Kob] 第三章命题 51)。在这种情况下,已知本征形式的归一化(满足首系数 $a_1 = 1$)傅立叶系数 a_p 是 T_p 的特征值,其中 p 是不能整除 N 的素数(例如参见[Kob] 第三章命题 40)。假如 $S_2(\Gamma_0(N))$ 是一维的,那么那个空间 $f(z)$ 上的任意元素都是这样的特征形式。

模曲线 $X_0(11)$ 是亏格 1 的,所以 $S_2(\Gamma_0(11))$ 中存在唯一权重为 2 的全纯尖形式(见下述定理 186)。存在这种形式的一个著名结构(参见[O2]或[Gel],例 5.1),下面将回顾这个结构。正如上面所述,已知其傅立叶展开的第 p 个系数 a_p(p 是不同于 11 的素数)满足 $a_p = \mathrm{Tr}(T_p)$。用 SAGE 计算这些值。

令 $q = \mathrm{e}^{2\pi i z}, z \in \mathbf{H}$,并给定 Dedekind $\eta-$函数(Dedekind $\eta-$function)为

$$\eta(z) = \mathrm{e}^{2\pi i z/24} \prod_{n=1}^{\infty} (1 - q^n) 。$$

那么

$$f(z) = \eta(z)^2 \eta(11z)^2 q \prod_{n=1}^{\infty} (1 - q^n)^2 (1 - q^{11n})^2$$

是 $S_2(\Gamma_0(11))$ 的一个元素[1]。用 SAGE 的 Modularfors(Gamma0(11),2) 命令,能计算这个形式的 $q-$展开为

---

[1] 事实上,假如 $f(z) = \sum_{n=1}^{\infty} a_n q^n$,那么

$$S_c(S) = (1 - p^{-s})^{-1} \prod_{p \neq 11} (1 - a_p p^{-s} + p^{1-2s})^{-1}$$

是 $N = 11$ 的椭圆曲线的全局 Hasse-Weil δ 函数,其中 Weierstrass 模型为 $y^2 + y = x^3 - x^2$([Gel]).

$$f(z) = q - 2q^2 - q^3 + 2q^4 + q^5 + 2q^6 - 2q^7 \cdots 。$$

SAGE

```
sage：M = ModularForms(Gamma0(11),2)
sage：M. q_expansion_basis(prec = 8)

    [
    q - 2 * q^2 - q^3 + 2 * q^4 + q^5 + 2 * q^6 - 2 * q^7 + O(q^8),
    1 + 12/5 * q + 36/5 * q^2 + 48/5 * q^3 + 84/5 * q^4 + 72/5 * q^5 +
    144/5 * q^6 + 96/5 * q^7 + O(q^8)
    ]
```

例如，上述展开表明 $\mathrm{Tr}(T_3) = \mathrm{Tr}(U_3) = -1$。曲线 $X_0(11)$ 是亏格 1 的且同构于椭圆曲线 C，且其 Weierstrass 模型为 $y^2 + y = x^3 - x^2$。对于 $p = 3$ 个元素的域，存在 $C(GF(3))$ 上的 $|X_0(11)(GF(3))| = p + 1 - \mathrm{Tr}(T_p) = 5$ 个点，其中包括 ∞：

$$C(GF(3)) = \{[0,0],[0,2],[1,0],[1,2],\infty\},$$

用 SAGE 命令来验证它：

SAGE

```
sage：F = GF(3)
sage：P. < x > = PolynomialRing(F,"x")
sage：f = x^3 - x^2; h = 1
sage：C = HyperellipticCurve(f, h)
sage：C.rational_points()
    [(0 : 0 : 1), (0 : 1 : 0), (0 : 2 : 1), (1 : 0 : 1), (1 : 2 : 1)]
```

图 6.1 画出了这个椭圆曲线的实数点。

这个例子的一个表示－理论探讨参见[Gel]第 14 部分。

$S_2(\Gamma_0(32))$ 显式元的例子参见 Koblitz[Kob]（第二章第 5 部分和第三章的(3.40)）。关于 η－函数结构能扩张到多远的著名定理见[Ro]第 2.2 部分的 Morris 定理。

为了估计 a_{p^k}，可以求助于 $\mathrm{Tr}(T_{p^k})$ 的显式表达式，其被称为"Eichler－Selberg 迹公式"，下面将讨论。

6.3.3　Eichler－Selberg 迹公式

在本小节中，回顾一下 Duflo 和 Labesse[DL]第 6 部分给出的 Hecke

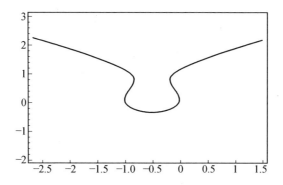

图 6.1 **R** 上的椭圆曲线 $y^2 + y = x^3 - x^2$

运算符迹公式的描述。

令 k 为正偶数且令 Γ 为如式 (6.3.2) 中的同余子群。令 S 表示 Γ 中代表 **R**−椭圆元素的 $G(\mathbf{Q})$−共轭簇的代表完备集(**R**−椭圆元素是与 $SO(2, \mathbf{R})$(正交群)中元素共轭的那些元素)。对于 $\gamma \in S$,令 $w(\gamma)$ 表示 Γ 中 γ 的中心点坐标。假如 $r(\theta) = \begin{pmatrix} \cos\theta & \sin\theta \\ -\sin\theta & \cos\theta \end{pmatrix}$,那么令 $\theta_\gamma \in (0, 2\pi)$ 表示满足 $\gamma = r(\theta_\gamma)$ 的元素。令 τ_m 表示 $GL(2, \mathbf{A}_f)$ 中矩阵集合 $G(\mathbf{A}_f)$ 的像,矩阵系数取自 $\hat{\mathbf{Z}} = \prod_{p < \infty} \mathbf{Z}_p$ 上且行列式取自 $m\hat{\mathbf{Z}}$。给定函数 f 形式的子空间 $S_k(\Gamma) \subset L^2(\Gamma \backslash H)$ 满足:

① 对于所有 $\gamma = \begin{pmatrix} a & b \\ c & d \end{pmatrix} \in \Gamma, x \in H, f(\gamma z) = (cz + d)^k f(z)$;

② f 是一个全纯尖点形式。

它是 **H** 上的重量为 k 的全纯尖形式空间。

令

$$\varepsilon(\sqrt{m}) = \begin{cases} 1, & m \text{ 是平方数} \\ 0, & \text{其他} \end{cases},$$

并令

$$\delta_{i,j} = \begin{cases} 1, & i = j \\ 0, & \text{其他}。 \end{cases}$$

定理 185 (Eichler−Selberg 迹公式)令 $k > 0$ 为偶数且令 $m > 0$ 为整数。T_m 作用于 $S_k(\Gamma)$ 的迹为

$$\mathrm{Tr}(T_m) = \delta_{2,k} \sum_{d \backslash m} b + \varepsilon(\sqrt{m}) \left(\frac{k-1}{12} m^{(k-2)/2} - \frac{1}{2} m^{(k-1)/2} \right) -$$

$$\sum_{\gamma \in S \cap \tau_m} w\,(\gamma)^{-1} m^{(k-2)/2} \frac{\sin((k-1)\theta_\gamma)}{\sin(\theta_\gamma)} - \sum_{d \backslash m,\, d^2 < m} b^{k-1} \,.$$

评论 24　上述公式中，令 $k=2, m=p^2, \Gamma=\Gamma_0(N)$ 且 $N \to \infty$。能证明随着 $N \to \infty$, Eichler $-$ Serlberg 迹公式 (Eichler $-$ Selberg trace formula) 表明

$$\mathrm{Tr}(T_{p^2}) = g(X_0(N)) + O(1) \,. \tag{6.3.5}$$

这个估计的证明用到下述 $g(X_0(N)) = \dim(S_2(\Gamma_0(N)))$ 的显式公式（见［Mo］第 5 章或［LvdG］第 V.4 部分），这一公式后面也会用到。

定理 186　（Hurwitz $-$ Zeuthen 公式［Shim］）[①]$X_0(N)$ 的亏格为

$$g(X_0(N)) = \dim(S_2(\Gamma_0(N)))$$
$$= 1 + \frac{1}{12}\mu(N) - \frac{1}{4}\mu_2(N) - \frac{1}{3}\mu_3(N) - \mu_\infty(N),$$

其中 μ 如式(6.3.4) 为

$$\mu_2(N) = \begin{cases} \prod_{p\,|\,N质数}\left(1 + \left(\frac{-4}{p}\right)\right), & \gcd(4,N) = 1 \\ 0, & 4\,|\,N \end{cases},$$

$$\mu_3(N) = \begin{cases} \prod_{p\,|\,N质数}\left(1 + \left(\frac{-3}{p}\right)\right), & \gcd(2,N) = 1 \text{ 且 } \gcd(9,N) \neq 9 \\ 0, & 2\,|\,N \text{ 或 } 9\,|\,N \end{cases},$$

且

$$\mu_\infty(N) = \sum_{d\,|\,N} \phi(\gcd(d, N/d)),$$

其中 ϕ 是欧拉 ϕ 函数且 $\left(\frac{\cdot}{p}\right)$ 是勒让德符号。

随着 $N \to \infty$，式(6.3.5) 的估计及 Eichler $-$ Shimura 同余关系表明

$$\begin{aligned} |X_0(N)(GF(p^2))| &= p^2 + 1 - \mathrm{Tr}(T_{p^2} - pI) \\ &= p^2 + 1 - \mathrm{Tr}(T_{p^2}) + p \cdot \dim(S_2(\Gamma_0(N))) \\ &= p^2 + 1 - (g(X_0(N)) + O(1)) + \\ &\quad p \cdot g(X_0(N)) \\ &= (p-1)g(X_0(N)) + O(1) \,. \end{aligned} \tag{6.3.6}$$

---

① ［Shim］和［Kn］给出的 $X_0(N)$ 亏格公式都明显包含一个（印刷上的）错误。问题是在 μ_2 项上，应包含一个勒让德符号 $\left(\frac{-4}{n}\right)$ 而不是 $\left(\frac{-1}{n}\right)$。例如，可参见［Ei］的正确修改。

6.3.4 模曲线 $X(N)$

令 H 表示上半复平面,令 $\mathbf{H}^* = \mathbf{H} \cup \mathbf{Q} \cup \{\infty\}$ 且回忆一下通过分式线性变换,$SL(2, \mathbf{Q})$ 作用于 $\mathbf{H}^*$。令 $X(N)$ 表示 $\mathbf{Q}$ 上定义的模曲线,且它的复数点由 $\Gamma(N) \backslash \mathbf{H}^*$ 给出,其中

$$\Gamma(N) = \left\{ \begin{pmatrix} a & b \\ c & d \end{pmatrix} \in SL_2(\mathbf{Z}) \,\middle|\, a-1 \equiv d-1 \equiv b \equiv c \equiv 0 (\bmod N) \right\}.$$

整本书中,都假定 N 是质数且 $N > 6$。在这种情况下,$X(N)$ 的亏格公式为

$$g = 1 + \frac{(N-6)(N^2-1)}{24}.$$

例如,$X(7)$ 是亏格 3 的,而 $X(11)$ 是亏格 26 的。

令 N 是质数且对于 $j \in \mathbf{Z}/N\mathbf{Z}$,令 y_j 满足

$$y_j + y_{-j} = 0,$$
$$y_{a+b}y_{a-b}y_{c+d}y_{c-d} + y_{a+c}y_{a-c}y_{d+b}y_{d-b} + y_{a+d}y_{a-d}y_{b+c}y_{b-c} = 0 \tag{6.3.7}$$

的变量,其中所有 $a, b, c, d \in \mathbf{Z}/N\mathbf{Z}$。这些是 $X(N)$ 的 Klein 等式(参见 Adler[A1] 或 Ritzenthaler[R1])。

例 187 当 $N = 7$ 时,推导得到

$$y_1^3 y_2 - y_2^3 y_3 - y_3^3 y_1 = 0,$$

它是著名的 Klein 四次方等式。

当 $N = 11$ 时,得到的 20 个等式减少为 10 个等式

$$-y_1^2 y_2 y_3 + y_2 y_4 y_5^2 + y_3^2 y_4 y_5 = 0,$$
$$-y_1^3 y_4 + y_2 y_4^3 - y_3^3 y_5 = 0,$$
$$-y_1 y_3^3 - y_1^3 y_5 + y_2^3 y_4 = 0,$$
$$-y_1^2 y_3 y_4 + y_1 y_3 y_5^2 + y_2^2 y_4 y_5 = 0,$$
$$-y_1^2 y_2 y_5 + y_1 y_3 y_4^2 - y_2^2 y_3 y_5 = 0,$$
$$y_1^3 y_2 - y_3 y_5^3 - y_4^3 y_5 = 0,$$
$$y_1 y_5^3 - y_2^3 y_3 + y_3^3 y_4 = 0,$$
$$-y_1 y_2^2 y_4 + y_1 y_4^2 y_5 + y_2 y_3^2 y_5 = 0,$$
$$y_1 y_2^3 + y_2 y_5^3 - y_3 y_4^3 = 0,$$
$$y_1 y_2 y_3^2 + y_1 y_4 y_5^2 - y_2 y_3 y_4^2 = 0.$$

域 k 上的曲线确定 k 上的椭圆曲线对和群结构为椭圆曲线的 N 阶子群的参数。假如 $X(N)$ 有好的约简方式,那么能把它扩展到正特性域中。由

于 Klein 等式存在整数系数，因此也能把它们扩展到任意域 k 中。然而，Velu[V]（也可参见 Ritzenthaler[R3]）已经证明特征为 p 的域中，$X(N)$ 有好的约简方式，其中 p 不能整除 N（在这个例子中，$p \neq N$，由于 N 本身假定为素数）。

令

$$G = PSL_2(\mathbf{Z}/N\mathbf{Z}) \cong \overline{\Gamma(1)}/\overline{\Gamma(N)},$$

其中上划线表示 $PSL_2(\mathbf{Z})$ 中的像。这个群作用于 $X(N)$。（特征为 0 的情况参见[Shim]；特征 $l > 0$ 的情况参见[R1]。）当 $N > 2$ 是素数时，$|G| = N(N^2 - 1)/2$。

定义 188　当 X 有到有限域 k 的好的约简，并且 k 的特征 l 不能整除 $|G|$ 时，我们称 l 是好的。

假如 k 是好的特征的域，那么已知 $X(N)$ 的自同构群为 $PSL(2, N)$[BCG]。

[R1] 中描述了 $G = SL_2(\mathbf{Z}/N\mathbf{Z})$ 作用于 Klein 等式定义的投影曲线点集合（也可参见[A2,R2]）。元素 $g = \begin{pmatrix} a & b \\ c & d \end{pmatrix} \in G$ 把 $(y_j)_{j \in \mathbf{Z}/N\mathbf{Z}} \in X(N)$ 变换为 $(\rho(g) y_j)_{j \in \mathbf{Z}/N\mathbf{Z}} \in X(N)$，其中

$$\rho(g)(y_j) = \sum_{t \in \mathbf{Z}/N\mathbf{Z}} \zeta^{b(aj^2 + 2jtc) + t^2 cd} y_{aj+tc},$$

式中 ζ 表示 k 中 N 重本原单位根。

评论 25　当分别写下特殊情况 $\rho\begin{pmatrix} 0 & 1 \\ -1 & 0 \end{pmatrix}$，$\rho\begin{pmatrix} 1 & 1 \\ 0 & 1 \end{pmatrix}$ 和 $\rho\begin{pmatrix} a & 0 \\ 0 & a^{-1} \end{pmatrix}$ 的公式时，$SL_2(\mathbf{Z}/N\mathbf{Z})$ 上的 Weil 表示相似度是惊人的（也可参见[A2]）。

6.4　编码中的应用

本小节讨论上述结论与纠错编码理论间的联系。

设 l 是一个好的素数。且设 k 包含 G 的所有特征值且 k 是有限的，其中 k 表示 X 模 l 的余数定义的域。（目的是能够计算出 k 的独立代数闭集 $\overline{k}$，但是取 $\mathrm{Gal}(\overline{k}/k)$ 定点能获得我们想要的结论。）下面将回顾 AG 码的一些背景知识（[JKT,JK1,JK2]）。

作为上述理论的一个有趣应用，我们将展示如何很容易地重新获得 Tsfasman 和 Vladut 给出的模曲线对应 AG 码的一些结论。

首先,回顾[TV]中的一些符号和结论。令 $A_N = \mathbf{Z}[\zeta_N, 1/N]$,其中 $\zeta_N = e^{2\pi i/N}$,令 K_N 表示 $\mathbf{Q}(\zeta_N)$ 的二次子域且令 $B_N = A_N \bigcap K_N$。存在一个概形 $X(N)/\mathbf{Z}[1/N]$,它表示一个模函子且该模函子确定 N 级结构 α_N 的椭圆曲线 E 的"参数"。存一个概形 $X_p(N)/\mathbf{Z}[1/N]$,它表示一个模函子且该模函子域确定 N 级"投影"结构 β_N 的椭圆曲线 E 的"参数"。假如 P 是整数除 l 生成环 O_{K_N} 的主理想,那么用 $PSL_2(\mathbf{Z}/N\mathbf{Z})$ 作用互换约简的方式,K_N 上定义的 $X(N)$ 形式的约简(用 $X(N)/p$ 表示)是剩余域 $k(P)$ 上的绝对不可约平滑投影曲线。相似地,用 $X_P(N)$ 代替 $X(N)$。回顾一下[TV]中的第 4.1.3 节得到

$$k(P) = \begin{cases} GF(l^2) & (l) = P \\ GF(l), & (l) = PP'^\circ \end{cases}$$

令 $X'_N = X_P(N)/P$ 且令

$$\psi'_N : X'_N \to X'_N/PLS_2(\mathbf{Z}/N\mathbf{Z}) \cong \mathbf{P}^1$$

表示商映射。令 D_∞ 表示点 ∞ 的约化轨道(从 Borne 的意义上来说),所以 $\deg(D_\infty) = |G|/N$。令 $D = rD_\infty$,其中 $r \geq 1$。根据[TV],实际上这个因子通常在 $GF(l)$ 域上定义,而不仅仅在 $k(P)$ 域上。并且,$\deg(D) = r \cdot (N^2-1)/2$。令 $E = P_1 + \cdots + P_n$ 为 X'_N 所有超奇异点的和,并令

$$C = C(X'_N, D, E) = \{(f(P_1), \cdots, f(P_N)) \mid f \in L(D)\}$$

表示 X'_N, D, E 对应的 AG 码。根据式(6.2.4),它是一个 $G-$模。并且,恰当地选择 r 能产生一类大自同构群的"好"码。

事实上,假如 D "足够大"(所以,D 是非特殊的且 ϕ 和 eval_E 是单射的),那么 Joyner 和 Ksir[JK1] 中公式的 Brauer 特征模拟(Brauer $-$ Characrer analog)不仅给出了每个 $L(rD_\infty)$ 的 $G-$模结构,也给出了 C 的 $G-$模结构。

也可参见[TV]中评论 4.1.66。

$X(7)$ 对应的 AG 码 我们着眼于 Klein 四次方等式。也可用 Elkies[E1,E2] 作为常用参考文献。

令 $\mathbf{F} = GF(43)$。这个域包含7次单位根($\zeta_7 = 41$),3次单位根($\zeta_3 = 36$)和 -7 的平方根(取 $\sqrt{-7} = 6$)。给定

$$\rho_1 = \begin{pmatrix} \zeta_7^4 & 0 & 0 \\ 0 & \zeta_7^2 & 0 \\ 0 & 0 & \zeta_7 \end{pmatrix} = \begin{pmatrix} 16 & 0 & 0 \\ 0 & 4 & 0 \\ 0 & 0 & 41 \end{pmatrix} \in M_{3\times3}(\mathbf{F})$$

$$\rho_2 = \begin{pmatrix} 0 & 1 & 0 \\ 0 & 0 & 1 \\ 1 & 0 & 0 \end{pmatrix}$$

且

$$\rho_3 = \begin{pmatrix} (\zeta_7 - \zeta_7^6)/\sqrt{-7} & (\zeta_7^2 - \zeta_7^5)/\sqrt{-7} & (\zeta_7^4 - \zeta_7^3)/\sqrt{-7} \\ (\zeta_7^2 - \zeta_7^5)/\sqrt{-7} & (\zeta_7^4 - \zeta_7^3)/\sqrt{-7} & (\zeta_7 - \zeta_7^6)/\sqrt{-7} \\ (\zeta_7^4 - \zeta_7^3)/\sqrt{-7} & (\zeta_7 - \zeta_7^6)/\sqrt{-7} & (\zeta_7^2 - \zeta_7^5)/\sqrt{-7} \end{pmatrix}$$

$$= \begin{pmatrix} 11 & 37 & 39 \\ 37 & 39 & 11 \\ 39 & 11 & 37 \end{pmatrix}$$

Elkies[E2] 指出 Klein 在 1879 年写的关于 Klein 四次方等式(现在称作) 的文章中能找到 ρ_3 的单位根的矩阵表示。

可以检验这些矩阵保持着 **F** 域上的形式为

$$\phi(x, y, z) = x^3 y + y^3 z + z^3 x$$

这些矩阵产生 $PGL(3, \mathbf{F})$ 上的 168 阶子群 $G \cong PLS_2(7)$。这里用 X 表示的 Klein 曲线 $x^3 y + y^3 z + z^3 x = 0$ 在特征 43 情况下不存在其他自同构,所以 $G = \mathrm{Aut}_\mathbf{F}(X)$。

令 D_∞ 表示点 ∞ 的约化轨道(从 Borne 的意义上来说),所以 $\deg(D_\infty) = |G|/N = 24$ 且令 $E = P_1 + \cdots + P_n$ 表示 X 的 $\mathbf{F}(P)$ — 有理数点余下的和,所以 D 和 E 有不相交的支撑集。

假如 C 如式(6.2.2)所给出的那样,那么式(6.2.4)中映射 ϕ 是单射的。由于 eval$_E$ 也是单射的,因此 C 的 G — 模结构与 $L(D)$ 一样,通过式(6.7.1)的 Brauer 特征标模拟得到。也可参见[JK1]中的例 3。

$X(\mathbf{F})$ 的 80 个点为

$\{(0:1:0), (0:0:1), (1:0:0), (19:9:1), (36:9:1), (31:9:1),$
$(19:27:1), (1:38:1), (27:38:1), (15:38:1), (12:28:1),$
$(38:28:1), (36:28:1), (40:41:1), (10:25:1), (20:25:1),$
$(13:25:1), (20:32:1), (42:10:1), (35:10:1), (9:0:1),$
$(40:30:1), (13:30:1), (33:30:1), (24:4:1), (25:36:1),$
$(12:36:1), (6:36:1), (12:22:1), (14:23:1), (8:23:1),$
$(21:23:1), (24:26:1), (37:26:1), (25:26:1), (23:35:1),$
$(15:14:1), (33:14:1), (38:14:1), (33:42:1),$
$(17:40:1), (4:40:1), (22:40:1), (5:34:1), (15:34:1),$

$(23:34:1),(31:16:1),(40:15:1),(37:15:1),(9:15:1),$
$(37:2:1),(11:6:1),(39:6:1),(36:6:1),(31:18:1),$
$(9:18:1),(3:18:1),(10:11:1),(5:13:1),(24:13:1),$
$(14:13:1),(5:39:1),(41:31:1),(13:31:1),(32:31:1),$
$(10:7:1),(14:7:1),(19:7:1),(6:21:1),(17:17:1),$
$(3:17:1),(23:17:1),(3:8:1),(25:24:1),(16:24:1),$
$(2:24:1),(20:29:1),(17:29:1),(6:29:1),(38:1:1)\}$。

在 G 下 $(1:0:0) \in X(\mathbf{F})$ 的轨道为 24 个点集合,如下所示:
$\{(1:0:0),(0:1:0),(0:0:1),(2:24:1),(3:8:1),(5:39:1),$
$(8:23:1),(9:18:1),(12:22:1),(13:30:1),(14:7:1),$
$(15:34:1),(17:29:1),(19:27:1),(20:32:1),(22:40:1),$
$(25:26:1),(27:38:1),(32:31:1),(33:42:1),(36:28:1),$
$(37:2:1),(39:6:1),(42:10:1)\}$。

SAGE

```
sage: x,y,z = PolynomialRing(GF(43), 3, 'xyz'). gens()
sage: X = Curve(x^3 * y + y^3 * z + z^3 * x)
sage: X. genus()
  3
sage: pts = X. rational_points(algorithm ="bn")
sage: len(pts)
  80
sage: inds =
  [0,1,2,4,5,11,15,18,23,27,29,33,37,41,44,46,54,56,60,63,
  67,68,74,79]
sage: ninds = [i for i in range(80) if not(i in inds)]
sage: orbit = [pts[i] for i in inds]; orbit

  [(0 : 0 : 1),
  (0 : 1 : 0),
  (1 : 0 : 0),
  (2 : 24 : 1),
  (3 : 8 : 1),
  (5 : 39 : 1),
```

167

(8：23：1),

(9：18：1),

(12：22：1),

(13：30：1),

(14：7：1),

(15：34：1),

(17：29：1),

(19：27：1),

(20：32：1),

(22：40：1),

(25：26：1),

(27：38：1),

(32：31：1),

(33：42：1),

(36：28：1),

(37：2：1),

(39：6：1),

(42：10：1)]

sage：supp＝[(1，pts[i]) for i in inds]

sage：D＝X. divisor(supp)

sage：basis＝X. riemann_roch_basis(D)

sage：len(basis)

　22

　　　用上面提到的有理数点集 $X(\mathbf{F})$ 中轨迹的补集中的一个点评估 Riemann－Roch 空间 $L(D)$ 的每个元素。

SAGE

sage：cfts＝[[f(pts[i][0],pts[i][1],pts[i][2]) for i in ninds] for f in basis

sage：G＝matrix(cfts)

sage：C＝LinearCode(G)；

C 为大小为 43 的有限域下的一个长度为 56,22 维的线性码

对于 $r=1,C=C(X,D,E)$ 为一个 $[56,22,32]$ 码[①]。对于 $r=2,C=C(X,D,E)$ 为一个 $[56,46,8]$ 码。对于 $r=3,C=C(X,D,E)$ 为一个 $[56,56,1]$ 码。对于 $r=1,2$ 情况,eval_E 是单射的,但是当 $r=3$ 时,eval_E 不是单射的,事实上,$\dim L(3D_\infty)=70$。在每种情况下,C 的维数能用 SAGE(和 Singular)计算,但是最小距离不能用它们来计算。

评论 26

① 事实上,已知更一般情况下上述亏格 g 的曲线构造的 AG 码,$n \leqslant \dim(C)+d(C)+g-1$,其中 $d(C)$ 表示最小距离([TV] 中定理 3.1.1 或下面第 6.5 部分引理 189)。因此,作为一个 AG 码,上述 $r=1,2$ 的构造码在某种意义上讲是"最可能的"。

② 总体来说,[TV] 中第 4.1 部分表明如何由素数 $N>5$ 且自同构群 $G=PSL(2,p)$ 的曲线 $X=X'_N$ 构造一类"好"码。

6.4.1 亏格 1 的曲线 $X_0(N)$

已知(例如参见[Kn])当且仅当

$$N \in \{11,14,15,17,19,20,21,24,27,32,36,49\},$$

N 级模曲线 $X_0(N)$ 是亏格 1 的。在这些情况下,$X_0(N)$ 与 Weierstrass 模型形式为

$$y^2 + a_1 xy + a_3 y = x^3 + a_2 x^2 + a_4 x + a_6$$

的椭圆曲线 E 之间是双有理的,其中系数为 a_1,a_2,a_3,a_4,a_6。假如 E 是上述形式的,那么由

$$\Delta = -b_2^2 b_8 - 8b_4^3 - 27b_6^2 + 9b_2 b_4 b_6$$

给出判别式(Discriminant)。其中

$$b_2 = a_1^2 + 4a_2, \quad b_4 = 2a_4 + a_1 a_3, \quad b_6 = a_3^2 + 4a_6,$$
$$b_8 = a_1^2 a_6 + 2a_2 a_6 - a_1 a_3 a_4 + a_2 a_3^2 - a_4^2.$$

E 的前导子[②] N 和它的判别式 Δ 有同样素数因子。并且,$N \mid \Delta$[Kn,Gel]。

后面用的一些例子归纳在表 6.1 中。

当 $N=36$ 时,Rovira[Ro] 的第 4.3 部分给出 $y^2 = x^4 - 4x^3 - 6x^2 - 4x + 1$,它是一个超椭圆等式但不是 Weierestrass 形式的。当 $N=49$ 时,

---

① 换句话说,C 的长度为 56,$\mathbf{F}$ 上的维数为 22 且最小距离为 32。

② Ogg[O1] 定义前导子,也可参见[Gel] 第 1.2 部分或[Kn]390 页。

Rovira[Ro] 的第 4.3 部分给出 $y^2 = x^4 - 2x^3 - 9x^2 + 10x - 3$,它是一个超椭圆等式但不是 Weirestrass 形式的。

表 6.1 亏格 1 的模曲线模型

级	错误位置	判别式	参考文献
11	-11	$y^2 + y = x^3 - x^2$	[BK] 表 1,82 页
14	-28	$y^2 + xy - y = x^3$	[Kn] 表 12.1,391 页
15	15	$y^2 + 7xy + 2y = x^3 + 4x^2 + x$	[Kn] 表 3.2,65 页
17	17	$y^2 + 3xy = x^3 + x$	[Kn] 表 3.2,65 页
19	-19	$y^2 + y = x^3 + x^2 + x$	[BK] 表 1,82 页
20	80	$y^2 = x^3 + x^2 - x$	[Kn] 表 12.1,391 页
21	-63	$y^2 + xy = x^3 + x$	[Kn] 表 12.1,391 页
24	-48	$y^2 = x^3 - x^2 + x$	[Kn] 表 12.1,391 页
27	-27	$y^2 + y = x^3$	[Kn] 表 12.1,391 页
32	64	$y^2 = x^3 - x$	[Kn] 表 12.1,391 页
36			[Ro] 中第 4.3 部分
49			[Ro] 中第 4.3 部分

6.5 关于 AG 码的一些估计

当前它是一个研究热点。一个优秀且常用的参考文献是 2010 年 Li[Li] 的研究论文。Li 的研究论文也提到了 Elkies,Xing,Li,Maharaj,Stichtenoth,Niederreiter,Özbudak,Yang,Qi 和其他的一些人的最新成果,比这里描述的要新得多。下面,讨论了一些基本且熟悉的估计。

令 g 是曲线 $V = X$ 的亏格且令 $C = C(D, E, X)$ 表示如上述式(6.2.2)中所构造的 AG 码。假如 C 的参数为 $[n, k, d]$,那么下面的引理为 Riemann – Roch 定理的推论。

引理 189 设 C 如上述所给出的,且 D 满足 $2g - 2 < \deg(D) < n$。那么 $k = \dim(C) = \deg(D) - g + 1$ 且 $d \geqslant n - \deg(D)$。

因此，$k + d \geqslant n - g + 1$。根据辛格尔顿不等式（Singleton inequality）[1]，得到

① 假如 $g = 0$，那么 C 是一个 MDS 码；

② 假如 $g = 1$，那么 $n \leqslant k + d \leqslant n + 1$。

上面的引理也表明了下面的下界。

命题 190 （[SS] 第 3.1 部分或 [TV]）正如上述引理给出的 C，得到

$$\delta + R = \frac{d}{n} + \frac{k}{n} \geqslant 1 - \frac{g-1}{n}.$$

按照算数型数据，定理 186 是模曲线 $X_0(N)$ 的亏格的显式公式。等式 (6.3.6) 是把模曲线的亏格与有限域的点数量联系起来的一次估量。把这些公式插入到命题 190 的估量中来看看能得到什么，这是有启发性的。$X_0(N)$ 的亏格 g_N 公式是相对复杂的，但是当 N 是模 12 同余为 1 的素数，即 $N = 1 + 12m$ 时，会极大地简化。在这种情况下，$g_N = m - 1$。例如，$g_{13} = 0$。特别是能得到如下的推论。

推论 191 令 $X = X_0(N)$，其中 N 是模 12 同余为 1 的素数且 X 有 $GF(q)$ 域上平滑的特性。那么 X 对应的参数 $[n, k, d]$ 的 Goppa 码必然满足

$$\frac{d}{n} + \frac{k}{n} \geqslant 1 - \frac{\dfrac{N-1}{12} - 2}{n}.$$

根据命题 190，假如给定升亏格 g_i 的一类曲线 X_i 族满足

$$\lim_{i \to \infty} \frac{|X_i(GF(q))|}{g_i} = \alpha,$$

那么能构造一类码 C_i 满足 $\delta(C_i) + R(C_i) \geqslant 1 - \dfrac{1}{\alpha}$。已知 $\alpha \leqslant \sqrt{q} - 1$（称它为 Drinfeld—Vladut 界，[TV] 中定理 2.3.22）。

下面结论表明在 $q = p^2$ 情况下能获得 Drinfeld—Vladut 界。

定理 192 （Tsfasman，Valdut 和 Zink [TV] 中定理 4.1.52）令 g_N 表示 $X_0(N)$ 的亏格。假如 N 取遍不同于 p 的素数集，那么模曲线 $X_0(N)$ 对应的商 $g_N / |X_0(N)(GF(p^2))|$ 趋于极限 $\dfrac{1}{p-1}$。

更一般情况下，假如 $q = p^{2k}$，那么存在 $GF(q)$ 域上的一类 Drinfeld 曲

---

① 回顾辛格尔顿界：$n \geqslant d + k - 1$。

线 X_i，且产生的 $\alpha = \sqrt{q} - 1$（[TV] 中定理 4.2.38，与 Ihara[I] 几乎同时独立发现）。换句话说，在 $q = p^{2k}$ 情况下获得 Drinfeld — Vladut 界（Drinfeld — Vladut bound）。

作为上述定理的推论，假如 $p \geqslant 7$，那么存在 $GF(p^2)$ 域上的一系列 AG 码 C_N，它对应于一系列模曲线 $X_0(N)$，最终该曲线的 $(R(C_N), \delta(C_N))$（适当大的 N 情况下）位于定理 21 的 Gilbert — Varshamov 界上。通过比较 Gilbert — Varshamov 曲线

$$(\delta, f_q(\delta)),$$

$$f_q(\delta) = 1 - \delta \log_q \left(\frac{q-1}{q}\right) - \delta \log_q(\delta) - (1-\delta) \log_q(1-\delta)$$

和曲线 $\left(\delta, \dfrac{1}{\sqrt{q}-1}\right)$，$q = p^2$，能证明上述结论。

6.6　实　例

令 X 为椭圆曲线。它是一个投影曲线且 $X(GF(q))$ 有代数群结构。令 $P_0 \in X(GF(q))$ 表示单位元。令 $P_1, P_2, \cdots, P_n$ 表示 $X(GF(q))$ 中除了单位元的所有元素且令 $A = aP_0$，其中 $0 < a < n$ 是个整数。

例 193　令 X 表示前导子为 32 的椭圆曲线（且对 $X_0(32)$ 是双有理的），其 Weierstrass 形式为 $y^2 = x^3 - x$。令 $X(GF(p)) = \{P_0, P_1, P_2, \cdots, P_n\}$，其中 P_0 是单位元，且令对某个 $k > 0$，$E = P_1 + \cdots + P_n$，$D = kP_0$。假如 p 是满足 $p \equiv 3 \pmod 4$ 的素数，那么

$$|X(GF(p))| = p + 1。$$

（Ireland 和 Rosen[IR] 中第 18.4 部分定理 5）根据上述命题，由于 $g = 1$，因此对应码 $C = C(D, E, X)$ 的参数满足 $n = p$ 和 $d + k \geqslant n$。正如上面所看到的，椭圆曲线所构造的 AG 码或者满足 $d + k - 1 = n$（即 MDS），或者满足 $d + k = n$。另外，下面给出 Shokrollahi 结论，表明假如 $p > 3$ 或者 $k > 2$，那么 C 不是 MDS 且

$$n = p, \quad d + k = p。$$

下面结论是 [Sh1] 中结论的直接推论，也可参见 [TV] 中第 5.2.2 部分。

定理 194　（Shokrollahi）令 $X, P_0, P_1, \cdots, P_n, D, E$ 如上所示。

① 假如 $a = 2$ 且 $X(GF(q)) \cong C_2 \times C_2$（其中 C_n 表示 n 阶循环群），那么码 $C = C(D, E)$ 是一个 $[n, k, d]$ 码（n 为长度，k 为维数且 d 为最小距离），

满足 $d=n-k+1$ 且 $k=a$。

② 设 $\gcd(n,a!)=1$。假如 $a\neq 2$ 或者 $X(GF(q))$ 不同构于 Klein 4 元群 $C_2\times C_2$，那么 $C=C(D,E)$ 是一个 $[n,k,d]$ 码（n 是长度，k 为维数且 d 是最小距离），满足

$$k=a$$

且重量算子多项式（例如，参见[MS]中定义）为

$$W_C(x)=x^n+\sum_{i=0}^{a-1}\binom{n}{i}(q^{a-i}-1)(x-1)^i+B_a(x-1)^a,$$

其中 B_a 由[Sh1]及[TV]第 3.2.2 部分给出。

6.6.1 生成矩阵（根据 Goppa）

本小节用 Goppa 书中[G1]方法计算某些 AG 码的生成矩阵。

例 195 考虑由含 p 个元素的 $GF(p)$ 域上的 $y^2=x^p-x$ 定义的超椭圆曲线[①] X。容易看到

$$X(GF(p))=\{P_\infty,(0,0),(1,0),\cdots,(p-1,0)\}$$

恰好有 $p+1$ 个点，包括无限远点 P_∞。这个曲线的自同构群是 $PSL(2,p)$ 的一个双重覆盖（参见 Göb[Go]代数封闭的情况）。

例如，$p=7$ 的情况。令 $D=mP_\infty$ 和 $E=P_1+\cdots+P_7$，且令 C 表示 $X/GF(7)$ 和这些因子 D,E 对应的单点 AG 码。在许多情况下，这些码产生 MDS 码。

当 $m=2$ 时，将获得 $[7,2,6]$ 码且其重量算子为 $1+42x^6+6x^7$。这个码存在 256 阶自同构群和 42 阶置换群。当 $m=4$ 时，将获得一个 $[7,3,5]$ 码且其重量算子为 $1+126x^5+84x^6+132x^7$。这个码有相同的自同构群和置换群。它的标准形式的生成矩阵为

$$G=\begin{pmatrix}1&0&0&2&5&1&5\\0&1&0&1&5&5&2\\0&0&1&5&5&2&1\end{pmatrix},$$

且校验矩阵为

[①] 当 $p=3$ 时，它是一个 32 级模曲线模型（参见表 6.1）。当 $p=7$ 时，这个例子出现在特征为 7 的 $X(7)$ 的减法中。

$$H = \begin{pmatrix} 5 & 6 & 2 & 1 & 0 & 0 & 0 \\ 2 & 2 & 2 & 0 & 1 & 0 & 0 \\ 6 & 2 & 5 & 0 & 0 & 1 & 0 \\ 2 & 5 & 6 & 0 & 0 & 0 & 1 \end{pmatrix}。$$

通过简单修改[G1]中 Goppa 费马立方码例子的方法(108～109 页)产生某个椭圆形 Goppa 码的相似量。

例 196　令 X 表示椭圆曲线(前导子 $N = 19$),按照齐次坐标形式写成

$$y^2 z + y z^2 = x^3 + x^2 z + x z^2。$$

令 $\phi(x, y, z) = x^2 + y^2 + z^2$,令 Y 表示由 $\phi(x, y, z) = 0$ 定义的投影曲线,并令 D 表示 X 和 Y 相交获得的因子。根据 Bezout 定理,D 是 6 阶的。集合

$$B_D = \{1, x^2/\phi(x, y, z), y^2/\phi(x, y, z),$$
$$z^2/\phi(x, y, z), xy/\phi(x, y, z), yz/\phi(x, y, z)\}。$$

中的函数提供了 $L(D)$ 的一个基。(由于 $L(D) = \deg(D) = 6$ 且函数 $f \in B_D$ "显而易见" 满足 $(f) \geqslant - D$) 得到

$$X(GF(7)) = \{[0, 0, 1], [0, 1, 0], [0, 1, 6], [1, 0, 2],$$
$$[1, 0, 4], [1, 3, 4], [1, 3, 6], [1, 5, 2], [1, 5, 6]\},$$

把它们写成 $P_1, P_2, \cdots, P_9$。设矩阵

$$G = \begin{pmatrix} 0 & 0 & 0 & 1 & 1 & 1 & 1 & 1 & 1 \\ 0 & 1 & 1 & 0 & 0 & 2 & 2 & 4 & 4 \\ 1 & 0 & 1 & 4 & 2 & 2 & 1 & 4 & 1 \\ 0 & 0 & 0 & 0 & 0 & 3 & 3 & 5 & 5 \\ 0 & 0 & 6 & 0 & 0 & 5 & 4 & 3 & 2 \\ 0 & 0 & 0 & 2 & 4 & 4 & 6 & 2 & 6 \end{pmatrix}。$$

G 的第一行给出了 $\{P_i \mid 1 \leqslant i \leqslant 9\}$ 情况下 $x^2/\phi(x, y, z)$ 的值。类似地,从 $L(D)$ 基:$y^2/\phi(x, y, z), z^2/\phi(x, y, z), xy/\phi(x, y, z), yz/\phi(x, y, z)$ 对应函数获得其他行。把上述的矩阵进行高斯模 7 约简,得到标准型为

$$G' = \begin{pmatrix} 1 & 0 & 0 & 0 & 0 & 0 & 0 & 4 & 4 \\ 0 & 1 & 0 & 0 & 0 & 0 & 6 & 0 & 6 \\ 0 & 0 & 1 & 0 & 0 & 0 & 1 & 3 & 4 \\ 0 & 0 & 0 & 1 & 0 & 0 & 6 & 1 & 6 \\ 0 & 0 & 0 & 0 & 1 & 0 & 1 & 3 & 5 \\ 0 & 0 & 0 & 0 & 0 & 1 & 1 & 4 & 4 \end{pmatrix},$$

所以这个码最小距离也是 3，因此只能纠正 1 个错误。对应校验矩阵为

$$H = \begin{pmatrix} 0 & 1 & 2 & 1 & 2 & 2 & 1 & 0 & 0 \\ 3 & 0 & 4 & 6 & 4 & 3 & 0 & 1 & 0 \\ 3 & 1 & 3 & 1 & 2 & 3 & 0 & 0 & 1 \end{pmatrix}。$$

$GF(4)$ 域上的 $x^3 + y^3 = 1$ 对应一点椭圆码生成矩阵的例子在许多地方已经得到答案。（例如，参见上述提到 Goppa 书或书[SS] 中第 3.3 部分，[P] 中第 5.3 部分、第 5.4 部分、第 5.7 部分和[Mo] 中第 5.7.3 部分）

6.7　$X(N)$ 的分歧模

下面是 Joyner 和 Ksir[JK1] 给出的结论。用到式（6.1.1）和后面附录第 7.5 部分的符号。

定理 197　下面分歧模分解：

$$\tilde{\Gamma}_G = \sum_\pi m_\pi(N)\pi$$

其中对于所有 N，$m_\pi(N)$ 是满足 $\dfrac{N}{4} \leqslant m_\pi(N) \leqslant \dfrac{5N}{4}$ 的显式倍数。

$m_\pi(N)$ 公式虽然是显式，但却相当复杂，因此不在这里详述（细节可参见[JK1]）。

未解决问题 31　设 X 是一个平滑射影曲线，满足（a）亏格大于 1，（b）自同构群 G，（c）"差"的特征 p 定义在域 F 上，域 F 为环特征。存在和定理 197 的相似性质吗？

存在和式（6.1.1）相似的任意 AG 码 $\mathbf{F}[G]$－模分解吗？

假如 $\tilde{\Gamma}_G$ 有一个 $\mathbf{Q}[G]$－模结构，那么它可以更简单地计算。在这种情况下，它的公式为

$$\tilde{\Gamma}_G = \bigoplus_{\pi \in G^*} \left[\sum_{l=1}^{l} \left(\dim \pi - \dim(\pi^{H_l}) \right) \frac{R_l}{2} \right] \pi, \qquad (6.7.1)$$

其中 $\{H_1, \cdots, H_L\}$ 表示 G 循环子群的共轭簇集合（[JK2]）。假如 $\tilde{\Gamma}_G$ 没有一个自然 $\mathbf{Q}[G]$－模结构，那么情况更复杂，更多细节推荐读者参照（[JK1]）。

正如简介所提，它能得到下述定理。

定理 198　对于 $N > 5$ 的素数，只要 $N \equiv 1 \pmod 4$，那么 $X(1)$ 上的 $X(N)$ 分歧模有一个自然 $\mathbf{Q}[G]$－模结构。

在这种情况下，能用式（6.7.1）直接计算限制表示下的分歧模（更多细

节,参见[JK1])。假如 $N \equiv 3 \pmod 4$,情况更复杂,但是更多细节也可参见[JK1]。

6.7.1　例子:$N = 7$

文献 Fulton 和 Harris[FH] 及 Serre[Se2] 是有限群上(复数)表示的优秀且常用的参考书。

计算机代数系统[GAP]计算 $PSL(2,N)$ 的信息;我们能用它来计算特征标表,诱导特征标及 Schur 内积(也可以用 SAGE 计算)。在下面 $X(7)$ 和 $X(11)$ 的例子中,用式(6.1.1)显式计算分歧模的 G — 模结构和 $N = 7$ 情况下的一些 Riemann — Roch 空间。

$PSL(2,7)$ 的不可约表示等价类是 $G^* = \{\pi_1, \pi_2, \cdots, \pi_6\}$,其中

$$\dim(\pi_1) = 1, \quad \dim(\pi_2) = \dim(\pi_3) = 3, \quad \dim(\pi_4) = 6,$$
$$\dim(\pi_5) = 7, \quad \dim(\pi_6) = 8 \text{。}$$

令 $\zeta_1 = \mathrm{e}^{\frac{2\pi i}{7}}$ 且令 $\mathbf{Q}(q)$ 表示由 $q = \zeta + \zeta^2 + \zeta^4$ 产生的 $\mathbf{Q}$(二次)扩张。令 $\mathscr{G}$ 表示 $\mathbf{Q}(q)/\mathbf{Q}$ 伽罗华群。那么通过交换两个三阶表示而固定其他表示,$\mathscr{G}$ 作用于不可约表示 G^*。

存在 G 的非平凡循环群的 4 个共轭簇,其表示用 H_1(2 阶),H_2(3 阶),H_3(7 阶),H_4(4 阶)表示。GAP 计算诱导特征标:

① 假如 $\theta_1 \in H_1^*$,那么 $\pi_{\theta_1} = \mathrm{Ind}_{H_1}^G \theta_1$ 是 84 阶的。并且,

$$\pi_{\theta_1} \cong \begin{cases} 2\pi_2 \oplus 2\pi_3 \oplus 2\pi_4 \oplus 4\pi_5 \oplus 4\pi_6, & \theta_1 \neq 1 \\ \pi_1 \oplus \pi_2 \oplus \pi_3 \oplus 4\pi_4 \oplus 3\pi_5 \oplus 4\pi_6, & \theta_1 = 1 \end{cases} \text{。}$$

② 假如 $\theta_2 \in H_2^*$,那么 $\pi_{\theta_2} = \mathrm{Ind}_{H_2}^G \theta_2$ 是 56 阶的。并且,

$$\pi_{\theta_2} \cong \begin{cases} \pi_2 \oplus \pi_3 \oplus 2\pi_4 \oplus 2\pi_5 \oplus 3\pi_6, & \theta_2 \neq 1 \\ \pi_1 \oplus \pi_2 \oplus \pi_3 \oplus 2\pi_4 \oplus 3\pi_5 \oplus 2\pi_6, & \theta_2 = 1 \end{cases} \text{。}$$

③ 假如 $\theta_3 \in H_3^*$ 是一个给定非平凡特征标,那么 $\pi_{\theta_3} = \mathrm{Ind}_{H_3}^G \theta_3$ 是 24 阶的。并且,

$$\pi_{\theta_3^k} \cong \begin{cases} \pi_3 \oplus \pi_4 \oplus \pi_5 \oplus \pi_6, & k\,\mathrm{quad.\,non\,res.} \pmod 7 \\ \pi_2 \oplus \pi_4 \oplus \pi_5 \oplus \pi_6, & k\,\mathrm{quad.\,res.} \pmod 7 \\ \pi_1 \oplus \pi_5 \oplus 2\pi_6, & k \equiv 0 \pmod 7 \end{cases} \text{。}$$

这个数据容易通过[JK1]中的等式计算分歧模:

$$[\tilde{\Gamma}_G] = [3\pi_2 \oplus 4\pi_3 \oplus 6\pi_4 \oplus 7\pi_5 \oplus 8\pi_6] \tag{6.7.2}$$

注意它不是 Galois 不变式,因为 π_2 和 π_3 有不同的倍数。用式(6.7.1),分歧模的一个 naïve 计算产生如下结果。为了简洁,用

$(m_1,\cdots,m_6)$ 表示 $m_1[\pi_1]+\cdots+m_6[\pi_6]$。通过 GAP 计算得到

$(\dim \pi - \dim(\pi^{H_1}))_{i=1,\cdots,6} = (1,3,3,6,7,8) - (1,1,1,4,3,4) = (0,2,2,2,4,4)$,

$(\dim \pi - \dim(\pi^{H_2}))_{i=1,\cdots,6} = (1,3,3,6,7,8) - (1,1,1,2,3,2) = (0,2,2,4,4,6)$,

$(\dim \pi - \dim(\pi^{H_3}))_{i=1,\cdots,6} = (1,3,3,6,7,8) - (1,0,0,0,1,2) = (0,3,3,6,6,6)$,

$(\dim \pi - \dim(\pi^{H_4}))_{i=1,\cdots,6} = (1,3,3,6,7,8) - (1,1,1,2,1,2) = (0,2,2,4,6,6)$。

结合上式和式 $(6.7.2)$ 中的 $R_1 = R_2 = R_3 = 1$ 且 $R_4 = 0$ 得到

$$
\begin{aligned}
[\widetilde{\Gamma}_G] &= \left[\bigoplus_{i=0}^{6}\left[\sum_{l=1}^{4}(\dim \pi_i - \dim(\pi_i^{H_l}))\frac{R_l}{2}\right]\pi_i\right] \\
&= (0,2,2,2,4,4)\frac{1}{2} + (0,2,2,4,4,6)\frac{1}{2} + (0,3,3,6,6,6)\frac{1}{2} + \\
&\quad (0,2,2,4,6,6)\frac{0}{2} \\
&= (0,7/2,7/2,6,7,8) \\
&= \frac{7}{2}[\pi_2] + \frac{7}{2}[\pi_3] + 6[\pi_4] + 7[\pi_5] + 8[\pi_6]。
\end{aligned}
$$

这是不可能的,因此在这种情况下 $\widetilde{\Gamma}_G$ 没有 $\mathbf{Q}[G]-$模结构。

下面将用 GAP 计算等价阶和某些实例中因子的 Riemann $-$ Roch 模。$X(7)$ 上的任意有效的 $G-$不变式因子将是非特殊的。由于 $N=7$ 情况下 $X(1)$ 是亏格 0 的,那么 Borne 公式 $(6.1.1)$ 变成

$$
\begin{aligned}
[L(D)] &= [\pi_1 \oplus 3\pi_2 \oplus 3\pi_3 \oplus 6\pi_4 \oplus 7\pi_5 \oplus 8\pi_6] + [\deg_{eq}(D)] - [\widetilde{\Gamma}_G] \\
&= [\pi_1 \oplus 3\pi_2 \oplus 3\pi_3 \oplus 6\pi_4 \oplus 7\pi_5 \oplus 8\pi_6] + [\deg_{eq}(D)] - \\
&\quad 3[\pi_2] - 4[\pi_3] - 6[\pi_4] - 7[\pi_5] - 8[\pi6] \\
&= [\pi_1] - [\pi_3] + [\deg_{eq}(D)]。
\end{aligned}
$$

假如 D_1 是稳定集 H_1 中一个点的约化轨道,那么

$$[\deg_{eq}(D_1)] = [\pi_{\theta_1}] = [2\pi_2 \oplus 2\pi_3 \oplus 2\pi_4 \oplus 4\pi_5 \oplus 4\pi_6]$$

且

$$[L(D_1)] = [\pi_1 \oplus 2\pi_2 \oplus \pi_3 \oplus 2\pi_4 \oplus 4\pi_5 \oplus 4\pi_6]。$$

假如 D_2 是稳定集 H_2 中一个点的约化轨道,那么

$$[\deg_{eq}(D_2)] = [\pi_{\theta_2}] = [\pi_2 \oplus \pi_3 \oplus 2\pi_4 \oplus 2\pi_5 \oplus 3\pi_6],$$

$$[\deg_{eq}(2D_2)] = [2\pi_{\theta_2}] = [2\pi_2 \oplus 2\pi_3 \oplus 4\pi_4 \oplus 4\pi_5 \oplus 6\pi_6],$$

且

$$[L(D_2)] = [\pi_1 \oplus \pi_2 \oplus 2\pi_4 \oplus 2\pi_5 \oplus 3\pi_6],$$

$$[L(2D_2)] = [\pi_1 \oplus 2\pi_2 \oplus \pi_3 \oplus 4\pi_4 \oplus 4\pi_5 \oplus 6\pi_6]。$$

假如 D_3 是稳定集 H_3 中一个点的约化轨道,那么

$$[\deg_{eq}(D_3)] = [\pi_{\theta_3^{N-1}}] = [\pi_3 \oplus \pi_4 \oplus \pi_5 \oplus \pi_6],$$

$$[\deg_{eq}(2D_3)] = 2[\pi_3 \oplus \pi_4 \oplus \pi_5 \oplus \pi_6],$$

$$[\deg_{eq}(3D_3)] = [\pi_2 + 2\pi_3] + 3[\pi_4 \oplus \pi_5 \oplus \pi_6],$$

$$[\deg_{eq}(4D_3)] = [\pi_2 + 3\pi_3] + 4[\pi_4 \oplus \pi_5 \oplus \pi_6],$$

$$[\deg_{eq}(5D_3)] = [2\pi_2 + 3\pi_3] + 5[\pi_4 \oplus \pi_5 \oplus \pi_6],$$

$$[\deg_{eq}(6D_3)] = [3\pi_2 + 3\pi_3] + 6[\pi_4 \oplus \pi_5 \oplus \pi_6]。$$

可证明

$$[L(D_3)] = [\pi_1] - [\pi_3] + [\pi_3 \oplus \pi_4 \oplus \pi_5 \oplus \pi_6] = [\pi_1 \oplus \pi_4 \oplus \pi_5 \oplus \pi_6]$$

是 22 阶的, 且

$$[L(2D_3)] = [\pi_1] - [\pi_3] + 2[\pi_3 \oplus \pi_4 \oplus \pi_5 \oplus \pi_6]$$

$$= [\pi_1 \oplus \pi_3] + 2[\pi_4 \oplus \pi_5 \oplus \pi_6]$$

是 46 阶的。

第7章 附 录

7.1 SAGE 中的编码理论命令

SAGE 是类似于"big Ms"(Maple,Mathetica,Magma 和 Matlab)的数学软件包,但是它是免费和开源的。在 $http://www.sagemah.org$ 可下载信息和手册。尤其是在 $http://www.sagemah.org/doc/tutorial/$ 可下载很好的教程(可在线下载 pdf 文档)。

SAGE 具有命令行界面(CLI)和图形用户界面(GUI)。对于 CLI,可以在 SAGE 提示符 sage:下直接键入每条命令,然后按回车。例如,本文例子使用了 CLI 模式。也可以在网址 $http://www.sagenb.org$ 上在线用 SAGE GUI(也称"SAGE 手册")。

除此之外,在 SAGE 中还有其他群论包 GAP。另外,使用 SAGE 的 install_package 命令容易下载(假如在线)SAGE 的多个可选包。例如,用 install_package(gap_packages) 命令能容易地把 GUAVA(GAP 编码理论包) 安装到 SAGE 中。然后可以在 SAGE 中获取 GUAVA 的所有函数。

编码理论中可选的 SAGE 命令:

常规构造	LinearCode, LinearCodeFromCheckMatrix LinearCodeFromVectorspace RandomLinearCode
编码理论函数 (常规)	spectrum, minimum_distance characteristic_function, binomial_moment gen_mat, check_mat, decode binomial_moment, chinen_polynomial standard_form, divisor, genus random_element, redundancy_matrix support, weight_enumerator zeta_polynomial, zeta_function

码构造	dual_code，extended_code direct_sum，punctured，shortened permuted_code，galois_closure
编码理论函数 （布尔）	is_self_dual，== is_self_orthogonal，is_subcode is_permutation_automorphism is_galois_closed
编码理论函数 （群理论）	module_composition_factors permutation_automorphism_group
编码理论函数(组合)	assmus_mattson_designs
特殊构造	BinaryGolayCode，ExtendedBinaryGolayCode TernaryGolayCode，ExtendedTernaryGolayCode CyclicCodeFromGeneratingPolynomial（= CyclicCode） CyclicCodeFromCheckPolynomial，BCHCode DuadicCodeEvenPair，DuadicCodeOddPair HammingCode，QuadraticResidueCodeEvenPair QuadraticResidueCodeOddPair，QuadraticResidueCode ExtendedQuadraticResidueCode，ReedSolomonCode self_dual_codes_binary ToricCode，WalshCode
码界	best_known_linear_code_www，bounds_minimum_distance codesize_upper_bound(n,d,q)，dimension_upper_bound(n,d,q) gilbert_lower_bound(n,q,d)，plotkin_upper_bound(n,q,d) griesmer_upper_bound(n,q,d)，elias_upper_bound(n,q,d) hamming_upper_bound(n,q,d)，singleton_upper_bound(n,q,d) gv_info_rate(n,delta,q)，gv_bound_asymp(delta,q) plotkin_bound_asymp(delta,q)，elias_bound_asymp(delta,q) hamming_bound_asymp(delta,q)， singleton_bound_asymp(delta,q) mrrw1_bound_asymp(delta,q)

用下面这类语法能访问这些函数中的大多数。

SAGE

```
sage：C = HammingCode(3，GF(2))；C
Linear code of length 7，dimension 4 over Finite Field of size 2
sage：C.weight_enumerator()
    x^7 + 7 * x^4 * y^3 + 7 * x^3 * y^4 + y^7
sage：C.is_self_dual()
False
sage：C.dual_code()
Linear code of length 7，dimension 3 over Finite Field of size 2
```

粗略地说,大多数小写字母命令,如 dual − code 是通过把它们应用到对象得到结果的"方法",如 C 用"."运算符。如果对这类语法有任何疑问,用 SAGE 帮助系统。例如,通过键入 HammingCode? 或 C.dual_code?,将看到显示的一个页面中简要地解释了语法并给出应用的例子。假如在线运行,通常也可以输入"HammingCode sagemath"（没有引号）到 google 中得到 SAGE 网站链接,有你想要了解命令的参考手册。

①SAGE 也包括所有长度 ≤ 20 的自对偶二进制码数据库。主函数是 self_dual_codes_binary,它是条目的逐个列表,每个条目由 Python 字典表示。也可参见下面第 7.3 部分。

② 基于 Robert Miller[M1] 的著作,下面 SAGE 能非常有效地计算二进制线性码自同构群。Thomas Fuelner 一直致力于将此程序扩展到更一般的情况。

③ 在 $http：//www.rlmiller.org/de\_codes/$ 能够找到大量用 SAGE 得到的双偶自正交码分类成果。

7.2 有 限 域

对于熟悉下面给出的基本结构和结论的大多数读者来说,本小节可能是多余的。然而,当不容易获得诸如 Lidl 和 Neiderreiter[LN] 这样的标准参考文献时,它可能是方便的。

编码最常用"字符表"为 $GF(2) = \{0,1\}$,把它当作域的两个元素。在数学中,通常不难用任意有限域替代这个字符表,所以本小节引入构造有限域的一些术语和背景。详细信息可参见[MS]。

素数域（Prime field）：假如 $p \geqslant 2$ 是素数,那么 $GF(p)$ 表示模 p 加法和

乘法构造域 $\mathbf{Z}/p\mathbf{Z}$。

素数幂域:设 $q=p^r$ 是素数幂,$r>1$,且令 $\mathbf{F}=GF(p)$。令 $\mathbf{F}[x]$ 表示 $\mathbf{F}$ 上的所有多项式环且令 $f(x)$ 表示 $\mathbf{F}[x]$ 中的 r 阶首一不可约多项式。商 $\mathbf{E}=\mathbf{F}[x]/(f(x))=\mathbf{F}[x]/f(x)\mathbf{F}[x]$ 是 q 个元素域[①]。假如 $f(x)$ 和 $\mathbf{E}$ 按照这种方式关联,称 $f(x)$ 是 $\mathbf{E}$ 的定义多项式(defining polynomial)。任意定义多项式因子都能完全转化为它定义域上的不同线性因子。

所有有限域都通过以上两种方式之一构造。从同构角度来说,对于每个 $r\geqslant 1$ 情况,仅存在一个 $q=p^r$ 阶域。这个域用 $GF(q)$ 表示。

对于任意有限域 $\mathbf{F}$,非零元素的乘法群 $\mathbf{F}^x$ 是循环群。假如 $\alpha\in\mathbf{F}$ 是 $\mathbf{F}^x$ 的生成元,那么称它为本原元(Primitive element)。假如 $\mathbf{F}$ 的定义多项式的一个根是 $\mathbf{F}$ 中的本原元,那么称它为本原的。

矩阵表示　令 $\mathbf{E}$ 表示有限域 $\mathbf{F}$ 的域扩展。$\mathbf{E}$ 的每个非零元素可以表示成一个不可逆矩阵,其元素为 $\mathbf{F}$ 中的值。下面给出如何实现的。令 $\alpha\in\mathbf{E}$ 表示循环群 $\mathbf{E}^x$ 的生成元。令 $f(x)$ 表示 α 的极小多项式($\mathbf{F}[x]$ 中的最低阶首一多项式以 α 为根)。取 α 对应矩阵(用 A 表示)为 $f(x)$ 的伴随矩阵(所以 A 的特征多项式为 f)。假如 $f(x)$ 的阶为 m,那么 A 是 $m\times m$ 矩阵($\mathbf{E}/\mathbf{F}$ 的阶为 m)且系数为 $\mathbf{F}$ 中元素。假如 $\beta\in\mathbf{E}$ 表示任意不同非零元素,那么对于某个 i 能写成 $\beta=\alpha^i$(因为 $\mathbf{E}^x$ 是循环群)。取 β 对应矩阵为 $B=A^i$。$0\in\mathbf{E}$ 对应矩阵为 $m\times m$ 零矩阵。因此通过域 $\mathbf{E}$ 作用于自身得到一个表示为

$$\rho:\mathbf{E}^x\rightarrow\mathrm{Aut}_F(\mathbf{F}^m),$$

当作为 $\mathbf{F}^m$(记作 $\mathbf{F}$-矢量空间)。

例 199　取 $\mathbf{F}=GF(2)$ 和 $\mathbf{E}=GF(16)$ 且其定义多项式 $f(x)=x^4+x^3+1$,使用第一个矩阵的幂,将 $GF(16)$ 的非零元素表示为以下 15 个矩阵。

$$\begin{bmatrix} 0 & 0 & 0 & 1 \\ 1 & 0 & 0 & 0 \\ 0 & 1 & 0 & 0 \\ 0 & 0 & 1 & 1 \end{bmatrix},\begin{bmatrix} 0 & 0 & 1 & 1 \\ 0 & 0 & 0 & 1 \\ 1 & 0 & 0 & 0 \\ 0 & 1 & 1 & 1 \end{bmatrix},\begin{bmatrix} 0 & 1 & 1 & 1 \\ 0 & 0 & 1 & 1 \\ 0 & 0 & 0 & 1 \\ 1 & 1 & 1 & 1 \end{bmatrix},\begin{bmatrix} 1 & 1 & 1 & 1 \\ 0 & 1 & 1 & 1 \\ 0 & 0 & 1 & 1 \\ 1 & 1 & 1 & 0 \end{bmatrix},$$

---

① 直观上,可以认为 $F[x]$ 是 2 的类比,$f(x)$ 是素数 p 的类比,而 $F(x)/f(x)F(x)$ 是 2/p2 的类比。

$$
\begin{bmatrix} 1 & 1 & 1 & 0 \\ 1 & 1 & 1 & 1 \\ 0 & 1 & 1 & 1 \\ 1 & 1 & 0 & 1 \end{bmatrix},
\begin{bmatrix} 1 & 1 & 0 & 1 \\ 1 & 1 & 1 & 0 \\ 1 & 1 & 1 & 1 \\ 1 & 0 & 1 & 0 \end{bmatrix},
\begin{bmatrix} 1 & 0 & 1 & 0 \\ 1 & 1 & 0 & 1 \\ 1 & 1 & 1 & 0 \\ 0 & 1 & 0 & 1 \end{bmatrix},
\begin{bmatrix} 0 & 1 & 0 & 1 \\ 1 & 0 & 1 & 1 \\ 0 & 1 & 0 & 1 \\ 1 & 1 & 0 & 0 \end{bmatrix},
$$

$$
\begin{bmatrix} 1 & 1 & 0 & 0 \\ 0 & 1 & 1 & 0 \\ 1 & 0 & 1 & 1 \\ 1 & 0 & 0 & 1 \end{bmatrix},
\begin{bmatrix} 1 & 0 & 0 & 1 \\ 1 & 1 & 0 & 0 \\ 0 & 1 & 1 & 0 \\ 0 & 0 & 1 & 0 \end{bmatrix},
\begin{bmatrix} 0 & 0 & 1 & 0 \\ 1 & 0 & 0 & 1 \\ 1 & 1 & 0 & 0 \\ 0 & 1 & 0 & 0 \end{bmatrix},
\begin{bmatrix} 0 & 0 & 1 & 0 \\ 0 & 0 & 1 & 0 \\ 1 & 0 & 0 & 1 \\ 1 & 0 & 0 & 0 \end{bmatrix},
$$

$$
\begin{bmatrix} 1 & 0 & 0 & 0 \\ 0 & 1 & 0 & 0 \\ 0 & 0 & 1 & 0 \\ 0 & 0 & 0 & 1 \end{bmatrix}。
$$

当然,矩阵加法和乘法对应相应域元素加法和乘法。

Conway 多项式　不存在 $GF(q)$ 的正则选择,但是存在一个"好"选择:取 $f(x)$ 为 $GF(p)$ 域上的 r 阶 Conway 多项式。它通常是由 SAGE, GAP 和 MAGMA 构造的默认有限域。

我们重现了 Frank LübeckConway 多项式(Conway polynomial)网页[Lu]上的定义,更进一步细节和参考文献可参见网页。

通过陪集模 p 的表示 $0,\cdots,p-1$ 给出元素的标准符号。通过 $0 < 1 < 2 < \cdots < p-1$ 方式排序这些元素,并引入 $GF(p)$ 域上的 r 阶多项式排序。令 $g(x)=g_r x^r+\cdots+g_0$ 且 $h(x)=h_r x^r+\cdots+h_0$(为了方便,对于 $i > r$, $g_i = h_i = 0$)。定义 $g < h$,当且仅当存在一个索引 k 满足 $g_i = k_i$, $i > k$ 且 $(-1)^{r-k} g_k < (-1)^{r-k} h_k$。

$GF(p^r)$Conway 多项式 $f_{p,r}(x)$ 是关于这个排序的最小 r 阶多项式,且满足

①$f_{p,r}(x)$ 是首一的;

②$f_{p,r}(x)$ 是本原的,即任意零为 $GF(p^r)$ 域上的(循环)乘法群生成元;

③ 对于 r 的每一个真因子 m,得到 $f_{p,m}(x^{(p^r-1)/(p^m-1)}) \equiv 0(\bmod f_{p,r}(x))$;即 $f_{p,r}(x)$ 零点的 $(p^r-1)/(p^m-1)$ 次幂为 $f_{p,r}(x)$ 的零点。

例 200　对于 $p=2$ 和 $r=1$,由于不存在其他选择,因此得到 $f_{2,1}(x)=x-1=x+1$。同理,对于 $p=2$ 和 $r=2$,得到 $f_{2,2}(x)=x^2+x+1$。同样,不存在其他选择,x^2+x+1 除 $f_{2,1}(x^{(p^r-1)/(p^m-1)})=f_{2,1}(x^3)=x^3-1$,正如

上述最后一个条件的要求。

这些多项式不容易计算,但是由序列

$$f_{p,r_1}, f_{p,r_2}, f_{p,r_3}, \cdots, \quad r_i \mid r_{i+1}.$$

构造的域 $\mathbf{F}_1 = GF(p^{r_1})$,$\mathbf{F}_2 = GF(p^{r_2})$,$\cdots$ 有"很好的"植入性质。

听起来很复杂,但是实际上用 SAGE 或 Guava(GAP 纠错码包[Gu])可以非常容易讨论这些域。

7.3　SAGE 中的自对偶码表

例如,[HP1] 中第 9 章包括小的特征和短的长度的自对偶码表。SAGE 也包括长度 $\leqslant 20$ 的所有自对偶二进制码数据库。主要函数为 self_dual−codes−binary,它是条目的逐个列表,每个条目由 Python 词典表示。

每条的格式:Python 词典的关键字为 Order Autgp,Spectrum,Code,Comment,Type,其中

①Code——$GF(2)$ 域上的长度为 n,$n/2$ 阶自对偶码 C;

②Order autgp——C 的置换自对偶群的排序;

③Type——C 的类型(对于二进制情况,能用"Ⅰ"或"Ⅱ"表示);

④Spectrum—— 谱 $[A_0, A_1, \cdots, A_n]$;

⑤Comment—— 可能为空字符串。

事实上,[HP1] 中表 9.10 给出长度为 n 的非等价自对偶码数量 B_n:

n	2	4	6	8	10	12	14	16	18	20	22	24	26	28	30
B_n	1	1	1	2	2	3	4	7	9	16	25	55	103	261	731

按照 Sloane 在线整数序列百科全书中的条目,http://www.research.att.com/ ~ njas/sequences/A003179,得到紧接着两项为:3 295,24 147。

SAGE

```
sage：C = self_dual_codes_binary(10)["10"]
sage：C["0"]["code"] = = C["0"]["code"]. dual_code()
True
sage：C["1"]["code"] = = C["1"]["code"]. dual_code()
True
sage：len(C. keys()) ♯ number of inequiv sd codes of length 10
2
sage：C = self_dual_codes_binary(12)["12"]
sage：C["0"]["code"] = = C["0"]["code"]. dual_code()
True
sage：C["1"]["code"] = = C["1"]["code"]. dual_code()
True
sage：C["2"]["code"] = = C["2"]["code"]. dual_code()
True
```

这些 SAGE 命令简单地证明长度为 10 的两个非等价自对偶二进制码和长度为 12 的两个非等价自对偶二进制码确实是自对偶的。

能在网站 $http://www.rlmiller.org/de\_codes/$ 上找到用 SAGE 得到双偶自正交码分类的大量结果。

在网站 $http://www.rlmiller.org/de\_codes/$ 表中给出所有双偶 $[n, k]$ 码置换等价类数量且可根据列表项链接到至今为止发现的编码列表。该网站的每个链接指向一个 Sage 目标文件，该文件当加载时（如，sage：L = load('24_12_de_codes.sobj')），产生一个标准形式矩阵列表。在 [M2] 中描述了这个算法。

7.4 一些证明

7.4.1 Mac William 等式

定理 201 （Mac William 等式）假如 C 是 $GF(q)$ 域上的线性码，那么
$$A_{C^\perp}(x,y) = |C|^{-1} A_C(x+(q-1)y, x-y)。$$
在证明之前，回顾一下式(2.1.1) 定义的完备重量算子

$$W_C(z_0, \cdots, z_{q-1}) = \sum_{c \in C} z_0^{s_0(C)} \cdots z_{q-1}^{s_{q-1}(C)} = \sum_{s \in \mathbf{Z}^q} T_C(s) z_0^{s_0} \cdots z_{q-1}^{s_{q-1}},$$

有时,为了方便,把变量 z_{ω_i} 用 z_i 表示[①]。这个算子对应的汉明重量算子为

$$A_C(x, y) = W_C(x, y, \cdots, y)。$$

令 $\{1, \alpha, \alpha^2, \cdots, \alpha^{m-1}\}$ 表示 $GF(q)/GF(p)$ 的幂次基。令 $\zeta = \zeta_p = e^{2\pi i/p}$ 表示 p 重单位根。假如把 $\beta, \gamma \in GF(q)$ 写成 $\beta = \beta_0 + \beta_1 \alpha + \cdots + \beta_{m-1} \alpha^{m-1}$ 和 $\gamma = \gamma_0 + \gamma_1 \alpha + \cdots + \gamma_{m-1} \alpha^{m-1} (\beta_i \in GF(q), \gamma_j \in GF(q))$,那么定义特征标 $\chi_\beta : GF(q) \to \mathbf{C}^\times$ 为

$$\chi_\beta(\gamma) = \zeta^{\beta_0 \gamma_0 + \cdots + \beta_{q-1} \gamma_{q-1}}。$$

对于某个唯一 $\beta \in GF(q)$,$GF(q)$ 的每个特征标 χ 是 $\chi = \chi_\beta$ 形式的。尤其是,对于所有 $\gamma \in GF(q)$(因此也就是对于 $\gamma \in GF(p)$),

$$\chi_1(\gamma) = \zeta^{\gamma_0}。$$

对于 $u, v \in GF(q)^n$,定义

$$\chi_u(v) = \chi_1(u \cdot v),$$

并对于 $GF(q)^n$ 域上的任意函数,定义傅立叶变换为

$$\hat{f}(u) = \sum_{v \in GF(q)^n} \chi_u(v) f(v)。$$

假如 $u = (u_1, \cdots, u_n) \in GF(q)^n$ 且 $v = (v_1, \cdots, v_n) \in GF(q)^n$,那么 $\chi_u(v) = \prod_{i=1}^{n} \chi_{u_i}(v_i)$。它意味着假如 $f(u) = \prod_{I=1}^{n} f_i(u_i)$ 是一个"可因式分解"函数,那么

$$\hat{f}(u) = \prod_{i=1}^{n} \hat{f}_i(u_i)。$$

引理 202 (泊松求和公式(Poisson's summation formula))假如 C 是一个 $GF(q)$ 域上的 $[n, k]$ 码,那么

$$\sum_{c \in C^\perp} f(c) = \frac{1}{|C|} \sum_{c \in C} \hat{f}(c)。$$

下面首先证明 Mac Williams 等式。定义

$$f(u) = z_0^{s_0(u)} \cdots z_{q-1}^{s_{q-1}(u)},$$

所以

---

① 回想一下我们已经用某种固定的方式来对有限域进行索引 $GF(q)$: $GF(q) = \{w_0, w_1, \cdots, w_{q-1}\}$,其中 $w_0 = 0$。

$$f(u) = z_0^{s_{0,i}} \cdots z_{q-1}^{s_{q-1,i}} = \prod_{i=1}^{n} f_i(u_i) \, ,$$

其中假如 $u_i = \omega_k$，那么 $s_{k,i} = 1$；否则 $s_{k,i} = 0$。另定义 $f(u)$ 的一种方法如下：

$$f(u) = \prod_{i=1}^{n} z_{u_i} = \prod_{i=1}^{n} f_i(u_i) \, 。$$

那么得到

$$\hat{f}(u) = \sum_{v \in GF(q)^n} \chi_u(v) f(v)$$

$$= \prod_{i-1}^{n} \hat{f}_i(u_i)$$

$$= \prod_{i-1}^{n} (F_q \cdot (z_0, \cdots, z_{q-1}))_i \, ,$$

其中 F_q 是 $GF(q)$ 域上的元素构成的 $q \times q$ 循环矩阵且 $(F_q \cdot z)_i$ 表示它的第 i 项为

$$(F_q \cdot (z_0, \cdots, z_{q-1}))_i = \sum_{\omega \in GF(q)} \chi_{\omega_1}(\omega) z_\omega = \sum_{\omega \in GF(q)} \chi_1(\omega_i \omega) z_\omega \, 。$$

泊松求和公式表明

$$W_{C^\perp}(z_0, \cdots, z_{q-1}) = \frac{1}{|C|} W_C(F_q \cdot (z_0, \cdots, z_{q-1})) \, 。$$

令 $x = z_0$ 且 $y = z_1 = \cdots = z_{q-1}$。应注意到

$$\sum_{b=1}^{q-1} \chi_a(b) = \begin{cases} q-1, & \text{假如 } a = 0 \\ -1 & \text{假如 } a \neq 0 \end{cases} \, 。$$

7.4.2 Mallows — Sloane — Duursma 界

下面简述 Duursma[D3] 中定理 91 的证明。为了简化，限定为类型 1 情况（类型 2 类似，但是下面的修改如 [D3] 中第 2 部分所示）。且也将假定 F 包含 y^n 项（相似假定 C 包含全 1 码字）。

某些符号。假如 $p(x,y) \in \mathbf{C}[x,y]$，那么定义

$$p(x,y)(D) = p\left(\frac{\partial}{\partial x}, \frac{\partial}{\partial y}\right) \, 。$$

假如 σ 是任意不可逆的 2×2 矩阵且 $(u,v) = (x,y)\sigma$，那么

$$p((u,v)\sigma^t)(D) F(u,v) = p(x,y)(D) F((x,y)\sigma) \, 。 \quad (7.4.1)$$

引理 203 给定齐次函数 $f(x,y)$。对于满足 $1 \leqslant i \leqslant e$ 的所有 i，令 $a_i \neq 0, b_i, c_i \neq 0$ 且 d_i 为复数且对于某个整数 $m > 1$，满足 $(a_i x + b_i y)^m \mid (c_i x + d_i y)(D) f(x,y)$。那么

$$\prod_{i=1}^{e}(a_ix+b_iy)^{m-e+1}\,\Big|\,\Big(\prod_{i=1}^{e}c_ix+d_iy\Big)(D)f(x,y)。$$

注意:它是[D3],(5)中,Duursma 给出的结果(在参考文献中,特定条件下,等式为 $m=d^{\perp}-1$ 且 $e=c$)。

证明 用式(7.4.1),不失一般性,可以假定恰当坐标线性变换后,所有 i 满足 $d_i=0$。在坐标变换 $z=x/y$ 下,$f(x,y)$ 可以作为 $\mathbf{P}'$ 上的一个多项式 $F(z)$。假如 $f(x,y)=x^ky^{n-k}$,那么 $F(x)=z^k$ 且显式计算使人们能够检验 $D_zF(z)$ 对应于 $D_xf(x,y)$。

当谈到 F 的导数在某点有 m 重根时,能改述假设 $(a_ix+b_iy)^m\,|\,(c_ix)(D)f(x,y)$。因此 F 的 e 阶导数给出了一个函数,该函数在这些有序点上至少有 $m-e+1$ 为零。

令 F 为长度为 n 且最小距离为 d 的任意自对偶重量算子。

注意假如 F 如上述定义,那么

$$y^{d-1}\,|\,y(D)F(x,y)。 \tag{7.4.2}$$

式(7.4.1)和(7.4.2)表明

$$(u-v)^{d-1}\,|\,((q-1)u-v)(D)F(u,v)。$$

取 $u=x$ 且 $v=\zeta y$,得到

$$(x-\zeta y)^{d-1}\,|\,((q-1)x-\zeta y)(D)F(x,y)。$$

根据引理 203,上式表明

$$(x^b-y^b)^{d-b}\,|\,((q-1)^bx^b-y^b)(D)F(x,y)。 \tag{7.4.3}$$

用式(7.4.2)和式(7.4.3)和类似于引理 203 证明用的原因,得到

$$a(x,y)\,|\,p(x,y)(D)F(x,y),$$

其中 $a(x,y)=y^{d-b-1}(x^b-y^b)^{d-b-1}$ 且 $p(x,y)=y((q-1)^bx^b-y^b)$。比较 $p(x,y)(D)F(x,y)$ 中 y 的最高阶项(回顾一下假定 F 包含 y^n),得到 $d-b-1+b(d-b-1)\leqslant n-b-1$。根据式(4.3.1),类型 1 得到证明。它是定理 91 的第一部分。通过最大整数函数性质,直接根据第一部分证明第二部分。

7.5 分歧模和等变度

本附录为了完整性,回顾一些术语。更详细信息参阅[JK2]或[Bo]。

令 X 是类别 >1 的平滑射影曲线,在自同构群 G 构成的代数闭域 k 上定义。

对于任意点 $P\in X(k)$,令 G_P 为关于 P 的分解群(即给定 P 情况下,G

的子群)。假如 $\mathrm{char}(k)$ 不能除 $|G|$,那么商 $\pi:X \to Y = X/G$ 是弱分歧的,且群 G_P 是循环的。通过 k — 特征标,G_P 作用于关于 P 的 $X(k)$ 的余切空间。这个特征标是关于 P 的 X 分歧特征标。

分歧模为

$$\Gamma_G = \sum_{P \in X(k)_{\mathrm{ram}}} \mathrm{Ind}_{G_P}^{G} \big(\sum_{l=1}^{e_P-1} l \Psi_P^{l} \big),$$

其中 e_P 为稳定集群数量而 Ψ_P 为关于 P 的分歧特征标(Ramification character)。根据 Nakajima[N] 的结论,存在唯一的 G — 模 $\tilde{\Gamma}_G$ 满足

$$\Gamma_G = |G| \tilde{\Gamma}_G.$$

妄用术语,也称 $\tilde{\Gamma}_G$ 为分歧模(Ramification module)。

下面给定 $X(k)$ 上的一个 G — 等变因子 D。假如 $D = \dfrac{1}{e_P} \sum_{g \in G} g(P)$,那么称 D 为约化轨道。这个约化轨道产生一组 G — 等变因子 $\mathrm{Div}(X)^G$。

定义 204 等变度(Equivariant degree)为一个映射,把 $\mathrm{Div}(X)^G$ 映射到 G 的有效 k — 特征的格罗坦狄克(Grothendieck)群 $R_k(G) = Z[G_k^*]$,定义为

$$\deg_{\mathrm{eq}}: \mathrm{Div}(X)^G \to R(G);$$

定义需满足条件为

① $\deg_{\mathrm{eq}}$ 与不相交支集的 G — 等变因子间是可加的;

② 假如 $D = r \dfrac{1}{e_P} \sum_{g \in G} g(P)$ 是一个轨道,那么

$$\deg_{\mathrm{eq}}(D) = \begin{cases} \mathrm{Ind}_{G_P}^{G} \big(\sum\limits_{l=1}^{r} \Psi^{-l} \big) r > 0, & r > 0, \\ -\mathrm{Ind}_{G_P}^{G} \big(\sum\limits_{l=0}^{-(r+1)} \Psi^{l} \big), & r < 0, \\ 0, & r = 0 \end{cases}$$

其中 $\Psi = \Psi_P$ 是 P 上的 X 分歧特征标。

注意:通常,它不是加性的(除了通过 π 回调的因子能实现加法)。

假如 $D = \pi^*(D_0)$ 是一个因子 $D_0 \in \mathrm{Div}(Y)$ 的拉回,那么 $\deg_{\mathrm{eq}}(D)$ 存在一个非常简单的形式。在这种情况下,r 是 e_P 的倍数,所以每个轨道的等变度为 r/e_P 与 G_P 的正则表示 $\mathrm{Ind}_{G_P}^{G}$ 间的乘积。在这种情况下,得到

$$\deg_{\mathrm{eq}}(D) = \deg(D_0) \cdot [k[G]]. \tag{7.5.1}$$

参考文献

[A1] Adler, A.: The Mathieu group M_{11} and the modular curve X_{11}. Proc. Lond. Math. Soc. 74, 1-28 (1997)

[A2] Adler, A.: Some integral representations of $PSL_2(\mathbf{F}_p)$ and their applications. J. Algebra 72, 115-145 (1981)

[Af] Aftab, Cheung, Kim, Thakkar, Yeddanapudi: Information theory. Student term project in a course at MIT http://web. mit. edu/ 6.933/www/. Preprint (2001). Available: http://web. mit. edu/ 6.933/www/Fall2001/Shannon2. pdf

[An] Ancochea, G.: Zeros of self-inversive polynomials. Proc. Am. Math. Soc. 4, 900-902 (1953)

[ASV] Anderson, N., Saff, E. B., Varga, R. S.: On the Eneström-Kakeya theorem and its sharpness. Linear Algebra Appl. 28, 5-16 (1979)

[AK] Assmus, E. Jr., Key, J.: Designs and codes. Cambridge Univ. Press, Cambridge (1992)

[AM1] Assmus, E. Jr., Mattson, H.: On the automorphism groups of Paley-Hadamard matrices. In: Bose, R., Dowling, T. (eds.) Combinatorial Mathematics and Its Applications. Univ. of North Carolina Press, Chapel Hill (1969)

[AM2] Assmus, E.: Algebraic theory of codes, II. Report AFCRL-71-0013, Air Force Cambridge Research Labs, Bedford, MA. Preprint (1971). Available: http://handle. dtic. mil/100. 2/ AD718114

[Ash] Ash, R.: Information Theory. Dover, New York (1965)

[Bal] Ball, S.: On large subsets of a nite vector space in which every subset of basis size is a basis. Preprint, Dec. (2010). http:// www-ma4. upc. es/~simeon/jems-mds-conj-revised. pdf

[Ba] A. Barg's Coding Theory webpage http://www. ece. umd. edu/~

abarg/

[BM] Bazzi, L. , Mitter, S. : Some constructions of codes from group actions. Preprint (2001). Appeared as Some randomized code constructions from group actions. IEEE Trans. Inf. Theory 52, 3210-3219 (2006). www. mit. edu/~louay/recent/rgrpactcodes. pdf

[BDHO] Bannai, E. , Dougherty, S. T. , Harada, M. , Oura, M. : Type II codes, even unimodular lattices, and invariant rings. IEEE Trans. Inf. Theory 45, 1194-1205 (1999)

[BCG] Bending, P. , Camina, A. , Guralnick, R. : Automorphisms of the modular curve $X(p)$ in positive characteristic. Preprint (2003)

[BGT] Berrou, C. , Glavieux, A. , Thitimajshima, P. : Near Shannon limit error-correcting coding and decoding: Turbo-codes. Communications (1993). ICC 93. Geneva. Technical Program, Conference Record, IEEE International Conference on, vol. 2, pp. 1064-1070 (1993). Available: http://www-classes. usc. edu/engr/ee-s/568/org/Original. pdf

[Bi] Bierbrauer, J. : Introduction to Coding Theory. Chapman & Hall/CRC, New York (2005)

[B] Birch, B. J. : Some calculations of modular relations. In: Kuyk, W. (ed.) Modular Forms of One Variable, I, Proc. Antwerp Conf. , 1972. Lecture Notes in Math. , vol. 320. Springer, New York (1973)

[BK] Birch, B. J. , Kuyk, W. (eds.): Modular forms of one variable, IV, Proc. Antwerp Conf. , 1972. Lecture Notes in Math. , vol. 476. Springer, New York (1975)

[BSC] Bonnecaze, A. , Calderbank, A. R. , Solé, P. : Quaternary quadratic residue codes and unimodular lattices. IEEE Trans. Inf. Theory 41, 366-377 (1995)

[BoM] Bonsall, F. , Marden, M. : Zeros of self-inversive polynomials. Proc. Am. Math. Soc. 3, 471-475 (1952). Available: http://www. ams. org/journals/proc/1952-003-03/S0002-9939-1952-0047828-8/home. html

[Bo] Borne, N. : Une formule de Riemann-Roch equivariante pour des courbes. Thesis, Univ. Bordeaux (1999). Available from: http://www.dm.unibo.it/~borne/

[BHP] Brualdi, R., Huffman, W.C., Pless, V.: Handbook of Coding Theory. Elsevier, New York(1998)

[CDS] Calderbank, A., Delsarte, P., Sloane, N.: A strengthening of the Assmus-Mattson theorem. IEEE Trans. Inf. Theory 37, 1261-1268 (1991)

[Cas1] Casselman, W.: On representations of GL_2 and the arithmetic of modular curves. In: Modular Functions of One Variable, II, Proc. Internat. Summer School, Univ. Antwerp, Antwerp, 1972. Lecture Notes in Math., vol. 349, pp. 107-141. Springer, Berlin (1973). Errata to On representations of GL_2 and the arithmetic of modular curves. In: Modular Functions of One Variable, IV, Proc. Internat. Summer School, Univ. Antwerp, Antwerp, 1972. Lecture Notes in Math., vol. 476, pp. 148-149. Springer, Berlin (1975)

[Cas2] Casselman, W.: The Hasse-Weil ζ-function of some moduli varieties of dimension greater than one. In: Automorphic Forms, Representations and L-functions, Proc. Sympos. Pure Math., Oregon State Univ., Corvallis, Ore, 1977. Proc. Sympos. Pure Math. Part 2, vol. XXXIII, pp. 141-163. Am. Math. Soc., Providence (1979)

[Cha] Chapman, R.: Preprint sent to J. Joyner (2008)

[Char] Charters, P.: Generalizing binary quadratic residue codes to higher power residues over larger fields. Finite Fields Appl. 15, 404-413 (2009)

[Chen] Chen, W.: On the polynomials with all there zeros on the unit circle. J. Math. Anal. Appl. 190, 714-724 (1995)

[Ch1] Chinen, K.: Zeta functions for formal weight enumerators and the extremal property. Proc. Jpn. Acad. Ser. A Math. Sci. 81(10), 168-173 (2005)

[Ch2] Chinen, K.: Zeta functions for formal weight enumerators and an analogue of the Mallows-Sloane bound. Preprint. Available: http://arxiv.org/pdf/math/0510182

[Ch3] Chinen, K.: An abundance of invariant polynomials satisfying the

Riemann hypothesis. Preprint. Available: http://arxiv. org/abs/ 0704. 3903

[Cl] Clozel, L. : Nombre de points des variétés de Shimura sur un corps fini (d'aprés R. Kottwitz). Seminaire Bourbaki, vol. 1992/93. Asterisque No. 216 (1993), Exp. No. 766, 4, 121-149

[Co] Cohen, P. : On the coefficients of the transformation polynomials for the elliptic modular function. Math. Proc. Camb. Philos. Soc. 95, 389-402 (1984)

[CSi] Conway, F. , Siegelman, J. : Dark Hero of the Information Age. MIT Press, New York (2005)

[Co1] Conway, J. : Hexacode and tetracode—MINIMOG and MOG. In: Atkinson, M. (ed.) Computational Group Theory. Academic Press, San Diego (1984)

[Co2] Conway, J. : On Numbers and Games (ONAG). Academic Press, San Diego (1976)

[CS1] Conway, J. , Sloane, N. : Sphere Packings, Lattices and Groups, 3rd edn. Springer, Berlin (1999)

[CS2] Conway, J. , Sloane, N. : Lexicographic codes: error-correcting codes from game theory. IEEE Trans. Inf. Theory 32, 337-348 (1986)

[CS3] Conway, J. H. , Sloane, N. J. A. : A new upper bound on the minimal distance of self-dual codes. IEEE Trans. Inf. Theory 36, 1319-1333 (1990)

[C] Coy, G. : Long quadratic residue codes. USNA Mathematics Dept. Honors Project (2005-2006) (advisor Prof. Joyner)

[Cu1] Curtis, R. : The Steiner system $S(5,6,12)$, the Mathieu group M_{12}, and the kitten. In: Atkinson, M. (ed.) Computational Group Theory. Academic Press, San Diego (1984)

[Cu2] Curtis, R. : A new combinatorial approach to M_{24}. Math. Proc. Camb. Philos. Soc. 79, 25-42 (1976)

[Del] Deligne, P. : Variétés de Shimura. In: Automorphic Forms, Representations and L-Functions. Proc. Sympos. Pure Math. Part 2, vol. 33, pp. 247-290 (1979)

[dLG] de Launey, W. , Gordon, D. : A remark on Plotkin's bound.

IEEE Trans. Inf. Theory 47, 352-355 (2001). Available: http://www. ccrwest. org/gordon/plotkin. pdf

[DH] DiPippo, S. , Howe, E. : Real polynomials with all roots on the unit circle and Abelian varieties over finite fields. J. Number Theory 78, 426-450 (1998). Available: http://arxiv. org/abs/math/9803097

[Do] S. Dougherty webpage: Does there exist a [72, 36, 16] Type II code? (Last accessed 2009-5-7 at http://academic. scranton. edu/faculty/doughertys1/72. htm)

[Dr] Drungilas, P. : Unimodular roots of reciprocal Littlewood polynomials. J. Korean Math. Soc. 45(3), 835-840 (2008). Available: http://www. mathnet. or. kr/mathnet/thesis_file/18_J06-382. pdf

[DL] Duflo, M. , Labesse, J. -P. : Sur la formule des traces de Selberg. Ann. Sci. Ecole Norm. Super. (4) 4, 193-284 (1971)

[D1] Duursma, I. : Combinatorics of the two-variable zeta function. In: Finite Fields and Applications. Lecture Notes in Comput. Sci. , vol. 2948, pp. 109-136. Springer, Berlin (2004)

[D2] Duursma, I. : Results on zeta functions for codes. In: Fifth Conference on Algebraic Geometry, Number Theory, Coding Theory and Cryptography, University of Tokyo, January 17-19 (2003)

[D3] Duursma, I. : Extremal weight enumerators and ultraspherical polynomials. Discrete Math. 268(1-3), 103-127 (2003)

[D4] Duursma, I. : A Riemann hypothesis analogue for self-dual codes. In: Barg, Litsyn (eds.) Codes and Association Schemes. AMS Dimacs Series, vol. 56, pp. 115-124 (2001)

[D5] Duursma, I. : From weight enumerators to zeta functions. Discrete Appl. Math. 111(1-2), 55-73 (2001)

[D6] Duursma, I. : Weight distributions of geometric Goppa codes. Trans. Am. Math. Soc. 351, 3609-3639 (1999)

[Dw] Dwork, B. : On the rationality of the zeta function of an algebraic variety. Am. J. Math. 82, 631-648 (1960)

[Eb] Ebeling, W. : Lattices and Codes, 2nd edn. Vieweg, Wiesbaden (2002)

[Ei] Eichler, M. : The basis problem for modular forms and the traces of

Hecke operators. In: Modular Functions of One Variable, I, Proc. Internat. Summer School, Univ. Antwerp, Antwerp, 1972. Lecture Notes in Math. , vol. 320, pp. 1-36. Springer, Berlin (1973)

[E1] Elkies, N. : Elliptic and modular curves over finite fields and related computational issues. In: Buell, D. , Teitelbaum, J. (eds.) Computational Perspectives on Number Theory. AMS/IP Studies in Adv. Math. , vol. 7, pp. 21-76 (1998)

[E2] Elkies, N. : The Klein quartic in number theory, In: Levy, S. (ed.) The Eightfold Way: The Beauty of Klein's Quartic Curve, pp. 51-102. Cambridge Univ. Press, Cambridge (1999)

[E3] Elkies, N. : Lattices, linear codes and invariants. Not. Am. Math. Soc. 47, 1238-1245 (2000), 1382-1391

[FR] Faifman, D. , Rudnick, Z. : Statistics of the zeros of zeta functions in families of hyperelliptic curves over a finite field. Preprint. Available: http://front. math. ucdavis. edu/0803. 3534

[Fe] Fell, H. J. : On the zeros of convex combinations of polynomials. Pac. J. Math. 89, 43-50 (1980)

[FM] Frey, G. , Müller, M. : Arithmetic of modular curves and applications. Preprint (1998). Available: http://www. exp-math. uni-essen. de/zahlentheorie/preprints/Index. html

[FH] Fulton, W. , Harris, J. : Representation Theory: A First Course. Springer, Berlin (1991)

[Ga] Gaborit, P. : Quadratic double circulant codes over fields. J. Comb. Theory, Ser. A 97, 85-107 (2002)

[GHKP] Gaborit, P. , Cary Huffman, W. , Kim, J. -L. , Pless, V. : On additive codes over GF(4). In: DIMACS Workshop on Codes and Association Schemes. DIMACS Series in Discrete Math and Theoretical Computer Sciences, vol. 56, pp. 135-149. AMS, Providence (2001). Available: http://www. math. louisville. edu/~jlkim/dimacs4. ps

[GZ] Gaborit, P. , Zemor, G. : Asymptotic improvement of the Gilbert-Varshamov bound for linear codes. IEEE Trans. Inf. Theory IT-54(9), 3865-3872 (2008). Available: http://arxiv. org/abs/0708.

4164

[GAP] The GAP Group: GAP—Groups, algorithms, and programming. Version 4. 4. 10 (2007). http://www. gap-system. org

[Gel] Gelbart, S. : Elliptic curves and automorphic representations. Adv. Math. 21(3), 235-292 (1976)

[Go] Göb, N. : Computing the automorphism groups of hyperelliptic function fields. Preprint. Available: http://front. math. ucdavis. edu/math. NT/0305284

[G1] Goppa, V. D. : Geometry and Codes. Kluwer, Amsterdam (1988)

[G2] Goppa, V. D. : Bounds for codes. Dokl. Akad. Nauk SSSR 333, 423 (1993)

[GPS] Greuel, G. -M. , Pfister, G. , Schönemann, H. : SINGULAR 3. 0. A Computer Algebra System for Polynomial Computations. Centre for Computer Algebra, University of Kaiserslautern (2005). http://www. singular. uni-kl. de

[Gu] GUAVA: A coding theory package for GAP. http://www. gap-system. org/Packages/guava. html

[GHK] Gulliver, T. A. , Harada, M. , Kim, J. -L. : Construction of some extremal self-dual codes. Discrete Math. 263, 81-91 (2003)

[HH] Hämäläinen, H. , Honkala, I. , Litsyn, S. , Östergård, P. : Football pools—a game for mathematicians. Am. Math. Mon. 102, 579-588 (1995)

[HT] Harada, T. , Tagami, M. : A Riemann hypothesis analogue for invariant rings. Discrete Math. 307, 2552-2568 (2007)

[Ha] Hartshorne, R. : Algebraic Geometry. Springer, Berlin (1977)

[He] Helleseth, T. : Legendre sums and codes related to QR codes. Discrete Appl. Math. 35, 107-113 (1992)

[HV] Helleseth, T. , Voloch, J. F. : Double circulant quadratic residue codes. IEEE Trans. Inf. Theory 50(9), 2154-2155 (2004)

[HSS] Hedayat, A. S. , Sloane, J. J. A. , Stufken, J. : Orthogonal Arrays: Theory and Applications. Springer, New York (1999)

[HM] Hibino, T. , Murabayashi, N. : Modular equations of hyperelliptic $X_0(N)$ and an application. Acta Arith. 82, 279-291 (1997)

[Hil] Hill, R. : A First Course in Coding Theory. Oxford Univ Press,

Oxford (1986)

[Hi] Hirschfeld, J. W. P. : The main conjecture for MDS codes. In: Cryptography and Coding. Lecture Notes in Computer Science, vol. 1025. Springer, Berlin (1995). Avaialble from: http://www. maths. sussex. ac. uk/Staff/JWPH/RESEARCH/research. html

[HK] Han, S. , Kim, J. -L. : The nonexistence of near-extremal formally self-dual codes. Des. Codes Cryptogr. 51, 69-77 (2009)

[Ho] Horadam, K. : Hadamard Matrices and Their Applications. Princeton Univ. Press, Princeton (2007)

[HLTP] Houghten, S. K. , Lam, C. W. H. , Thiel, L. H. , Parker, J. A. : The extended quadratic residue code is the only $(48,24,12)$ self-dual doubly-even code. IEEE Trans. Inf. Theory 49, 53-59 (2003)

[Hu] Huffman, W. C. : On the classification and enumeration of self-dual codes. Finite Fields Appl. 11, 451-490 (2005)

[HP1] Huffman, W. C. , Pless, V. : Fundamentals of Error-Correcting Codes. Cambridge Univ. Press, Cambridge (2003)

[Ig] Igusa, J. : On the transformation theory of elliptic functions. Am. J. Math. 81, 436-452 (1959)

[I] Ihara, Y. : Some remarks on the number of rational points of algebraic curves over finite fields. J. Fac. Sci. Univ. Tokyo 28, 721-724 (1981)

[IR] Ireland, K. , Rosen, M. : A Classical Introduction to Modern Number Theory. Grad Texts, vol. 84. Springer, Berlin (1982)

[JV] Jiang, T. , Vardy, A. : Asymptotic improvement of the Gilbert-Varshamov bound on the size of binary codes. IEEE Trans. Inf. Theory 50, 1655-1664 (2004)

[Ja1] Janusz, G. : Simple components of $\mathbf{Q}[SL(2,q)]$. Commun. Algebra 1, 1-22 (1974)

[Ja2] Janusz, G. J. : Overlap and covering polynomials with applications to designs and self-dual codes. SIAM J. Discrete Math. 13, 154-178 (2000)

[Jo1] Joyner, D. : On quadratic residue codes and hyperelliptic curves.

Discrete Math. Theor. Comput. Sci. 10(1), 129-126 (2008)

[Jo2] Joyner, D.: Zeros of some self-reciprocal polynomials. Submitted to proceedings of FFT 2011 (editors: Travis Andrews, Radu Balan, John J. Benedetto, Wojciech Czaja, and Kasso A. Okoudjou), Springer-Birkhauser Applied and Numerical Harmonic Analysis (ANHA) Book Series

[JK1] Joyner, D., Ksir, A.: Modular representations on some Riemann-Roch spaces of modular curves $X(N)$. In: Shaska, T. (ed.) Computational Aspects of Algebraic Curves. Lecture Notes in Computing. World Scientific, Singapore (2005)

[JK2] Joyner, D., Ksir, A.: Decomposing representations of finite groups on Riemann-Roch spaces. Proc. Am. Math. Soc. 135, 3465-3476 (2007)

[JKT] Joyner, D., Ksir, A., Traves, W.: Automorphism groups of generalized Reed-Solomon codes. In: Shaska, T., Huffman, W. C., Joyner, D., Ustimenko, V. (eds.) Advances in Coding Theory and Cryptology. Series on Coding Theory and Cryptology, vol. 3. World Scientific, Singapore (2007)

[JKTu] Joyner, D., Kreminski, R., Turisco, J.: Applied Abstract Algebra. Johns Hopkins Univ. Press, Baltimore (2004)

[JS] Joyner, D., Shokranian, S.: Remarks on codes from modular curves: MAPLE applications. In: Joyner, D. (ed.) Coding Theory and Cryptography: From the Geheimschreiber and Enigma to Quantum Theory. Springer, Berlin (2000). Available at http://www.opensourcemath.org/books/cryptoday/cryptoday.html

[KR] Kahane, J., Ryba, A.: The hexad game. Electron. J. Comb. 8 (2001). Available at http://www.combinatorics.org/Volume_8/Abstracts/v8i2r11.html

[Kan] Kantor, W.: Automorphism groups of Hadamard matrices. J Comb Theory 6, 279-281 (1969). Available at http://darkwing.uoregon.edu/~kantor/PAPERS/AutHadamard.pdf

[Ked] Kedlaya, K.: Search techniques for root-unitray polynomials. Preprint (2006). Available at http://arxiv.org/abs/math.NT/0608104

[KP] Khare, C. , Prasad, D. : Extending local representations to global representations. Kyoto J. Math. 36, 471-480 (1996)

[Ki1] Kim, J.-L. : A prize problem in coding theory. In: Sala, M. , Mora, T. , Perret, L. , Sataka, S. , Traverso, T. (eds.) Gröbner Basis, Coding, and Cryptography, pp. 373-376. Springer, Berlin (2009). Available: http://www. math. louisville. edu/~ jlkim/ jlkim_07. pdf

[KL] Kim, J.-L. , Lee, Y. : Euclidean and Hermitian self-dual MDS codes over large finite fields. J. Comb. Theory, Ser. A 105, 79-95 (2004)

[K] Kim, S.-H. : On zeros of certain sums of polynomials. Bull. Korean Math. Soc. 41(4), 641-646 (2004). http://www. mathnet. or. kr/mathnet/kms_tex/983297. pdf

[KiP] Kim, S.-H. , Park, C. W. : On the zeros of certain self-reciprocal polynomials. J. Math. Anal. Appl. 339, 240-247 (2008)

[Kn] Knapp, A. : Elliptic Curves, Mathematical Notes. Princeton Univ. Press, Princeton (1992)

[Kob] Koblitz, N. : Introduction to Elliptic Curves and Modular Forms. Grad. Texts, vol. 97. Springer, Berlin (1984)

[Koch] Koch, H. : On self-dual doubly even extremal codes. Discrete Math. 83, 291-300 (1990)

[KM] Konvalina, J. , Matache, V. : Palindrome-polynomials with roots on the unit circle. http://myweb. unomaha. edu/~vmatache/pdf-files/short_note_cr. pdf

[K1] Kottwitz, R. : Shimura varieties and λ-adic representations. In: Automorphic Forms, Shimura Varieties, and L-functions, vol. 1, pp. 161-209. Academic Press, San Diego (1990)

[K2] Kottwitz, R. : Points on Shimura varieties over finite fields. J. Am. Math. Soc. 5, 373-444 (1992)

[Lab] Labesse, J. P. : Exposé VI. In: Boutot, J.-F. , Breen, L. , Grardin, P. , Giraud, J. , Labesse, J.-P. , Milne, J. S. , Soulé, C. (eds.) Variétés de Shimura et fonctions L. Publications Mathématiques de l'Université Paris VII [Mathematical Publications of the University of Paris VII], 6. Université de Paris VII,

U. E. R. de Mathematiques, Paris (1979)

[LO] Lagarias, J. C., Odlyzko, A. M.: Effective versions of the Chebotarev density theorem. In: Fröhlich, A. (ed.) Algebraic Number Fields (L-functions and Galois theory), pp. 409-464. Academic Press, San Diego (1977)

[L1] Lakatos, P.: On polynomials having zeros on the unit circle. C. R. Math. Acad. Sci. Soc. R. Can. 24(2), 91-96 (2002)

[L2] Lakatos, P.: On zeros of reciprocal polynomials. Publ. Math. (Debr.) 61, 645-661 (2002)

[LL1] Lakatos, P., Losonczi, L.: Self-inversive polynomials whose zeros are on the unit circle. Publ. Math. (Debr.) 65, 409-420 (2004)

[LL2] Lakatos, P.: On zeros of reciprocal polynomials of odd degree. J. Inequal. Pure Appl. Math. 4(3) (2003). http://jipam. vu. edu. au

[Lan1] Langlands, R. P.: Shimura varieties and the Selberg trace formula. Can. J. Math. XXIX(5), 1292-1299 (1977)

[Lan2] Langlands, R. P.: On the zeta function of some simple Shimura varieties. Can. J. Math. XXXI(6), 1121-1216 (1979)

[LM] Laywine, C. F., Mullen, G. L.: Discrete Mathematics Using Latin Squares. Wiley, New York (1998)

[Li] Li, W.: Modular curves and coding theory: a survey. In: Contemp. Math. vol. 518, 301-314. AMS, Providence (2010). Available: http://www. math. cts. nthu. edu. tw/download. php? filename= 630_0d16a302. pdf&dir = publish&title = prep2010-11-001

[LN] Lidl, R., Niederreiter, H.: Finite Fields. Cambridge Univ. Press, Cambridge (1997)

[LvdG] Lint, J., van der Geer, G.: Introduction to Coding Theory and Algebraic Geometry. Birkhäuser, Boston (1988)

[Lo] Lorenzini, D.: An Invitation to Arithmetic Geometry. Grad. Studies in Math. AMS, Providence (1996)

[Los] Losonczi, L.: On reciprocal polynomials with zeros of modulus one. Math. Inequal. Appl. 9, 286-298 (2006). http://mia. elemath. com/09-29/~On-reciprocal-polynomials-with-zeros-of-modulus-one

[Lu] Luebeck, F. : Conway polynomials page. http://www. math. rwth-aachen. de:8001/~Frank. Luebeck/~data/ConwayPol/index. html

[MS] MacWilliams, F. , Sloane, N. : The Theory of Error-Correcting Codes. North-Holland, Amsterdam (1977)

[Ma] Marden, M. : Geometry of Polynomials, American Mathematical Society, Providence (1970)

[MB] McEliece, R. , Baumert, L. D. : Weights of irreducible cyclic codes. Inf. Control 20, 158-175 (1972)

[MR] McEliece, R. , Rumsey, H. : Euler products, cyclotomy, and coding. J. Number Theory 4, 302-311 (1972)

[MN] MacKay, D. J. C. , Radford, M. N. : Near Shannon limit performance of low density parity check codes. Electronics Letters, July (1996). Available: http://www. inference. phy. cam. ac. uk/mackay/abstracts/mncEL. html

[M] Mercer, I. D. : Unimodular roots of special Littlewood polynomials. Can. Math. Bull. 49, 438-447 (2006)

[M1] Miller, R. : Graph automorphism computation (2007). http://www. rlmiller. org/talks/nauty. pdf

[M2] Miller, R. : Doubly even codes, June (2007). http://www. rlmiller. org/talks/June_Meeting. pdf

[Mo] Moreno, C. : Algebraic Curves over Finite Fields: Exponential Sums and Coding Theory. Cambridge Univ. Press, Cambridge (1994)

[N] Nakajima, S. : Galois module structure of cohomology groups for tamely ramified coverings of algebraic varieties. J. Number Theory 22, 115-123 (1986)

[Nara] Narasimhan, R. : Complex Analysis of One Variable. Basel (1985)

[NRS] Nebe, G. , Rains, E. , Sloane, N. : Self-Dual Codes and Invariant Theory. Springer, Berlin (2006)

[NX] Nieddereiter, H. , Xing, C. P. : Algebraic Geometry in Coding Theory and Cryptography. Princeton Univ. Press, Princeton (2009)

[Ni] Niven, I. : Coding theory applied to a problem of Ulam. Math. Mag. 61, 275-281 (1988)

[O1] Ogg, A. : Elliptic curves with wild ramification. Am. J. Math. 89, 1-21 (1967)

[O2] Ogg, A. : Modular Forms and Dirichlet series. Benjamin, Elmsford (1969). See also his paper in Modular Functions of One Variable, I, Proc. Internat. Summer School, Univ. Antwerp, Antwerp, 1972. Lecture Notes in Math. , vol. 320, pp. 1-36. Springer, Berlin (1973)

[OEIS] The OEIS Foundation Inc. : http://oeisf. org/

[OM] O'Meara, T. : Introduction to Quadratic Forms. Springer, Berlin (2000)

[O] Ozeki, M. : On the notion of Jacobi polynomials for codes. Math. Proc. Camb. Philos. Soc. 121, 15-30 (1997)

[PSvW] Pellikaan, R. , Shen, B.-Z. , Van Wee, G.J.M. : Which linear codes are algebraic-geometric? IEEE Trans. Inf. Theory 37, 583-602 (1991). Available: http://www. win. tue. nl/math/dw/personalpages/ruudp/

[PS] Petersen, K. , Sinclair, C. : Conjgate reciprocal polynomials with all roots on the unit circle. Preprint. Available: http://arxiv. org/abs/math/0511397

[Pl] Pless, V. : On the uniqueness of the Golay codes. J. Comb. Theory 5, 215-228 (1968)

[P] Pretzel, O. : Codes and Algebraic Curves. Oxford Lecture Series, vol. 9. Clarendon, Oxford (1998)

[Ra] Rains, E. M. : Shadow bounds for self-dual codes. IEEE Trans. Inf. Theory 44, 134-139 (1998)

[R1] Ritzenthaler, C. : Problèmes arithmétiques relatifs à certaines familles de courbes sur lescorps finis. Thesis, Univ. Paris 7 (2003)

[R2] Ritzenthaler, C. : Action du groupe de Mathieu M_{11} sur la courbe modulaire $X(11)$ en caractéristique 3. Masters thesis, Univ. Paris 6 (1998)

[R3] Ritzenthaler, C. : Automorphismes des courbes modulaires $X(n)$

en caractristique p. Manuscr. Math. 109, 49-62 (2002)

[Ro] Rovira, J. G.: Equations of hyperelliptic modular curves. Ann. Inst. Fourier, Grenoble 41, 779-795 (1991)

[S] The SAGE Group: SAGE: Mathematical software, Version 4. 6. http://www. sagemath. org/

[Scl] Schiznel, A.: Self-inversive polynomials with all zeros on the unit circle. Ramanujan J. 9, 19-23 (2005)

[Sch] Schmidt, W.: Equations over Finite Fields: An Elementary Approach, 2nd edn. Kendrick Press (2004)

[Sc] Schoen, C.: On certain modular representations in the cohomology of algebraic curves. J. Algebra 135, 1-18 (1990)

[Scf] Schoof, R.: Families of curves and weight distributions of codes. Bull. Am. Math. Soc. (NS) 32, 171-183 (1995). http://arxiv. org/pdf/math. NT/9504222. pdf

[SvdV] Schoof, R., van der Vlugt, M.: Hecke operators and the weight distributions of certain codes. J. Comb. Theory, Ser. A 57, 163-186 (1991). http://www. mat. uniroma2. it/~schoof/vd-vhecke. pdf

[Se1] Serre, J.-P.: Quelques applications du théorème de densité de Chebotarev. Publ. Math. l'IHÉS 54, 123-201 (1981). Available: http://www. numdam. org/item? id=PMIHES_1981__54__123_0

[Se2] Serre, J.-P.: Linear Representations of Finite Groups. Springer, Berlin (1977)

[Shim] Shimura, G.: Introduction to the Arithmetic Theory of Automorphic Functions. Iwanami Shoten and Princeton University Press, Princeton (1971)

[ShimM] Shimura, M.: Defining equations of modular curves. Tokyo J. Math. 18, 443-456 (1995)

[Shok] Shokranian, S.: The Selberg-Arthur Trace Formula. Lecture Note Series, vol. 1503. Springer, Berlin (1992)

[SS] Shokranian, S., Shokrollahi, M. A.: Coding Theory and Bilinear Complexity. Scientific Series of the International Bureau, vol. 21. KFA Jülich (1994)

[Sh1] Shokrollahi, M. A.: Kapitel 9. In: Beitraege zur algebraischen

Codierungs-und Komple-xitaetstheorie mittels algebraischer Funkionenkoerper. Bayreuther mathematische Schriften, vol. 30, pp. 1-236 (1991)

[Sh2] Shokrollahi, M. A. : Stickelberger codes. Des. Codes Cryptogr. 9, 203-213 (1990)

[Sin] Singleton, R. C. : Maximum distance q-nary codes. IEEE Trans. Inf. Theory 10, 116-118 (1964)

[Sl] Sloane, N. J. A. : Self-dual codes and lattices. In: Relations Between Combinatorics and Other Parts of Mathematics. Proc. Symp. Pure Math. , vol. 34, pp. 273-308. American Mathematical Society, Providence (1979)

[S73] Sloane, N. J. A. : Is there a $(72,36)d = 16$ self-dual code. IEEE Trans. Inf. Theory 19, 251 (1973)

[St1] Stepanov, S. : Codes on Algebraic Curves. Kluwer, New York (1999)

[St2] Stepanov, S. : Character sums and coding theory. In: Proceedings of the Third International Conference on Finite Fields and Applications, Glasgow, Scotland, pp. 355-378. Cambridge University Press, Cambridge (1996)

[Sti] Stichtenoth, H. : Algebraic Function Fields and Codes. Springer, Berlin (1993)

[T] Tarnanen, H. : An asymptotic lower bound for the character sums induced by the Legendre symbol. Bull. Lond. Math. Soc. 18, 140-146 (1986)

[Tei] Teirlinck, L. : Nontrivial t-designs without repeated blocks exist for all t. Discrete Math. 65, 301-311 (1987)

[Tho] Thompson, T. : From Error-Correcting Codes Through Sphere Packings to Simple Groups. Cambridge Univ. Press, Cambridge (2004)

[TV] Tsfasman, M. A. , Vladut, S. G. : Algebraic-Geometric Codes, Mathematics and Its Applications. Kluwer Academic, Dordrecht (1991)

[TVN] Tsfasman, M. A. , Vladut, S. G. , Nogin, D. : Algebraic Geometric Codes: Basic Notions. Math. Surveys. AMS, Providence

(2007)

[VSV] van der Geer, G. , Schoof, R. , van der Vlugt, M. : Weight for-
mulas for ternary Melas codes. Math. Comput. 58, 781-792
(1992)

[vdV] van der Vlugt, M. : Hasse-Davenport curves, Gauss sums, and
weight distributions of irreducible cyclic codes. J. Number Theory
55, 145-159 (1995)

[vL1] van Lint, J. : Introduction to Coding Theory, 3rd edn. Springer,
Berlin (1999).

[vL2] van Lint, J. : Combinatorial designs constructed with or from cod-
ing theory. In: Longo, G. (ed.) Information Theory, New
Trends and Open Problems. CISM Courses and Lectures, vol.
219, pp. 227-262. Springer, Wien (1975). Available: http://al-
exandria. tue. nl/repository/freearticles/593587. pdf

[vLW] van Lint, J. , Wilson, R. M. : A Course in Combinatorics. Cam-
bridge Univ. Press, Cambridge (1992)

[V] Velu, J. : Courbes elliptiques munies d'un sous-groupe $\mathbf{Z}/n\mathbf{Z} \times \mu n$.
Bull. Soc. Math. France, Memoire (1978)

[VVS] Viterbi, A. J. , Viterbi, A. M. , Sindhushayana, N. T. : Inter-
leaved concatenated codes: New perspectives on approaching the
Shannon limit. Proc. Natl. Acad. Sci. USA 94, 9525-9531 (1997)

[V1] Voloch, F. : Asymptotics of the minimal distance of quadratic resi-
due codes. Preprint. Available: http://www. ma. utexas. edu/us-
ers/voloch/preprint. html

[V2] Voloch, F. : Email communications (5-2006)

[V3] Voloch, F. : Computing the minimum distance of cyclic codes.
Preprint. Available: http://www. ma. utexas. edu/users/voloch/
preprint. html

[Wa] Wage, N. : Character sums and Ramsey properties of generalized
Paley graphs. Integers 6, A18 (2006). Available: http://integers-
ejcnt. org/vol6. html

[War] Ward, H. N. : Quadratic residue codes and symplectic groups. J.
Algebra 29, 150-171 (1974)

[W] Weil, A. : On some exponential sums. Proc. Natl. Acad. Sci. 34,

204-207 (1948)

[Z] Zhang, S. : On the nonexistence of extremal self-dual codes. Discrete Appl. Math. 91, 277-286(1999)

中英文术语对照表

A

B

D

G

H

M

N

O

P

Q

R

S

W

Weight,重量 /1.3.1

Weight distribution vector,重量分布矢量 /1.3.1

Weight enumerator 重量算子 /2.1

    complete,完备 /2.1

    divisible,可分组的 /2.2

    extremal formally self-dual,形式自对偶极值 /2.

    genus,亏格 /4.3

    Hamming,汉明 /2.1

    invariant,不变 /4.8

    length,长度 /4.3.1

    minimum distance,最小距离 /4.3.1

    polynomial（Hamming），多项式（汉明）/2.1

    twisted virtually self-dual，变形的虚拟自对偶 /4.3.1

    virtual MDS，虚拟 MDS /4.4.2

    virtually self-dual，虚拟自对偶 /4.3.1

Z

Zeros,零点

    non-trivial，of $\zeta(s)$，非平凡，$\zeta(s)$ 的 /4.1

    trivial，of $\zeta(s)$，平凡，$\zeta(s)$ 的 /4.1

Zeta function,ζ 函数

    Duursma,Duursma /2.5.2

    of a code,码的 /4.4.3

    of a lattice,格的 /2.5.2

    Riemann,黎曼 /4.2

Zeta polynomial,ζ 多项式 /4.2

    Duursma, Duursma /4.2

    of a code,码的/4.4.1